做个有自信抗挫能力强的男孩

送给男孩的励志宝书，成功人生，从这里开启

孙朦◎编著

吉林科学技术出版社

图书在版编目（CIP）数据

做个有自信抗挫能力强的男孩 / 孙朦编著． -- 长春：吉林科学技术出版社，2014.7
　ISBN 978-7-5384-8058-0

　Ⅰ．①做… Ⅱ．①孙… Ⅲ．①男性－成功心理－青少年读物 Ⅳ．① B848.4-49

中国版本图书馆 CIP 数据核字（2014）第 164378 号

做个有自信抗挫能力强的男孩

编　　著	孙朦
选题策划	瀚文锦绣
责任编辑	张卓　隋军
封面设计	瀚文锦绣
开　　本	789×1092　1/16
字　　数	240 千字
印　　张	20
印　　数	5000 册
版　　次	2014 年 11 月　第 1 版
印　　次	2014 年 11 月　第 1 次印刷

出　　版	吉林科学技术出版社
发　　行	吉林科学技术出版社
地　　址	长春市人民大街 4646 号
邮　　编	130021
发行部电话／传真	0431-85677817　85635177　85651759
	85651628　85600611　85670016
储运部电话	0431-84612872
编辑部电话	0431-85635185
网　　址	www.jlstp.net
印　　刷	北京毅峰迅捷印刷有限公司

书　　号　ISBN 978-7-5384-8058-0
定　　价　35.00 元
如有印装质量问题可寄出版社调换
版权所有　翻印必究 举报电话：0431-85635185

前言

现在的社会,对于男人的要求甚高,竞争激烈,事业是男人的天职,男人想取得成功,必须要有知识和才能,真正的成功取决于男人的毅力和勇气。

如今,男孩子除了将来要承担更多的家庭责任外,社会责任和压力也与日俱增。他们要面临学业、婚姻、工作及家庭等诸多的人生以及社会课题,并靠自己去一一解决。

男孩在失意的时候,往往会怀疑自己的价值,如果任其不停地蔓延,那可能就真的会让自己变得毫无价值。所以,生活中无论失去什么,都永远不能失去自信。自信的人要了解自己,了解自己的长处。自信的孩子更开心,自信的孩子更快乐。

一个人想要实现自己的理想,不仅需要热情,还需要坚持不懈的努力追求。 从小,我们都会从培养孩子的习惯开始。一个好习惯的初步形成需要 21 天,基本养成需要三个月,剩下的就是要坚持,不断地坚持。而一个好习惯的毁灭只需要极短的时间。

著名钢琴家郎朗的成功,就是自信的表现。郎朗凭借其每天的坚持和求学路上的一波三折,还有父亲做出的牺牲,一步一步地迈向成功。学琴的路是艰辛的,能坚持下来的,对于孩子的毅力、耐力的培养一定是有效果的。

　　每个男孩都想成为男子汉,每个男孩都梦想成为大英雄,每个男孩都有自己的远大理想,励志教育就是他成长中的必修课!本书通过许多小故事,培养男孩积极自信的心态、刻苦学习的精神、宽容大度的胸怀、谦虚求教的态度、沉着冷静的性格、意志坚强的素质,帮助他们找到自己的方向,引导他们积累获得成功需要具备的条件,让男孩成为一个真正的男子汉!

目 录

第一章　认识自己是男孩自信的起点

自信心是可以培育的，更为奇妙的是自信心在男孩不同的学习领域里是"互通"的，男孩在一个学习领域里获得成功而被激发起的自信，可以影响他在其他领域以积极的态度参与学习。

发现全新的自己　/ 2
人人都有生命中的缺角　/ 4
接纳完全的自己　/ 6
你从来都独一无二　/ 9
你可以做最好的自己　/ 12
给自己一份关注自身的爱　/ 14
形成积极的自我意识　/ 16

第二章　勤学知识是男孩自信的源泉

学习的路上，环境并不是主要的，无论家里是穷还是富，只要自己有志气，一样可以取得好成绩！努力和勤奋是成功的关键，只要自己足够努力、足够勤奋，就一定能成为一个有用的人才。

掌握必要的学习技能　/ 20

学在于勤　/ 22
勤奋让你接近成功　/ 24
不懒惰，拥有勤奋的品质　/ 26
不满足于现状，积极进取　/ 29
每天都做一点点　/ 32
善于在生活中学习　/ 34
只有勤奋才能帮助你克服不足　/ 37

第三章　梦想给男孩前进的力量

梦想是男孩人生的方向，一旦有了梦想就要将其作为自己追求的目标，所做的一切都会以梦想为指导。每个人都有憧憬梦想的权利，让男孩有自己的梦想是家庭教育的重点。很多父母都怀着功利心，以赚钱和享受为目的，不自觉中将这样的梦想传达给男孩，男孩受到这种思想的侵蚀，自然不会有崇高和远大的梦想了。

有梦的人，不怕一时的困难　/ 42
你的梦想是什么　/ 44
用全力争取心中的梦想　/ 46
面对真实的自己　/ 49
专注你的梦想　/ 52
在合作共赢中实现梦想　/ 55
让梦想成为人生之舟的明灯　/ 59

第四章　男孩一定不能有自卑心理

自卑，是孩子对自己的不恰当的认识，是一种自己瞧不起自己的消极心理。在自卑心理的作用下，孩子遇到困难、挫折时往往会出现焦虑、泄气、失望、颓丧的情感反应，从而阻碍孩子的健康成长。

认识自卑 / 63
凭自己的力量克服自卑 / 66
找到最好的自己 / 71
首先要信服的是自己 / 73
向缺憾发起挑战 / 76
让必胜的信念创造成功的奇迹 / 79
积极的自我暗示能够激发人的潜能 / 82
要有成大业的决心 / 86

第五章　用强身健体锻炼男孩的意志

一个人有没有一副健康的身体，决定了他能不能得到幸福，也决定了他可不可以取得成功。试想一下，不管一个人拥有再多的钱财，也不管他取得了多么大的成功，如果他没有一副健康的身体，那么他就什么都感受不到，他所拥有的一切也都是枉然的。

重视身体健康 / 91
热爱自己的生命 / 93
在尝试中突破 / 97
爱上生命的节奏——体育运动 / 100
活出生命的本色 / 102
在运动中锻炼勇于拼搏的精神 / 105
远离不良的生活习惯 / 109
管理健康有个好身体 / 113

第六章　责任在男孩肩上，不轻言弃

　　人生本来是一次艰难的航行，潮起潮落，绝不会一帆风顺，唯有那些勇往直前、不轻言放弃的人方能驶抵胜利的彼岸。我想，我应当与母亲共同驾驭人生之舟，驶向前方。

责任感，男孩成长的动力　/ 117
责任让男孩学会成熟　/ 119
责任感将给予你勇气　/ 121
对自己负责　/ 124
自己做出决定　/ 126
勇于负责不推卸　/ 128
负小责才能担当大任　/ 131

第七章　男孩应当有勇气接受挑战

　　人生由一个个挑战组成，才会如此丰富多彩，没有接受过挑战的人，永远不会知道挑战过后所拥有的那一份洒脱。

摆脱懦弱的束缚　/ 135
凭借勇气取得胜利　/ 138
向"不可能"发出挑战　/ 141
克服恐惧　/ 144
适应变化，在变化中成长　/ 148
敢于冒险　/ 151
超越自我　/ 154

第八章　乐观的心态让男孩更容易战胜困难

生活中，一个好的心态，可以使你乐观豁达；一个好的心态，可以使你战胜面临的苦难；一个好的心态，可以使你淡泊名利，过上真正快乐的生活。人类几千年的文明史告诉我们，积极的心态能帮助我们获取健康、幸福和财富。

以积极的心态面对生活　/ 158
在心里开出快乐的花朵　/ 161
做一个心中有希望的男孩　/ 164
用积极的心理暗示给自己鼓劲　/ 167
看得宽，很多事情都"不要紧"　/ 170
把事情往好处想　/ 173
不悲观，不让怨气滋生　/ 176
多看生活中的光明面　/ 179

第九章　面对困难男孩要有认真的态度

自己的成熟过程也是一个勇于面对困难、克服困难、解决困难的过程，即便现在我也不认为自己就什么都不怕，都能解决，而是能客观地分析自己，分析所面临的困难，通过分析找到困难的解决方法。现实生活中有很多困难是我力所不能及的，如何面对？必须以一种客观的态度、认真的态度去面对失败，人的一生是要经历无数的困难和失败，只有面对它、承担它，并去寻找解决的方法，才能最终克服它、解决它。

认真就是努力做到更好 / 186
不做"差不多"先生 / 189
养成认真做事的风格 / 192
不轻视重要的小事 / 197
细节处方见缜密心思 / 200
跟粗心大意的毛病说再见 / 204
认真，但不受思维定式的局限 / 208

第十章 立即行动是男孩跨越障碍的法宝

行动在任何时候都不会晚。或许在这之前我们错失了一些好的机会、条件，或者因为自己错误的行为产生了一些不好的后果，但是，在一切以前的事态已经成为事实的情况下，我们只有一条路，那就是行动。除此之外，就只能是放弃和失败。

行动让计划变成现实 / 213
在行动中让梦想成真 / 215
坚定的行动还靠目标指引 / 218
做好行动前的准备 / 220
不在想象中放大困难 / 223
不拖延，今日事今日毕 / 227
只有行动起来才能跨越障碍 / 230

第十一章 冷静自制是男孩应当有的心理素质

自制力是人非常重要的素质。自制首先是自知，知道自己现在最重要的和适合做的事情，踏实为此努力，并放弃一些爱好和幻想。其次是自控，遇到不痛快的人或事，要明白世界不仅仅属于我，冷静控制火气，找到可行办法。

自制让自己更快强大起来 / 234
做情绪的主人 / 235
养成冷静处事的习惯 / 238
从养成好习惯开始 / 240
平心静气是上策 / 243
懂得制怒 / 246

第十二章　不依赖的男孩能够独立自主

独立能够掌握自己的命运，依赖则相当于让别人主宰自己的命运。独立的人能够自理生活和工作，依赖别人的人就只会永远地依靠他人。

自立是站稳脚跟的开始 / 250
自助者天助之 / 254
自食其力是男孩的尊严 / 258
男孩要自己拿主意 / 261
自己亲自动手才快乐 / 264
扔掉依赖这根拐杖 / 267

第十三章　宽以待人让男孩走得更远

"只有偏执狂才能成功。"说得正是专注精神。当你找到自己的兴趣和热爱之后，就需要专注。不管是打工，还是做职业经理人，亦或是自己创业，最终成功的人都具备一种特质，那就是专注。

  宽厚容人不苛求 / 272
  善于用和平方式处理问题 / 275
  切莫在小事上斤斤计较 / 277
  宽容的伟大力量 / 280
  宽容别人就是宽容自己 / 282
  切莫让嫉妒在内心滋长 / 285

第十四章 男孩，你可以经受得住挫折

  挫折是人生的一种必然的经历，这是谁都无法逃避的。父母一定要注重对孩子进行挫折教育，让他学会在摔倒了之后，能够靠自己的力量勇敢地站起来，这才是正确的教育方式。

  挫折是男孩的必修课 / 289
  勇敢地站在困难面前 / 291
  向困难发起挑战 / 295
  用倔强的微笑迎接挫折 / 298
  用耐力赢取成功 / 301

第一章
认识自己是男孩自信的起点

自信心是可以培育的,更为奇妙的是自信心在男孩不同的学习领域里是『互通』的,男孩在一个学习领域里获得成功而被激发起的自信,可以影响他在其他领域以积极的态度参与学习。

做个有自信
抗挫能力强的男孩

发现全新的自己

亲爱的男孩儿，十几岁的你，对自己已经有了一些自我意识了，即意识到了自己是一个单独的个体，与别人不同，但又与人相同。但你这个年纪，对自己的认识还不够全面、不够客观，你对自己的很多评价都来自于老师、家长，以及周围的同学、朋友。既然有相当一部分来自于别人，就免不了有些评价是片面的、过于主观的、不符合你自身的特点的。别人对你自己的评价当然有助于你认识你自己，但没有谁能够做到你了解自己所达到的深入程度，也就是说，只有你自己才是了解自己的第一人。

伟大的古希腊哲学家苏格拉底有一句非常有名的话，"认识你自己"，并把这句话雕刻在了雅典的德尔菲神庙上。看似极其简单的一句话，似乎并无深意，也常常引不起大家对这句话的思考。加之生活的忙碌和丰富，很少给人们时间和机会去关照自己。因此中国古代先贤老子有言，"知人者智，自知者明"，也就是说，了解别人是一种智慧，因此做到真正地了解自己并不是一件容易的事。

但是我们说，了解自己才是重要的第一步。如果你静下心来，仔细想想别人对自己的评价，再想想自己真实的模样，你就会发现，别人对自己的评价有很多都是失之偏颇的，尤其是负面评价。那么怎么样才能实现对自我的关照是较为正确的呢？这里我们提供一些方法。

比如，从自己结交的朋友身上去了解自己。人常说，"物以类聚，人以群分"，这话还是非常有道理的，从经常和你相处的朋友身上你会看到自己的影子，从和他们相处的方式上，你可以发觉自己的性格特点。他们大多是活泼外向的，那么你自己也多半是活泼外向的；如果你经常和他们在一起踢球，并感到很快乐，那么你就是很喜欢运动，也很喜欢和朋友在一起。再比如，从自己擅长和不擅长的事情上去了解自己。如果你擅长数学，或者修理东西，那么就可以说你的逻辑思维和动手能力很棒,而如果你在绘画课上表现不好,那就可以说明,你不必在绘画领域非要弄出个名堂不可。

1910年的诺贝尔化学奖得主奥托·瓦拉赫小时候曾在学习文学和油画的道路上受到重大挫折。起先他学的是父母为他选择的文学,但他在这方面毫无才能。后又改学油画,但他的表现同样令人失望,他的艺术老师对他的评价也是难听到了极点。难道这样他就无所突破了吗?幸好,他的化学老师发现了他的专注精神是有利于做化学研究的。因此,他就改学了化学,并最终在化学领域取得了重大成就。

从这个小故事中,我们可以发现,如果我们听命于别人对自己的某些片面评价将是一件多么不值当的事情,很有可能遏制我们在其他方面的才能,也很有可能造就一个平庸的自己。因此,不要偏听某个人对我们的评价,而要勇于不断地尝试自己,去发现一个新的自己。带给我们信心的从来都不是我们自身的短板,而是我们那一块长板。别人更容易看到的是我们的那一块短板,但请相信,人人都有长板,如果别人没有发现,就请自己去发现。发现自己是一个过程,不是一蹴而就的事情,今日的自己绝非昨日的自己。

人的性格、想法也都是在不断变化的,别人所认识的自己总非那个在不断成长、不断进步的自己。勇于突破,在升入一个新的年级,在进入一个新的班集体中,去发现一个全新的自己。你一定会惊奇地看到,自己原来是一个重要的人,是一个有血有肉、实实在在的人,不同于别人,也不同于别人对自己的评价。

做个有自信
抗挫能力强的男孩

人人都有生命中的缺角

人无完人,这是人所共知的,但是人们还是习惯性地用"完美"要求别人,也那样苛刻地要求自己。每逢遇到自己做不来的事情,就会习惯性地责备自己,从而产生一种强烈的挫败情绪。当这种情绪产生,往往就是自卑的温床。男孩子在成长的过程中,不断尝试着新的东西,发现着新的自己,但并不是每一次尝试、每一次发现都让人满意。很多时候,你都会看到一个笨拙的、能力不足的自己。可这又有什么关系呢?没有人生下来就是完人,就是无所不能的天才。相反,人的每一项才能都是后天形成的。牛顿之所以成为牛顿,不是因为他生下来就是一个科学天才,而是因为他懂得"站在巨人的肩膀上"不断地学习,不断地向科学的高峰一步一步攀登,是他通过不懈的努力而取得非凡成就之后人们才冠名"天才"给他的。他小时候也不幸地遭遇过老师和同学的嘲笑,但我们应当明白,嘲笑牛顿的老师和同学,他们也照样是很普通的人,也有着这样或者那样的缺点和劣势。任谁都没有资格,凭借自己在某方面的优势去嘲笑他人在同样领域上的劣势。也就是说,如果一个人擅长跑步,他不应当嘲笑一个人不擅长跑步,因为那个人所擅长的跳远也是他所不擅长的。

每一个人的生命当中都有一些不可避免的缺角,但在我们的生活中,有的人,不但没有让这些缺角成为人生道路上的绊脚石、拦路虎。相反,这些缺角激发了他们极大的意志力和创造力,让劣势变成了优势,让本来的缺角变成了自己身上突出的一抹亮色。

我们都熟悉的19世纪美国盲聋女作家、教育家、慈善家、社会活动家海伦·凯勒,一生都不能看见这个世界的缤纷色彩,不能听到这个世界的悦耳声音,但她以自强不息的精神,在其老师莎莉文的帮助下,掌握了英、法、德等五国语言,写了一系列著作,并致力于建立慈善机构等为残疾人造福的事业。她被美国《时代周刊》评为美国十大英雄偶像，荣获"总统自由勋章"等奖项。还有英国伟大的理论物理学家霍金，是继爱因斯坦之后当世最伟大的科学家，享有"宇宙之王"的美誉，在宇宙物理学界取得了一系列非凡的成就。但你可否想得到，这样一位在科学的领地执着追求、辛勤劳作的人，却是一位只能动三根手指、自21岁起就坐上了轮椅的人。他不能说话，不能动弹，但他的思想却在科学界广泛传播，他的思维却在宇宙深处延伸开来，为人类研究和认识宇宙做出了极大的开拓性贡献。

　　在我们中国，也大有可以学习的榜样。邓亚萍是我国乒乓球史上最优秀的运动员之一，在她的运动生涯中，获得过18个世界冠军，连续2届4次奥运会冠军，邓亚萍是第一个蝉联奥运会乒乓球金牌的球手，曾获得4枚奥运金牌，被誉为"乒乓皇后"，是乒坛里名副其实的"小个子巨人"。退役之后，进入清华大学学习英语，以英文零基础突破了英语难关，后到英国诺丁汉大学和剑桥大学学习，先后获得英语专业学士学位、中国当代研究专业硕士学位和如今的经济学博士学位。2010年正式担任人民日报社副秘书长、人民搜索网络股份公司总经理。从一名单一的优秀运动员到一位高学历、强工作能力的职业人，邓亚萍实现了一次又一次的完美蜕变，但是她一路走来的艰辛也是常人无法想象的。天生个子矮、手脚粗短的她，曾被教练判定为不适合当乒乓球运动员，更不可能取得什么样的成就。但她硬是咬紧了牙关，日夜努力训练，坚信自己能够成为一位优秀的乒乓球运动员。事实证明，她做到了，而且做得比常人想象得还要好。

　　我们都知道，**NBA**是巨人们的天下，如果没有一个超高的身材，似乎难以在篮球上取得非凡的成绩，但阿隆·布鲁克斯、内特·罗宾逊、厄尔·博伊金斯、迈克尔·亚当斯、司博特·韦伯等一批矮个子却凭借着自己对篮球的热爱和进取的决心，做到了和高个子一样的好成绩。其中最突出的就是阿伦·艾弗森了，他是历史上最矮的状元秀，最矮的得分王，仅仅**1.83**的身高让他在2米多高的巨人丛林中显得如此渺小，但他却是球场上最凶悍的勇士，曾独立带领他的76人在整个联盟当中掀起血雨腥风，硬是在强大的湖人队面前树立起胜利的伟大旗帜。他成就了"艾弗森"精神——勇敢、激情、勇往直前。

  多吸收别人的优点，对他人的缺点，应多加理解和包容。平时对一些生活中出现的鸡毛蒜皮的纠纷，不要太耿耿于怀，该忘的忘，该原谅的原谅，该和解的和解，不要太放在心上。所谓"大事聪明，小事糊涂"，把有限的精力用在做主要的事情上。

接纳完全的自己

  接纳自己，就是要客观地认识自己，正确地评价自己，完全地接受自己，适当地宽容自己。一句话，就是要自己喜欢自己，自己把自己当成是可以理解、尊重并时常相互批评也相互鼓励的忠诚的朋友，自己与自己不卑不亢、不急不躁地和平共处。

  接纳自己，就是不苛求自己，不求十全十美，不以小青蔽大德，不以微瑕掩碧玉，不以己短比他人之长，不把昨日的错误挡于前行的道路，不忽视自己的优点和成功，不夸大自己的缺点和失败。一句话，就是不跟自己过不去。

  接纳自己，是一个人自尊和自信的表现，是一个人良好的自知力的表现，同时也是一个人心理健康的表现。

  接纳自己最根本的理由有两条：一是你原本就是一个胜利者；二是你是世界上独一无二的个体。

  你的胜利既体现在你起初为人的那场最惊心动魄的力的较量和速度的比赛中，也体现在你与自我、自然、社会、疾病和各种意外伤害的斗争中。你之所以成为今天的你，是建立在无数次你并未察觉的胜利和成功之上。你是几亿个精子中最强壮的一个，因而你有着冠军的潜质，这是你来到人世并参与整个人间生活的与生俱来的资本，只是你需要对它认识、挖掘和利用、发挥。你的生命持续到今天，既没有因某次惊吓或恐惧而精神错乱（说明你有良好的心理承受力和情绪自控力），也没有因某次感染或中毒而致病丧生（说明你有较强的免疫力和抵抗力）；你穿过了无数次马路，但反应的敏捷使你躲过了无数可能发生的灾祸；你接触过无数次火与电，但动作的准确使你避免了无数可能的伤害。你的存在是你能力的证明，是你胜利的注解。

　　世上没有完全相同的两片树叶，世上更没有完全相同的两个人。你的五官、身体、皮肤等构成了你独特的生理外貌；你的气质、性格、能力等构成了你内在的心理状态。你是世上独一无二的个体，你是构成这个斑斓世界的一个分子。寸有所长，尺有所短，美女也有微瑕，伟人也有过失，何必强求自己尽善尽美。地球上的每棵树都扎根于适合自己生长的土地，机器上的每个零件都安守在自己应该的位置。是水草，就不妄想到沙漠去生长；是螺丝钉，就不羡慕轮子转动的自由。根据自身的特点，找准自己的位置是你来人世的目的，也是你人生成功的真谛。我相貌平平就不去做演员或模特的梦想，许多行业并不挑剔长相；我高考落榜也不一定非要挤那独木桥，自学成才同样可以实现理想之道；我身高残缺，但可以把未残的那部分功能发挥到极致；我曾有精神疾患，但正因此而有了不同于他人的心理体验。我的过失是劝告后辈避免错误的资历，我的贫穷是推动我勤劳致富的动力。凡事都有积极的一面，凡人都有存在的价值，关键在于怎么去正确认识，是否能够接纳自己。

　　有句歌词是："先爱你自己，别人才爱你。"一个看不起自己的人还有谁会重视你？自尊是获得别人尊重的基础，自信是赢得别人信任的根本。

　　我们每个人从小到大都处在一个不断变化的过程中，长大后我们也在不断发生着变化，每个年龄段都在变化。能否接纳自己成了摆在我们面前的一个问题。如果我们能够接纳自己，就能自信地、乐观地面对生活，反之则不能。

　　因为我们在不断变化中，所以过去的自己有时和现在的自己有偏差，

做个有自信
抗挫能力强的男孩

过去自己所相信的那些事物和人也在变化。这些变化是我们所熟知的，也有些变化会被我们在某天不经意地发现。就像电子产品一直在不断更新换代一样，我们也在不断更新地变化中。

如果我们总是抱怨自己这不如他人，那不如他人，就会给自己带来许多烦恼。相反，如果能够接纳自己，并努力培养自己，结果就截然不同了。很明显，接纳自己能够给自己带来更完全的信心和勇气，让自己更有信心和毅力前行。

我前日读了德国著名哲学家尼采的《悦纳自己》，感觉很受教育。文中说："过去的自己所坚持的信条，现在也发生了变化。但并非因为见识浅薄，而对当时的你而言，这样的想法是必要的。"我觉得说得很有道理，我们小时候所相信和拥有的世界在长大后都变了，不完全因为我们自己发生了变化，也因为周围的变化。

这种变化是我们所无法控制和改变的，我们应该学着去接受和理解。接纳自己也是一样，因为自己发生了变化而失去对自己的信心是愚蠢的行为，因为自己始终只有一个，所以应该好好培养自己，而不是放弃自己。人何时都不能完全靠别人的肯定而活，应该相信自己的眼光，也应该拥有对自己的信心。

接纳自己总比接纳别人要容易得多，也轻松得多，有的人接受别人很容易，接受自己反而很难，那就错了。因为生活的主人是我们自己，我们人生的主人也是自己，如果自己都不相信自己，不接纳自己，那么别人更难接受这样的我们。花草也是，它们顽强地生长也是由于对自己的相信。

金无足赤，人无完人，接纳自己是我们所应该做到和能够做到的。如果对自己有不满，就试着改变自己，让自己变得更好些，这样也对自己有益。毕竟生活这艘船的掌舵人是我们自己，不是别人。

你从来都独一无二

在儿童时代，我们就常被告知，雪花是独一无二的，没有任何两朵雪花是同样的。我们的指纹、声音和DNA也是如此。因此可以肯定，我们每一个人都是独一无二的。然而，尽管我们知道历史上从来没有完全像我们一样的人存在过，但我们还是习惯将自己与别人相比。我们把他们作为标准来衡量我们的成功，我们常常在报刊上读到某人取得了伟大的成就，然后很快就发现他们的年龄超过了我们，因此我们至少得到了一点暂时的安慰：我们也还是有可能取得同样的成功的。

但是，把自己与别人相比是毫无意义的，因为你根本不知道别人在生活中的目标与动力以及别人独一无二的能力。别人有别人的才干，你有你的才干。我们常常认为才干就是音乐、艺术或智力方面的天赋，但实际上，人人都有奇妙的、自己仍在忽视的才干，诸如激情、耐力、幽默、善解人意、交际才能等，它们是可以帮助我们取得成功的强有力的工具。

不断地拿自己与别人相比，只能使你对自我形象、自信以及你取得成功的能力产生负面影响。你应该向一个人请教自己的能力是否得到了充分开发——这个人就是你自己。

心理学家指出：我们对自己的认知、对自己的定位以及我们将要实现的目标，决定着我们在这个世界上的独特的位置。

科学家认为，人50%的个性与能力来自遗传，这意味着另外的50%不取决于遗传，而取决于创造与发展。如果能够做到这一点，你最希望的变化是什么？当然，我们必须承认，有些事情是我们无论如何积极努力也无法改变的，比如身高、眼睛、肤色等，但是我们却可以改变对它们的看法，这是一种优良的品质。

从一定意义上说，你如果认定了自己的独特之处，你就能成就你独

做个有自信
抗挫能力强的男孩

一无二的形象。如果你有一个清晰的自我形象，那么你便不会给自己贴上标签。不要被你所做的工作、所住的房子、所开的汽车或是所穿的衣服限定住，你不是这些东西的总和。成功者相信的是自己，他们取得成功的潜力不依赖于地位或身份，而依赖于他们自身实现目标的信心。

至少有95%的人，其生活多多少少受到自卑感之害，数百万不能成功与幸福的人，也受到自卑感的严重阻碍。

从某个角度来看，地球上每一个人都不如另一个人或另一些人。你知道你的举重比不上保罗·安德森，掷铅球比不上白利·欧布莱恩，跳舞比不上亚瑟·毛瑞，这些事情你知道得很清楚，但你不应因为比不上他们而产生自卑感，使你的人生暗淡无光，也不该只因为某些事情无法做得像他们那么有技巧，而觉得自己是块废料。

自卑感的产生不是来自"事实"或"经验"，而是来自我们对事实的结论与对经验的评价。例如，你是个举重不行的人，或跳舞不行的人，但是，这并不是说你是个"不行的人"。安德森与毛瑞没办法替人动外科手术，他们是"手术不行的人"，但这并不意味他们是"不行的人"。这全部决定在我们用什么标准来衡量自己，拿什么人的标准来衡量自己。

自卑感之所以会影响我们的生活，并不是由于我们在技术上或知识上的不如人，而是由于我们有不如人的感觉。

不如人的感觉，产生的原因只有一种：我们不用自己的"尺度"来判断自己，而用某些人的"标准"来衡量自己。我们这样做，毫无疑问地，只会带来次人一等的感觉。因为我们想，我们相信，我们假设应该以某些人的"标准"来向他们看齐，所以我们觉得忧虑，不如人，因而下个结论说我们本身有毛病，然后这个愚昧推理过程的逻辑结论是：我们没有"价值"，我们不配得到成功与快乐，我们如果不觉得抱歉与罪过，就无法充分表现自己的才能与天赋，不管我们有多行。

这些都是因为我们接受了"我应该像某某人"的观念或"我应像其他每一个人"的错误观念。事实上并没有"其他每一个人"的通用标准，况且"其他每一个人"都是由个人组成的，世界上没有两个完全相同的人。

有自卑感的人，为了取得优越地位所做的努力，只会使错误更加牢固，他的感觉是发自"我不如人"的错误前提。他整个"逻辑思想"的内涵与感情也源自这个错误的前提。他觉得不适合,因为他比不上别人,所以他的药方是使自己跟别人一般好,若要觉得舒服,就要使自己比别人优越。努力地想取得优越地位,会招来更多的困扰,受到更多的挫折,有时甚至会导致以前没有的神经机能病。他变得比以前忧郁,而且"愈努力"忧郁愈加深。

卑下与优越是一枚铜币的两面,只要了解这枚铜币本身是假造的,问题就解决了。

你应该认识到:你不"卑下";你不"优越";你只是"你"。

你身为一个人,不必与别人比较高下,因为地球上没有人和你一样,也没有和你同一等级的人。你是一个人,你是独一无二的,你不"像"任何一个人,也无法变得"像"某一个人,没有人"要"你去像某一个人,也没有人"要"某一个人来像你。

上帝并没有创造一个标准人,也没有在某人身上贴标签说"这个才是标准"人:他使人类有个别独特之分,犹如他使每一片雪花有个别独特之分一般。

上帝造人,有高矮、大小、肥瘦、黑白、红黄之别,他并不偏好某个大小、形状与肤色。林肯说过:"上帝一定爱普通人,因为他造了许许多多。"这句话错了,并没有所谓的"普通人"——人没有所谓的"高级"或"普通",如果他说:"上帝一定爱不普通的人,因为他造了许许多多。"这句话或许更接近事实。

不要拿"他人"的标准来衡量自己,因为你不是"他人",也永远无法用他人的高标准来衡量自己;同样,他人也不该以你的标准来衡量他们自己。只要你了解这个简单、明显的真理,接受它,相信它,你的自卑感就会消失得无影无踪。

不要过分关心别人的想法。你过分关心"别人的想法"时,你太小心翼翼地想取悦别人时,你对于假想的别人对自己不欢迎过分敏感时,你就会有过度的否定反馈、压抑以及不良的表现。

做个有自信抗挫能力强的男孩

你可以做最好的自己

每个人都是造物主最伟大的杰作。都是自己成功人生的缔造者。在一个人的一生中,能力并不是决定成败的关键因素。只有在内心相信自己很优秀,才能够迈出成功人生的第一步。

风烛残年之际,苏格拉底知道自己时间不多了,就想考验和点化一下他的那位平时看来很不错的助手。他把助手叫到床前说:"我需要一位最优秀的承传者,他不但要有相当的智慧,还必须有充分的信心和非凡的勇气……这样的人选直到目前我还未见到,你帮我寻找一位,好吗?"

"好的,好的。"这位助手很认真、很坚定地说,"我一定竭尽全力去寻找,不辜负您的栽培和信任。"

于是这位忠诚的助手就开始想尽一切办法为自己的老师寻找继承人。然而他领来一位又一位,都被苏格拉底婉言谢绝了。有一次,病入膏肓的苏格拉底硬撑着坐起来,抚着那位助手的肩膀说:"真是辛苦你了,不过,你找来的那些人,其实还不如你……"

半年之后,苏格拉底眼看就要告别人世,最优秀的人选还是没有眉目。助手非常惭愧,泪流满面地坐在病床边,语气沉重地说:"我真对不起您,令您失望了!"

"失望的是我,对不起的却是你自己,"苏格拉底说到这里,很失望地闭上眼睛,停顿了许久,又哀怨地说,"本来,最优秀的人就是你自己,只是你不敢相信自己,才把自己给忽略、给耽误、给丢失了……其实,每个人都是最优秀的,差别就在于如何认识自己、如何发掘和重用自己……"话没说完,一代哲人就永远离开了这个世界。

那位助手非常后悔,甚至整个后半生都在自责。

你可以仰慕别人,但是绝对不能忽略了自己。你可以相信别人,但首先最应该相信的人就是你自己。如果你不甘平庸,要做最好的自己,就要摆脱自卑和自我怀疑的心理，牢记苏格拉底所说的这句至理名言：最优秀的人就是你自己。

有一天，著名的成功学专家安东尼·罗宾在自己的办公室里接待了一个走投无路、风尘仆仆的流浪者。

那人进门打招呼说："我来这儿，是想见见这本书的作者。"说着，他从口袋中拿出一本名为《自信心》的书，那是安东尼许多年前写的。安东尼微笑着示意流浪者坐下。流浪者激动地说："一定是命运之神在昨天下午把这本书放入我口袋中的，因为我当时决定跳到密西根湖里，了此残生。我已经看破一切，认为一切已经绝望，所有的人，包括上帝在内已经抛弃了我。但还好，我看到了这本书，使我产生新的看法，为我带来了勇气及希望，并支持我度过昨天晚上。我已下定决心，只要我能见到这本书的作者，他一定能帮助我再度站起来。现在，我来了，我想知道你能替我这样的人做些什么。"

在他说话的时候，安东尼从头到脚打量着流浪者，发现他茫然的眼神、沮丧的皱纹、十来天未刮的胡须以及紧张的神态，完全向安东尼显示，他已经无可救药了。但安东尼不忍心对他这样说。

听完流浪者的故事，安东尼想了想，说："虽然我没有办法帮助你，但如果你愿意的话，我可以介绍你去见这所大楼里的一个人，他可以帮助你东山再起，重新赢回原本属于你的一切。"安东尼刚说完，流浪者立刻跳了起来，抓住他的手，说道："看在老天爷的分上，请带我去见这个人！"他会为了"老天爷的分上"而做此要求，表示他心中仍然存在着一丝希望，所以，安东尼拉着他的手，引导他来到从事个性分析的心理试验室里，和他一起站在一块看来像是挂在门口的窗帘布前。安东尼把窗帘布拉开，露出一面高大的镜子，他可以从镜子里看到他的全身。安东尼指着镜子说："就是这个人。在这世界上，只有一个人能够使你东山再起，除非你坐下来，彻底认识这个人——当作你从前并未认识他，否则，你只能跳进密西根湖里，因为在你对这个人做充分认识之前，对你自己或这个世界来说，你都将是一个没有任何价值的废物。"

他朝着镜子走了几步，用手摸摸他长满胡须的脸，对着镜子里的人从头到脚打量了几分钟，然后后退了几步，低下头，哭泣起来。过了一

做个有自信抗挫能力强的男孩

会儿，安东尼领他走出电梯间，送他离去。

几天后，安东尼在街上碰到了这个人，他不再是一个流浪汉形象，他西装革履，步履轻快有力，头抬得高高的，原来那种衰老、不安、慌张的姿态已经消失不见。他说，他感谢安东尼先生，让他找回了自己，且很快找到了工作。

后来，那个人真的东山再起，成为芝加哥的富翁。

很多人缺乏自信，是因为没有从内心真正认识自己，没有看到自己身上所蕴含的力量。正如苏格拉底所说的那样，最优秀的人是你自己。能把你从失意和自卑中挽救出来的也是你自己。对一名前程远大、未来充满了无数成功可能的青少年来说，只要相信自己，充分发挥内心的力量，你就可以做一个最好的自己，就可以创造属于自己的奇迹。

给自己一份关注自身的爱

如果不断地肯定自己极其合格，极具力量，极富才干和功效——这些思想和理想能塑造强者，那么，我们的精神动力就会得到惊人的发展。

在这种情况下，较之我们总是想着那些不愉快的经历的情况，我们肯定能更好地利用和发挥我们的脑力。不管人们能否正确地认识我们，我们一定要对自己说："我太伟大了，不可能和那些极端堕落、卑鄙无耻的小人狼狈为奸、沆瀣一气，我不可能只有他们那种水平和见识。无论他人怎么待我，我都要像个人样儿。生命实在太丰富了，我没有必要去让那些无关紧要的小事搅乱我平静的心态或破坏我的功效。我必须极其诚实正直地向世人展示我生来就被赋予的品格,展示我与众不同的素质,展示我的真正本质。因为其他人拒绝展示他们真正的自我或不愿面对他们真正的自我,因为他们将他们的时间耗费在那些损害他们的才干和破坏他们的功效的事情上去了,因此,我不敢展示我真正的自我便是毫无道理的。"

如果我们的心绪不佳和混乱,如果我们感到烦躁不安,如果我们与每个人都不和,如果一些小事情就使我们气恼不已,那么,我们就应该多想一想那些美好的、和谐的事儿,多想一想那些令人高兴的事儿。一定要下定决心,即无论发生什么事,自己都会保持欢愉和平静的心情,都不会让那些鸡毛蒜皮的小事来愚弄自己,都会努力使自己的心理器官保持和谐与协调。换句话说,要决心做一个超然于生活琐碎的小事之外的人。我们要不断地对自己说:"对一个伟大的强者来说,对一个生来就有主宰世界的力量的人来说,被一些琐碎、愚蠢和不足挂齿的小事弄得如此难过,弄得六神无主、方寸全乱是一件多么荒唐的事啊!"我们要决心使自己以平静的、泰然自若的、自尊的心情回到自己的工作岗位,要决心使自己善始善终地干完自己的工作。如果可能的话,不妨在户外实践一下这种方法,深呼吸几口新鲜空气,我们会精神抖擞地、活脱脱像个新人般重新回到我们的工作岗位。

我们将会发现,花一点时间使自己保持协调将会有多么丰厚的回报。无论我们什么时候失去协调,都要终止手中的工作,都要坚决拒绝做任何其他的事情,直到我们是自己,找回了失去的自我时为止,直到我们重新坐在自己心灵王国的宝座上时为止。

如果想充分地施展自己的才华,我们就应该使一切事情恢复正常,就应该严厉对待自己或严格要求自己,就应该好好地和自己谈谈,就像一位爸爸希望他的儿子成才时苦口婆心地和他谈话一样。

一旦开始从事一件事情时,我们就不妨对自己说:"现在,我做这件事是最恰当不过了。我必定会取得成功。在这件事情上,我或者表现出我的勇气,或者表现出我的懦弱。我没有任何退路。"

做个有自信
抗挫能力强的男孩

一定要养成自我激励的习惯，要不断地对自己说一些催人奋发、鼓舞人心的，使人勇敢、坚毅起来的词句或者话语，诸如："给予我面对我必须面对的勇气吧！"

形成积极的自我意识

拿破仑·希尔曾经说过："一切的成就一切的财富，都始于一个意念，即自我意识。"

自我意识是一个人对自己的认识、评价和期望，也就是对自己的心理体验。即"我属于哪种人"的自我观念，具体来讲，自我意识包括个人对如下问题的回答："我是个什么样的人？我有什么样的个性？有什么样的优缺点？我有什么价值？有无巨大的潜能？我期望自己成为什么样的人？达到什么样的目标？"自我意识就是"我属于哪种人"的自我观念，它建立在我们对自身的认知和评价基础上。一般而言，一个人的自我观念都是根据自己过去的成功或失败，他人对自己的反应，自己根据自己与环境中他人的比较意识，特别是童年经历四个主要方面不自觉地形成的。根据这些，人们心里便形成了"自我意识"。

就我们自身而言，一旦某种与自身有关的思想或信念进入这幅"自我肖像"，它就会变成"真实的"。在此之后，我们很少去怀疑其可靠性，只会根据它去活动，就像它的确是真实的一样。心理学家马尔茨说，人的潜意识就是一部"服务机制"——一个有目标的电脑系统。而人的自我意识，就有如电脑程序，直接影响这一机制运作的结果。如果你的自我意识是一个失败的人，你就会不断地在自己内心那"荧光屏"上看到一个垂头丧气、难当大任的自我，听到"我是没出息、没有长进"之类负面的信息，然后感受到沮丧、自卑、无奈与无能——而你在现实生活中便会"注定"失败。

另一方面，如果你的自我意识是一个成功人士，你会不断地在你内心的"荧光屏"上见到一个踌躇满志、不断进取、敢于经受挫折和承受强大压力的自我；听到"我做得很好，而我以后还会做得更好"之类的鼓舞信息；然后感赏到喜悦、自尊、快慰与卓越——而你在现实生活中便会"注定"成功。

对自我意识的确立是十分重要的，其正或负倾向是我们的生命走向成功或失败的方向盘、指南针。自我意识的形成有以下特点。

（1）人的所有行为、感情、举止，甚至才能始终与自我意识一致。

每个人把自己想象成什么人，就会按那种人的方式行事；而且，即使他做了一切有意识的努力，即使他有意志力，也很难扭转这种行为。

自我意识是一个"前提"，一个根据。人的全部个性、行为，甚至环境都是建立在这个基础之上的。如果一个人从心理上逃避成功，害怕成功，面对机会或挑战，他就可能畏畏缩缩，这样，即使不是一个失败者，也是一个平庸之辈。因为，在其自我意识里已经有了失败的自我意识。其实，只要改变一个人的自我意识，不管是企业家、商人或是学生、教师，其工作绩效都会发生奇迹般的变化。

（2）自我意识可以改变。

一个人难于改变某种习惯、个性或者生活方式，似乎有这样一个原因：几乎所有试图改变的努力都集中在所谓自我的行为模式上而不是意识结构上。很多人对心理咨询或指导感到意义不大，是因为他们想要改变的是特定的外在环境或者特定的习惯和性格缺陷，而从来没有想到改变造成这些状况的自我认识。

普莱斯科特·雷奇是自我意识心理学的先驱之一，他在这个问题上做了最早的也是最有说服力的实验。雷奇认为个性是"一套思想体系"，思想与思想之间必须一致。同这个体系不一致的思想受到排斥和不被相信，因而也不能引导人的行为。相反，与这个体系一致的思想则被采纳。这套思想的中心就是个人的"自我理想"即自我意识，或者他的自我观念。雷奇是一位教师，他用几千名学生来验证了"自我意识"的理论。

雷奇的理论认为：如果某学生学习某科有困难，可能是因为（从学

做个有自信
抗挫能力强的男孩

生的眼光看)他不适于学习这门学科。然而雷奇相信,如果改变学生这种观点体现的自我观念,那么他对这门学科的态度也就会相应改变。如果在几千名学生因改变了自我意识进而改变了成绩的实验中引导学生改变他的自我定义,他的学习能力也会改变。这种理论得到了验证。

很多学生的问题不在于他们智力低下或基本能力的缺乏,而在于他们的自我意识不恰当。他们"确认"自己的错误和失败,不是说"我考试失败了",而是认为"我是个失败者";不是说"我这门不及格",而是说"我是个不及格的学生"。

第二章 勤学知识是男孩自信的源泉

学习的路上,环境并不是主要的,无论家里是穷还是富,只要自己有志气,一样可以取得好成绩!努力和勤奋是成功的关键,只要自己足够努力、足够勤奋,就一定能成为一个有用的人才。

掌握必要的学习技能

美国哈佛大学的一项专题研究结果显示：杰出人物和成功者之所以具有较量的分析问题和解决问题的能力，根本原因在于他们具有丰富的知识。而学习是获得丰富知识的唯一途径。因此，"学会学习"作为一项非常重要的任务摆在每个青少年面前。

现代社会的发展对"学会学习"提出了越来越高的要求。未来的文盲不再是不识字的人，而是没有学会怎样学习的人。这绝不是危言耸听。"学会学习"，就意味着必须把握四项最基本的学习技能：读、说、写、作。

(1) 学会读书。

读书之事，由来已久。读书多少为宜？杜甫说："读书破万卷，下笔如有神。"而赵普却说："半部《论语》打天下，半部《论语》治天下。"显然，这些说法都有些夸张。实际上，读书的数量以适当为界，以人的读书能力为限。读书除去把握读字的数量外，还应该把握读书的技能。在读书的过程中，应注意三个方面的结合。

①读与思的结合。读书唯有经过思考、观察和实践，才能"读到糊涂是明白"。古人一向重视读书过程中的思考。鲁迅先生也说："倘只看书，便变成书橱。即使自己觉得有趣，而那趣味其实是已在逐渐硬化，逐渐死去了。"因此，在读书的过程中，一定要注意思索。

②读与问的结合。提问是解决问题的一半。凡是创造者，无不从发问始。创造者，必然精神细密，却又眼光锐利，他能够看出问题，于是便想办法解决，学习便有了动力。

③读与做的结合。读书应与实干相结合。读而不做，时间长了，就会变成高分低能的"书呆子"。作为现代人，不但要有知识、有文化，而且要有技术、有实际工作能力。这样才能真正地实现自我价值，成为对

社会有用的人才。

（2）学会语言。

我们知道，就一个国家的文化水平和文化结构来说，语言是一个非常重要的方面。学会语言就是要学会和掌握独自语言的三要素：立论正确，言之成理；感情真挚，以情动人；讲究技巧。说话的技巧，从最低的标准讲大致包括：语言完整，晓畅明达，逻辑清楚，首尾相顾，结构合理，节奏适宜，手势得当，声音清楚，还要能够进行即兴发挥以及可以比较顺利地回答问题。

（3）学会写作。

写作能力在古代是很重要的。古人称："文章能事。"我国的学校教育，从小学到大学都设有写作课，就可见其重要。那么，如何学会写作呢？有学者将其概括为如下四点。

①勤写。懒于动笔，是最要不得的事。欲使自己提高写作能力却懒得动笔，这令人不可思议。

②要有较高的标准。散漫是学不好写作的。目标既不高，要求也不严，错别字也不在乎，文法不通也不重视，结构不好也无所谓，这样写出来的文章是绝对不会让人产生才华之感的。

③多读名著，精研范文。好文章不多读，脑子里没有相当多的词汇，写起文章来就会语言贫乏，辞藻生涩。而且好文章有一种口不能言的好处，只有烂熟于胸，才能充分体味其绝妙，日后提起笔来，那种写作的神韵也会油然而生。

④善于改写文章。人说文章是改出来的，古人把它概括为"语不惊人死不休"。现在看来，这仍然是锤炼文字的座右铭。

（4）学会操作。操作技能，指的是对高科技产品的实际操作和对现代科技知识实际应用的能力。这种能力对现代社会生活影响日益显著。经济合作与发展组织（OECD）国家，都十分重视促进公众接受多种操作技能的训练，特别注重掌握学习的能力，以提高人力资本的素质。对现代青少年来说，掌握这些操作技能将是十分必要的。

①学会计算机。计算机与我们的日常生活已须臾不可分离，已成为完成日常工作的一个重要组成部分。不会计算机，将很难在现代社会中

立稳脚跟。

②学会掌握资料。掌握资料，就能掌握社会的最新发展动态，这对于寻找成才机会将是十分重要的。资料的整理和积累是一门学问。资料本身是客观的，但掌握哪些资料，利用哪些资料，如何整理和编排资料，却体现了一个人对自己专业方向的把握，对掌握有用信息的灵敏以及对资料的综合运用能力。

③学会调查研究。在现代社会中，无论是决策还是管理，无论是制订计划，还是处理各类问题，都需要了解情况。了解情况就是调查。调查研究也是青少年制订学习、生活计划不可缺少的基本功，因此是每个青少年必须学习和掌握的一项基本功。

我们常常说："我要成功！""我长大了要当×××。"其实，说不如做，做就要用心做。一个人能取得多大的成就，关键看他能付出多少努力。要想成功，就不能三心二意、半途而废，像小猫钓鱼一样被这样那样的事干扰会一无所成。

学在于勤

人们常说："保持勤奋就是一种成功。"从一定意义上来说，这句话的确很有见地。为了成功，不能不了解勤奋诸方面的情况，尤其是它的构成要素。真正的勤奋应该具备以下四个要素。

（1）明确的目标指向。一个人要获得勤奋，在实践中有所成就与贡献，就应适时地选择既符合客观需要又符合自己情况的奋斗目标，作为自己的努力方向，这就是明确的目标指向。如果目标选错了，即使再勤奋，也往往会南辕北辙，徒费精力，甚至铸成大错。因此，选择正确的目标，是获得勤奋的首要因素。

（2）巨大的内在动力。正确的目标指向，使人们的勤奋有了生长点，然而，要保持和发展勤奋，还必须寻求其内在动力。不满是向上的车轮，勤奋的源泉所在。只有那些永不满足已有成绩的人，才能虚怀若谷，争分夺秒地工作和努力，这种勤奋才会永不衰竭。伟人之所以伟大，除了他们做出了伟大成绩，为社会进步做出了伟大贡献外，还有一条就在于他们能正确估计自己，正确对待别人。伟大的物理学家爱因斯坦提出"狭义相对论"与"广义相对论"后，仍称自己"无知"，仍孜孜不倦地勤奋学习。有个青年大惑不解："难道您还有什么不懂的吗？"爱因斯坦听后，随手拿出一张纸片，在上面画了一大一小两个圆圈说："圆圈内代表你我的知识，圆圈外代表未知的领域。"又指着那个大圆圈说："我的知识圈比你的大，接触未知的领域也比你的大。所以，我不懂的地方还多着呢。"青年听后大为折服。

（3）有效的时间积累与运筹。勤奋在现实中表现为活生生的实际行动；正如语言是思维的物质外壳一样，时间则是勤奋的物质外壳。时间的根本特点是一维性。它既不能被创造，也不能返还；它稍纵即逝，谁也无法把它留住。正是通过时间的逐渐积累，才使人的勤奋最终成为现实。因此，有效的时间积累与运筹，是勤奋得以实现的基本保证。

（4）学、思、苦、恒及科学性的有机统一，是构成勤奋的第四个要素。第一，勤奋就是要勤于学习，这是正确的，但却只说对了一半；还有更为重要的一半，即要勤于思考。古人提倡"学思并重"，所谓"学而不思则罔，思而不学则殆"，都是说的要把勤学与勤思结合起来，勤奋才能持续下去。第二，勤奋总是与"苦"连在一起的，没有坐冷板凳、啃冷馒头的吃苦精神，勤奋也只是一句空话。第三，勤奋贵在有恒。一般来说，在某种思想和动机驱使下，勤奋的行为并不难，学一阵，苦几天是能做到的，但持之以恒却颇为不易，然而，学习却只有坚持下去，才能切实掌握知识精髓，达到融会贯通、运用自如的境地。第四，勤奋要讲究科学性。勤奋可以使人获得成功，但有它并不等于事业肯定能够取得成功。在科学发达的现代社会里，如不使自己摆脱盲目性而增加科学性，那么尽管你再勤奋、再苦、再坚强，仍然不会获得很大的成功。爱因斯坦有个公式：成功=艰苦的劳动+正确的方法+少说空话。

只有注重学、思、苦、恒及科学性的有机统一，才能弄清勤奋的主要环节和运行轨迹。也唯有如此，才能为我们走向成功铺平道路。

勤奋让你接近成功

勤，对好学上进的人来说，是一种美德。我们所说的勤，就是要人们善于珍惜时间，勤于学习，勤于思考，勤于探索，勤于实践，勤于总结。古人说："操千曲而后晓声，观千剑而后识器。"一生勤于学习，积少成多，才有可能达到事业的顶峰。历史上凡有建树的人，往往都是很勤奋的人。任何一项成就的取得，都是与勤奋分不开的。

明代地理学家徐霞客，出身于明代江阴县的一个地主家庭。那时候，地主家庭都要请私塾老师，给子弟讲儒家经典，好让他们长大以后参加科举考试，求个一官半职。但徐霞客对此不感兴趣。他按自己的学习计划，阅读了大量历史、地理、游记方面的书籍。他从20岁起，感觉到国家地理知识落后，决定走出自己的小书房，到祖国辽阔的土地上去考察，问奇于名山大川，探索大自然的奥秘，直到56岁去世。

传说古希腊有一个叫德摩斯梯尼的演说家，因小时候口吃，登台演讲时，声音浑浊，发音不准，常常被雄辩的对手所压倒。可是，他不灰心、不气馁，为了克服这个弱点，战胜雄辩的对手，他每天口含石子，面对大海朗诵，不管春夏秋冬、雨雪风霜，五十年如一日，连爬山、跑步时，也边走边做演说，终于成为希腊一个最有名气的演说家。

马克思写《资本论》，辛勤劳动，艰苦奋斗了 40 年，阅读了数量惊人的书籍和刊物，其中做过笔记的就有 1500 种以上。德国伟大诗人、小说家和戏剧家歌德，前后花了 58 年的时间，收集了大量的材料，写出了对世界文学界和思想界产生很大影响的诗剧《浮士德》。

实践证明，勤奋是点燃智慧的火把。懒惰者，永远不会在事业上有所建树，永远不会使自己变得聪明起来；唯有勤奋者，才能在无垠的知识海洋里猎取到真智实才，才能不断地开拓知识领域，获得知识的酬报，使自己变得聪明起来。

男孩正处于长身体、长知识以及世界观的形成阶段，这时候养成勤奋的良好性格，在人生道路上不断地鞭策自己，就等于为将来的发展奠定了良好的基础。

当然，勤奋可以取得成功，但勤奋并不等于事业肯定能够取得成功。在科学发达的现代社会里，如果不使自己的努力摆脱盲目性，增加科学性，那么，尽管我们勤奋，仍然不能获得很大的成就。现代人勤要勤在思维上，这是知识经济时代的必然要求。既要保持自己勤苦不懈的好作风，又要研究生活中的新事物，勤于寻找巧干的门路，勤于选择一个最佳的突破口，使成功早日来临。

但是要警惕，成功也可能成为勤奋的坟墓。勤奋如果不是抱有远大的目标，那就很难持之以恒。不是因挫折而怠惰，就是因成功而松弛。难怪萧伯纳会说："人生有两出悲剧。一是万念俱灰，另一是踌躇满志。"这两种悲剧，都会导致勤奋努力的中止。

有自知之明的人，总是对成功的美酒漠然置之，生怕妨碍了自己继续前进，不让自己的生活太安逸，以保持勤奋进取的精神境界。居里夫人获得诺贝尔奖之后，照样钻进实验室里埋头苦干，而把代表荣誉与成功的奖章丢给小女儿当玩具。实际上，她和许多著名科学家都有同感：人生最美妙的时刻是在勤奋努力和艰苦探索之中，而不是在摆庆功宴席的豪华大厅里。

勤奋的努力又如同一杯浓茶，比成功的美酒更于人有

益。一个人，如果毕生能坚持勤奋努力，本身就是一种了不起的成功，它使一个人精神上焕发出来的光彩，绝非胸前的一打奖章所能比拟。这再次印证了养成勤奋性格的重要性。

不懒惰，拥有勤奋的品质

和勤奋相对的性格是懒惰。懒惰是一种十分有害的精神病毒，它的危害不亚于鸦片。当一个人被惰性所支配时，整天无精打采，死气沉沉。或者只说不做，空耗时间；或沉湎于幻想，没有激情、没有冲动、没有竞争意识、没有创作欲望，整个生活枯燥乏味。惰性是人类具有的劣根性之一，它是那么顽固地根植于人类心灵的深处，以至于许多伟大人物都要花费很大气力来对付它。诚如法国思想家弗朗索瓦·拉罗什富科所说："懒惰，尽管使人无所作为，人们却往往摆脱不掉，它在控制我们意志和行动的同时，悄悄地消磨了我们的志向和美德。"

纵观历史，我们不难看到，许多人正是由于贪图安逸和享受，长期缺乏生活的锻炼，结果被懒惰渐渐地消磨了自己身上一切充满活力的东西。而一旦面对困境和厄运时，便完全失去了抵抗的力量了，最终被生活所抛弃。

应该说，惰性在每个人身上都或多或少地存在。青少年中滋生的惰性，主要是心理上和精神上的。例如厌倦学习，怕吃苦、不勤奋、不上进等情绪状态，都是一种惰性的表现。懒惰与疲劳的性质也绝不相同，真正的懒惰是心理的而非身体的，起于观念及情感作用，而非起于身体或工作状况。一些青少年不能很好地克制自己的惰性，常常用疲劳来掩饰怠惰，这只能使自己越来越厌学，若不加以克服，是非常有害的。

心理学家发现，懒惰同生理疲劳没有必然的关系，却同心理疲劳有关系。我们可以做一下这样的试验：将 **4** 个手指捆住，只留下 **1** 个手指去拉动一根绳，绳下系一重锤，反复拉下去，动作渐缓，最后便精疲力竭，拉不动了。这时，有人突然刺激这个手指，手指又立刻动起来。可见肌肉并未疲劳，只是神经对于这个工作已经厌倦了，这便是心理疲劳。长久的心理疲劳会使人养成惰性。惰性还起于喜欢空想和缺乏兴趣两大原因。青年人爱空想的居多，缺乏兴趣也是惰性最主要的生成原因。人一旦对什么都失去了兴趣，那么现实中的一切都没有吸引力了，也就谈不上什么目标、动力和来自学习、创作的快乐体验了。

要克服惰性，要从以下几方面做起。

（1）认真地检查一下自己是否经常出现心理疲劳，确认后，想一想怎样通过情绪调节来使自己保持充沛的精力，下决心今日事今日毕。

（2）如果你是一个有志气的人，就不要有过多的打算，老是想明天怎么样，而是想怎样把眼前的事做好。你不妨排个日程表，每天都要排几项应该干的事，如果你能每天都坚持干一两件实事，惰性自然就会同你分手。德国大诗人歌德在教育自己的孩子时说："你的昨天若是明朗而自然，你今天工作就自由而有力，也能够希望有一个明天，明天就能取得不少成绩。谁若游戏人生，他就一事无成；谁不能主宰自己，永远就是一个奴隶。"

（3）培养和寻找你的兴趣。爱因斯坦说："热爱是最好的老师。"如果你生活中有了兴趣和爱好，你就会热爱它、追求它，惰性和暮气就会为之一扫而光。你热爱某门功课，这门功课的长进就能带动其他功课；你热爱某项运动，运动会给你带来活力，促使你心智健康地发展，非智力因素就会转化为智力因素。

（4）用伟大目标激励自己。列夫·托尔斯泰说："理想是指路明灯。没有理想，就没有坚定的方向；没有方向，就没有生活。"季米里亚捷夫说："人类只有在实现自己美好理想的过程中才能前进。"一个被伟大目标所激励的人，常有食不甘味、睡不安席之感。他很难心安理得地在惰性中生活。这样，他就能不断克服工作进程中的懈怠情绪，鼓足干劲向目标迈进。

（5）以强烈的使命感和责任感鞭策自己。恩格斯说："有所作为是生活中的最高境界。"爱因斯坦说："人只有献身社会，才能找出那实际

做个有自信
抗挫能力强的男孩

上是短暂而有风险的生命的意义。"我们每个人来到世上,都是有自己的使命和责任的。最重要的使命和责任就是,积极地为社会工作,努力为人民服务。我们要以这种强烈的使命感和责任感不断鞭策鼓励自己,并在为社会、为人民贡献自己聪明才智的过程中,实现自己的人生价值。谁对这种使命感和责任感认识和感知得越深刻,谁抵御和克服惰性的决心就越大。

（6）以彻底的自觉性严格要求自己。惰性具有顽固的惯性力,没有任何一种外力能够彻底改变它。只有依靠完全自觉的自省、自悟,才能真正征服它。那么,这种内在的自觉性又来自何方呢?答案是明确的:只有那些真正懂得人生的使命和价值,把生活看作一种责任、一种使命、一种创造的人,才能真正自觉地鞭挞惰性,摆脱惰性。

那么,在生活中,怎样有意识地培养自己勤奋的性格呢?

（1）紧紧把握现在。

雷巴科夫说:"时间是个常数。但对勤奋者来说,是个变数。用'分'来计算时间的人,比用'时'来计算的人,时间多59倍。"在生活中,常听人说:"时间就是金钱。"可是,若以此来衡量时间,我们会发现,昨日就像一张作废的支票,我们对其无能为力;而明天又像是一张借条,不可信赖。因此,唯一可以动用的现金,即是我们现在存在银行里的钱,也就是宝贵的今天。

因此,要想充分利用时间,以确保不浪费时间,最重要的就是把握现在。

（2）注意保持头脑的灵活。

成功等于才能加机遇。但才能来自勤奋,机会只垂青那些头脑灵活、准备充分、奋力追求的强者。勤奋要同灵活思维结合起来。既要保持自己勤苦不懈的好作风,又要研究生活中的新事物,勤于寻找巧干的门路,勤于选择一个最佳的突破口,使成功早日来临。

（3）不要让成功成为勤奋的坟墓。

谁都可以在自己的周围找到这样的例子。如有的青年勤奋攻读之后考上了大学,就觉得成功了,目的达到了,从此荒嬉时日,高呼:"六十分万岁!"有的青年经过勤奋磨炼,发表了一两篇成功之作,便觉得要好好补偿旧时勤奋带来的"损失",于是悠闲安逸,从此再也写不出有分量的作品。

> 勤奋如果不是抱有远大的目标,那就很难持之以恒。不是因挫折而怠惰,就是因成功而松弛。难怪萧伯纳会说:"人生有两出悲剧,一是万念俱灰,另一是踌躇满志。"这两种悲剧,都会导致勤奋努力的中止。

不满足于现状,积极进取

从前有两个年轻人,一个叫阿伟,一个叫阿强。他们住在同一村庄,成为最要好的朋友。由于居住在偏远的乡村谋生不易,他们就相约到远方去做生意,于是同时把田产变卖,带着所有的财产和驴子到远方去了。

他们首先抵达一个生产麻布的地方,阿强对阿伟说:"在我们的故乡,麻布是很值钱的东西,我们把所有的钱换取麻布,带回故乡一定会有利润的。"阿伟同意了,两人买了麻布,细心地捆绑在驴子背上。

接着,他们到了一个盛产毛皮的地方,那里正好缺少麻布,阿强就对阿伟说:"毛皮在我们故乡是更值钱的东西,我们把麻布卖了,换成毛皮,这样不但我们的本钱回收了,返乡后还有很高的利润!"

阿伟说:"不了,我的麻布已经很安稳地捆在驴背上,要搬上搬下多么麻烦呀!"

阿强把麻布全换成毛皮,还赚了一笔钱。阿伟依然有一驴背的麻布。

他们继续前进到一个生产药材的地方,那里天气苦寒,正缺少毛皮和麻布。阿强对阿伟说:"药材在我们故乡是更值钱的东西,你把麻布卖了,我把毛皮卖了,换成药材带回故乡一定能赚大钱的。"

做个有自信
抗挫能力强的男孩

阿伟拍拍驴背上的麻布说:"不了,我的麻布已经很安稳地在驴背上,何况已经走了那么长的路,卸上卸下太麻烦了!"阿强把毛皮都换成药材,还赚了一笔钱。阿伟依然有一驴背的麻布。

后来他们来到一个盛产黄金的城市,那充满金矿的城市是个不毛之地,非常欠缺药材,当然也缺少麻布。阿强对阿伟说:"在这里药材和麻布的价钱很高,黄金很便宜,我们故乡的黄金却十分昂贵,我们把药材和麻布换成黄金,这一辈子就不愁吃穿了。"

阿伟再次拒绝了:"不!不!我的麻布在驴背上很稳妥,我不想变来变去!"阿强卖了药材,换成黄金,又赚了一笔钱。阿伟依然守着一驴背的麻布。

最后,他们回到了故乡,阿伟卖了麻布,只得到蝇头小利,和他辛苦的远行不成比例。而阿强不但带回一大笔财富,把黄金卖了,又成为当地最大的富豪。

不满现实,是进步的先决条件,唯有不自我满足的人才能不故步自封,才能在人生的旅途中找到幸福的路。

美国某铁路公司总经理年轻时在铁路沿线做三等列车上管理制动机的工人,周薪只有20美元。有一位资深的工人对他说:"你不要以为做了管制动机的工人便趾高气扬,我告诉你,起码要在10年后,你才会升做车长呢!那时你还得小心翼翼,以免被开除,如此才可安度周薪100美元的一生。"可是他却冷冷地答道:"你以为我做了车长,就满足了吗?我还准备做铁路公司的总经理呢!"

有些人心里常这样想:"我现在的生活充满喜悦和满足,往后要怎么做才能维持目前的这种状态呢?"

这些人对现状心满意足,一心一意想要继续维持下去,然而,"想要维持现状"这种观念是采取"守"的态度,终究会演变成消极的态度,而失去以前所拥有的积极及前进的动力,成长便会停顿。

不要满足于现在的自己。好还要求更好,时时努力超越自己,才能创造一个更美好的人生。

不满足现状,还有一层意义,即敢于克服自己的缺点或缺憾。

美国最受爱戴的总统罗斯福8岁时,小小的身体虚弱到了极点,再加上呆滞的目光、牙齿经常暴露唇外，还不时无缘无故地喘息着，学校里的老师、同学没有一个瞧得起他的。每当老师叫他起来读课文时，他便颤巍巍地站起来，嘴唇翕张，吐字含糊而不连贯，然后颓然坐下，全无生气，真是像极了低能儿，而世界上像他一样的儿童不知有多少，大都是这样的神经过敏，多是处处恐惧畏缩、不喜交际、顾影自怜、毫无生气地终其一生。但罗斯福并不如此，他虽有天赋的缺憾，同时也有奋斗的精神，他抱定人定胜天的信心，克服天赋的缺憾，而不为其所屈服。

他是怎么样去克服天赋的缺憾呢？其实他并不是用怎样惊人的巧妙方法，谁都可以照做，谁都能运用而获得效果。

罗斯福所用的方法是积极的，不是消极的，他不静待幸运之神的自至，却努力追求自己的幸福。此外，他毫不气馁于天赋的贫薄，反而利用它作为迈向成功之路的基石。换言之，他绝不怨恨先天的缺憾而自怨自艾，更不"体恤"自己身体的虚弱，为达到目的，他采取积极的锻炼——他要和健康的孩子一样，活泼地去骑马、划船和做剧烈的运动。他用坚毅的态度，对付他畏怯的天性；用忍耐的精神，克服先天的障碍，处处以快乐和蔼的态度对待人。他决定首先去除怕羞、畏缩和不喜交际的个性。果然，在进入大学之前，他就已获得很大的成功。他是人们乐于接近的一个精神饱满、体力充沛的青年。他经常在假期中，到科罗拉多大峡谷追逐野牛，到落基山狩猎巨熊，以及到非洲大陆去袭击狮子，最后他终于克服军队的艰苦生活，带领骑兵，在与西班牙的战争中赢得显赫功绩。

不满足现状，要求我们始终保有一种欲望。

俗语说：利欲熏心。不知有多少人因摆脱不了利欲的诱惑而失败。相反，也有人虽一心梦想发财，但他也以此来鞭策自己，结果终于达成心愿，这种例子也不在少数。

那被利欲冲昏了头，和因利欲的驱使而成功的人，到底有何不同？说穿了，前者只想达到目的，而不择手段。相反，在利欲的驱使下，咬牙奋斗成功的后者，是把结果当作一种追求的目标。

人类的行为都是基于某种欲望的驱使，并为实现欲望而鞭策自己；他们都知道人的欲望就像把双面的利刃——可以利用，但也可能为其所伤。

如果你希望实现心愿或获得某种东西时，却不用正当的方法，那么不仅不能由于利欲的驱使而使你发愤图强，可能反而因此走上身败名裂之途。可是，如果把自己的欲望当成一种目标、一种理想，而且成为督促自己、鞭策自己的力量，那这种人就可以因利欲的鞭策，而开拓出光明的坦途。幸福的人与不幸的人最大的差别就在这里。

每天都做一点点

自信是我们战胜困难，取得成功的重要动力。自信是成功的助燃剂，自信多一分，我们的成功就可以多十分。

拿破仑·希尔说："有方向感的自信心，令我们每一个意念都充满力量。当你有强大的自信心去推动你的致富巨轮时，你就可以平步青云。"

美国前总统里根在接受《SUCCESS》杂志采访时说："创业者若抱有无比的信心，就可以缔造一个美好的未来。"

自信是成功不可缺少的条件。而当机会来临的时候，我们是否能把握住，往往取决于我们是否有足够的自信。这里有两个很好的例子。

麦克是《纽约时报》的一位著名记者。

当时，他紧张兮兮地等在办公室门外，申请材料已经送进去了。一会儿门开了，一个小职员出来："主任要看您的名片。"

麦克从来就没有准备过什么名片，他灵机一动，拿出一副扑克抽出一张黑桃A说："给他这个。"

半小时后，麦克被录取了。黑桃A真是一张好牌。麦克若是没有足够的自信，怎敢用它当名片？

拳王阿里有一个绰号叫"牛皮诗大王"。每次比赛前他都喜欢作诗，以表达自己必胜的自信心。如他经常宣传的诗句是：

最伟大的拳王，

二十年前便已露锋芒。

我美丽得像一幅图画，

能把任何人打垮。

我预告哪个回合取胜，

就像这是必然的事情。

我把敌人玩弄于掌中，

迅如雷，疾如风。

也许正是因为心中充满了自信，才使得阿里一次次击败对手。在世界上，人们可能不知道外国总统是谁，但人人都知道拳王阿里。

人是自己命运的舵手，自信就是指引人生之舟航向的罗盘。

人生前途的成败得失和幸福与否，关键在于是否树立了坚强的自信心。一个人心中充满了自信，他的前程必然是一片坦途。这一点美国旅馆业大王、世界级巨富威尔逊的经历可给我们以启示。

威尔逊在创业之初，全部家当只有一台分期付款赊来的爆米花机，价值50美元。第二次世界大战结束后，威尔逊做生意赚了点钱，便决定从事地皮生意。如果说这是威尔逊的成功目标，那么，这一目标的确定，就是基于他对自己的市场需求的预测充满信心。

当时，在美国从事地皮生意的人并不多，因为战后人们一般比较穷，买地皮修房子、建商店、盖厂房的人很少，地皮的价格也很低。当亲朋好友听说威尔逊要做地皮生意时，异口同声地反对。

而威尔逊却坚持己见，他认为反对他的人目光短浅。他认为虽然连年的战争使美国的经济很不景气，但美国是战胜国，它的经济会很快进入大发展时期。到那时买地皮的人一定会增多，地皮的价格会暴涨。

于是，威尔逊用手头的全部资金再加一部分贷款在市郊买下很大的一片荒地。这片土地由于地势低洼，不适宜耕种，所以很少有人问津。可是威尔逊亲自观察了以后，还是决定买下这片土地。他的预测是：美

做个有自信
抗挫能力强的男孩

国经济会很快繁荣，城市人口会日益增多，市区将会不断扩大，必然向郊区延伸。在不远的将来，这片土地一定会变成黄金地段。

后来的事实正如威尔逊所料。不出5年，城市人口剧增，市区迅速发展，大马路一直修到威尔逊买的土地的边上。这时，人们才发现，这片土地周围风景宜人，是人们夏日避暑的好地方。于是，这片土地价格倍增，许多商人竞相出高价购买，但威尔逊不为眼前的利益所惑，他还有更长远的打算。后来，威尔逊在这片土地上盖起了一座汽车旅馆，命名为"假日旅馆"。由于它的地理位置好、舒适方便，开业后，顾客盈门，生意非常兴隆。从此以后，威尔逊的生意越做越大，他的假日旅馆逐步遍及世界各地。

一个人的成败和他的自信心息息相关。如果一个人时刻对自己充满自信，能够坚定不移地去做自己心中认定的事情，那么即使他才能平平，也可以取得卓越的成就。

善于在生活中学习

阅读"无字之书"可以学习前人积累的知识和经验，并从中借鉴，避免走弯路；读"无字之书"可以了解现实，认识世界，并从"创造历史"的人那里学到书本上没有的知识。

徐渭、朱耷、吴昌硕等前辈大画家，对于"有字之书"的精研，都是齐白石所推崇的，但是齐白石更重视"无字之书"，他的画之所以会推陈出新，创造出独特的书画风貌，是他努力在现实生活中开拓艺术生涯的结果。

纵观齐白石一生的杰作，所展现出的是一幅幅栩栩如生的鱼虫、欣欣盎然的草木，刻意求工处恰如雕镂，粗犷豪放处犹如泼墨，真可谓"形神兼备"。尤其是他的水墨画虾，更是别具一格，活灵活现，令人情不自禁地叫绝。但又有谁知道纸上的画有多少画外之音呢！

以水墨画虾为例，为了能够将虾画好，齐白石对虾观察了无数遍。齐白石画的虾可谓是妇孺皆知，出神入化。他看虾、画虾已有几十年，可直到 **70** 岁时才觉得自己赶上了古人画虾的水平。

他严谨的创作态度更表现在不看"无字之书"不肯下笔作画上。他的好友老舍在某年春节时，选了苏曼殊的四句诗请他作画。

诗中有一句"芭蕉叶卷抢秋花"，齐白石因对"芭蕉叶卷"没有亲见，当时又正值北国的严冬，无实物可进行观察，为了弄清楚芭蕉的卷叶到底是从右到左的，还是从左到右的，他逢人便问，但是，很多人都没有进行过细心的观察，所以都不敢肯定是哪一个答案。

这个在别人看来似乎微不足道的原因使得他最后放弃了为老舍作"芭蕉叶卷"画。人们虽觉得迷惑，但他却认为这样做是正确的，之所以"不能大胆敢为也"，是因为"未曾见过"。

和齐白石一样，著名医学家李时珍也是一个善读"无字之书"的人，他广博的医学知识就是在日常的生活实践中一点一点积累起来的。

李时珍的父亲也是一名大夫，那时的山里人因劳动特别辛苦，腰肌劳损是种常见病，所以，父亲常常给这类病人泡制用白花蛇做主料的药酒。

李时珍当时特别好奇：为什么白花蛇会有这么大的功效呢？李时珍很虚心地向很多医生请教了这个问题，但没能得到满意的答复。

他决定到深山里去，亲自了解一下生活在野外的白花蛇。但是他的想法马上遭到全家人的一致反对，他们说："白花蛇生活在深山里面，而且剧毒无比，万一有个闪失，就会把性命丢掉！"

但李时珍并没有被困难给吓住，他一心想要把这个问题弄清楚，因为只有这样，才可以使自己在医学方面有一个大的进步。

李时珍终于向深山进发了。经打听，李时珍来到了龙峰山，这里是白花蛇的理想栖息地，他在山路上足足等了两天，才等到一位捕蛇人路过。捕蛇人告诉李时珍说："我家世代都以捕蛇为生，但是没有一个能够善终，都是给蛇咬死的，特别是白花蛇，毒性特别大！"

做个有自信抗挫能力强的男孩

听了捕蛇人的说法之后，李时珍并不感到害怕，而是告诉那位捕蛇人，为了减少天下人的病痛折磨，就是死于毒蛇之口，他也在所不惜。捕蛇人被李时珍这种不畏艰险的执着精神所感动，终于点头同意带他去找白花蛇了。

路上，李时珍向捕蛇人请教了许多关于白花蛇的问题，例如生活习性、特征和毒性等。捕蛇人见李时珍确实好学，就倾囊而授，把自己所知道的知识非常详细地讲给他听。虽然如此，李时珍并不满足，他还是希望自己能够亲眼看看白花蛇。

两人在山里耐心地寻找着，一连好几天，他们连白花蛇的影子都没看到。捕蛇人泄气了，但李时珍毫不气馁，他有个坚定的念头，不亲眼看见白花蛇，决不出这座山。这一天，李时珍和捕蛇人又在龙峰山山腰间搜索白花蛇。眼看着山顶云层聚拢，暴风雨马上就要来了，于是捕蛇人便催捉李时珍，赶紧往回走。

捕蛇人走在前面，李时珍在后面跟着，两人正匆匆忙忙地赶路，突然李时珍"哎哟"叫了一声。捕蛇人回头一看，不由得大吃了一惊。原来是一条白花蛇缠住了李时珍的左腿，蛇头正被他踩在脚底下！

捕蛇人赶紧来到李时珍身旁，费了好大的劲儿才把这条白花蛇给抓进蛇笼里。捕蛇人对李时珍说："如果不是你碰巧踩在蛇头上，今天你就没命了！"

这次深山之行，李时珍不但亲自考察了白花蛇的栖息环境，而且还亲手抓住了野生的白花蛇，他又接连走访了好几位捕蛇人，掌握了大量有关白花蛇的第一手资料。李时珍就是这样，凭着勇于实践和不断进取的精神，终于完成了划时代的医学巨著——《本草纲目》。如今这本巨著被翻译成多种语言，在国际上享有很高的声誉。

南宋著名爱国诗人陆游曾写诗对他的儿子进行劝勉："古人学问无遗力，少壮工夫老始成。纸上得来终觉浅，绝知此事要躬行。"

要想掌握有用的知识，你就不应当以学习书本上的知

识为满足，而应当走向生活、走向社会，把书上的知识运用到实践当中去，在生活中验证你在书本上所学得的知识，一边读书一边实践，这样你才能在实践中积累丰富的知识。

只有勤奋才能帮助你克服不足

勤奋是成功的点金石，是克服先天不足的灵丹妙药。一个勤奋的人，即使一开始没有表现出惊人的天赋和过人的才华，但是只要他能够踏踏实实、坚持不懈，最终将比那些浅尝辄止、反复无常的天才取得更大的成绩。

从某种意义上说，天才离不开勤奋就像勤奋离不开天才一样，如果你有着很高的才华，勤奋会让它绽放无限的光彩；如果你智力平庸、能力一般，勤奋可以弥补不足。

爱因斯坦小的时候，有一次上制作课，老师要求每个人做一件小工艺品。课堂上，老师让学生们把他们制作的工艺品拿出来，一件一件地检查。当老师走到爱因斯坦面前时，他停住了，他拿起爱因斯坦制作的小板凳（那可不是一件成功的作品）问爱因斯坦："世上难道还有比这更坏的小板凳吗？"

爱因斯坦以响亮的声音回答老师："有！"

然后，他又从自己的小桌里拿出了一个板凳，对老师说："这是我做的第一个。"

一个手并不巧的人最后仍然可以因为勤奋而成为一位伟大的科学家。另一个小故事，也能说明这一道理。

古希腊有位演讲家，他的口才很好，每一次演讲都能吸引众多的听众。但他年轻的时候却有口吃的毛病，经常受到大家的嘲笑。为了改正这一缺点，他坚持天天练习说话。有的时候跑到山顶上，嘴里含着小石

做个有自信
抗挫能力强的男孩

子，训练自己的口形，摸索发音的规律。正是勤奋不懈的努力使他改掉了口吃的毛病，同时说出了一口流利悦耳的话，从而实现了做演讲家的梦想。自身的缺点并不可怕，可怕的是缺少勤奋的精神。自身之拙，可能会成为我们成功路上的障碍，但伟人、名人就是在克服障碍后得到桂冠的。即使是太行、王屋二山那么大的障碍也会被我们用愚公移山的精神，用勤奋一点点地挖掉，如果我们始终不放弃理想的话。**NBA** 的球星巴克利就是一个很好的例子。

　　1963 年 2 月 20 日，巴克利出生在美国阿拉巴马州一个名叫里兹的偏僻小镇里。在这个只有 6000 人的贫穷小镇，巴克利一出生就遭遇了与当时很多贫穷黑人小孩一样的不幸。刚出生 6 个星期，小巴克利就由于患有贫血症而进行了一次全身换血的大手术。幸好手术非常成功，他终究逃离了死神之手，幸运地生存下来。然而，祸不单行，不幸总是喜欢跟贫穷的人过不去。

　　小小年纪的巴克利已经有了自己的目标，他要用篮球来让自己逃离贫穷，他有信心，也有决心。但当时很少有人相信巴克利可以做到，甚至讥笑他在白日做梦，因为他没有表现出足够的篮球天赋。在高一的时候，巴克利的身高还只有 178 厘米，所以他连校队也没能入选，但近 100 千克的夸张体重却让教练建议他去打美式足球。虽然如此，巴克利还是毫不动摇自己的决心，他坚持每天练球，直到深夜，风雨无阻，毫不理会别人的嘲笑眼光。为了锻炼弹跳力，巴克利每天都在顶端非常尖锐的栏栅跳来跳去，吓得他的母亲和外婆心惊肉跳。他要告诉每一个人，他一定可以实现自己的梦想。母亲格蓬姆总是最支持儿子的人，一直在鼓励着巴克利，让他坚持自己的理想。皇天不负苦心人，经过一年的苦练，巴克利的球技有了很大的进步，他终于在高二的时候进入了校队。进入校队后，巴克利只能做替补，出场时间少得可怜，但他依旧没有怨言，一上场必倾尽全力，场下他也是训练最刻苦的一个。升高三的那个夏天，巴克利奇迹般地疯长了 15 厘米，体重也增加了 10 千克。这样，巴克利就有了一个很好的篮球员身材，再加上他刻苦练就的一身好球技，到高三的时候，他终于成为了里兹高中篮球队的首发球员。凭着对篮球的热爱，经过不懈的努力，巴克利实现了他儿时的梦想。他终于实现了自己对妈妈的诺言，用篮球给妈妈带来美好的生活。

出身于一个一贫如洗的家庭，一个受尽白眼的胖小子坚持自己的理想，遭挫而不折，遇悲能不伤，最后经过自己的努力成功了。巴克利的成长经历就是一个靠勤奋克服自身局限的故事，值得我们每一个人深思。巴克利说："世上大多数人，并不知道该如何才能在芸芸众生中脱颖而出。但我在孩提时代便已经决定无论我做什么，我都一定要成功。记住！只要你下定决心要成功，那么将没有任何人能阻止你。"

天才出于勤奋。著名数学家华罗庚说："勤能补拙是良训，一分辛勤一分才。"凡是在某一领域被称作天才的人，无一不是经过辛勤的汗水才换来这样的荣誉的。

东晋大书法家王羲之被后人誉为"书圣"。在教育儿子王献之习字方面，他也十分强调刻苦。王献之自小就很聪明，每天看到父亲写字时笔走龙蛇，感到很有意思。于是他就想，父亲从小就开始写字了，我为什么不能从现在起跟父亲学写字呢？

王羲之练习书法特别刻苦，有时候吃饭时他仍然会沉醉于书法之中，甚至会因此而忘记了吃饭。有一次，因为不小心，他把酒杯给碰倒了，但是王羲之并不去扶酒杯，而是伸出手指，蘸着泼在桌上的酒继续写着。献之看见，忍不住笑了："父亲真是个字疯子！"母亲见了，严肃地对他说："这有什么好笑的，你父亲字写得出色，就是因为这样刻苦练出来的呀！"

"父亲的字一定会超过古代前辈的，真是太让人骄傲了，我也要像父亲一样！"小献之很认真地说。

父亲听了，突然抬起头，问道："孩子，你说的是真的吗？如果你真的想学，那你可得做好吃苦的准备呀！"

"当然是真的，父亲，您放心吧，我能吃苦，您从现在起教我练字吧。"一向都很贪玩的献之此时一本正经地说。从那以后，献之再也不出去玩了，而是待在家里，安心练字。连小伙伴叫他去游泳他都毫不动心。一个月之后，献之拿了几张"得意之作"交给母亲看。

"母亲，您看这是我写的字，您觉得怎么样呀？"

母亲笑着说："有进步了！"

做个有自信
抗挫能力强的男孩

"那我再这样练3年,是不是就可以赶上父亲了呢?"

"那还远着呢!"

"5年呢?"

"还远着呢!"

献之有些急了:"那究竟要练多长时间才行呀?"

这时,王羲之从书房内走了出来,他用手指了指院子里的大水缸,说:"你要能写完像这样的18缸墨水,那就有可能追上父亲了!"献之听了,非常认真地点了点头。

从那天起,他就决定一切都从头开始,从最基本的点、横、撇、捺、钩开始练起。就这样,他足足写了两年。当他再把自己的字拿给父亲看时,父亲没作声;他又拿给母亲看,母亲也没作声。小献之知道,这是因为自己写得并不好,于是他回到自己的房间,继续努力。5年之后,献之又把他写的字拿给父亲看,没想到父亲还是不说话,他笑着摇了摇头,拿起笔在一个"大"字下面添了一个点,这样就成了一个"太"字。

献之又把字拿着让母亲看。母亲仔细翻看了一番,最后,指着一个"太"字说:"你练了这么多年的字,总算有一点像你父亲了。"献之听了,心里羞愧极了,这正是父亲给加上去的那一点呀!献之不得不承认,自己的字和父亲的相比还差得远呢。

从此以后,王献之一头扎进书房苦习书法,在父亲的精心指点下,下起功夫来,终于把那18缸墨水写光了。功夫不负有心人,王献之的书法一天比一天进步,终于成为继自己的父亲之后又一位伟大的书法家,和他的父亲一起被称为书法史上的"二王"。

天才除了全身心地专注于自己的目标,工作非常刻苦努力之外,与常人并无两样。如果你想在自己的生涯中取得令人骄傲的成绩,就应当像王献之那样,为自己定下一个目标,并为之锲而不舍地努力。

第三章 梦想给男孩前进的力量

梦想是男孩人生的方向，一旦有了梦想就要将其作为自己追求的目标，所做的一切都会以梦想为指导。每个人都有憧憬梦想的权利，让男孩有自己的梦想是家庭教育的重点。很多父母都怀着功利心，以赚钱和享受为目的，不自觉中将这样的梦想传达给男孩，男孩受到这种思想的侵蚀，自然不会有崇高和远大的梦想了。

做个有自信
抗挫能力强的男孩

有梦的人，不怕一时的困难

在制定人生目标、规划未来方面，青少年要力求追求成熟。一个人能善于利用并充分利用身边的环境和周围的朋友，才是一个成熟的人。一个人的成熟是少犯错误，犯了错误能承受得住。要时刻记住，你的主线是让你的生命往上走。为了这个目标，青少年要懂得如下原则。

（1）做任何事情要确定一个范围。定位你的阶段目标非常重要，目标不要定得过高，不易实现的目标会不断地让你产生挫折感和绝望。目标太易实现也不好，不利于你的快速成长，不能形成有效的挑战力。

（2）确定正确的方法节约你的时间。上帝是公平的，给予每个人的时间都是一样的，并非每个成功的人每天都比别人多几小时，关键在于要善于合理利用时间，随时注意节约时间。

（3）要有面对枯燥从头到尾坚持不懈的耐力。重复创造了成功的人，而重复是枯燥的，枯燥的事情是使人孤独的。伟业的成就是建筑在枯燥和孤独的基础上的，任何小事都是如此。人在做一件事情的时候有一个临界点，在这个时期是感觉非常无聊的，很多人都在这个时候放弃了，去选择了其他的诱惑，这样的人不会成功。只要你咬牙坚持下来，这就是你的一个高度，建立了你以后的信心，成为你日后的一个尺度，可以不断地超越自我。

（4）要找到一个甚至更多的对手一起竞争。没有竞争对手你永远不知道你的加速度是多少，不知道你该怎样奔跑。无敌最寂寞，所以，一定要找到你的对手，矛盾总是存在的，如果你没有找到这个对手，别的杂事和次要矛盾就会变成主要矛盾来骚扰你。

（5）要做好一个人孤军奋战的准备，但最好是有帮手。一个篱笆三个桩，一个好汉三个帮，你要做好最坏的打算，因为大多数事情上，还是需要你亲自去做的，并非别人帮忙你就可以无所事事了。在你自己的事情上，别人能给予你的帮助是微乎其微的，更多的是表现在精神的支持方面。这个时候就需要表现出你的优秀来。

（6）如果你想比别人优秀，你就要比别人付出更多的努力。不要怀疑自己笨，在班级的名次主要是一个人记忆力的能力，而不是智商问题，中国人的平均智商93.5，美国人的平均智商83.5，美国前总统小布什的智商78，但他总说自己是80。要知道，你再差也比美国前总统还聪明，为什么你还没有成功？也许你会羡慕那些出生在富贵之家的人，但是他们也未必成功。你没有成功主要是因为你的方法不对，正确的方法加上努力等于天才。为什么天才这么少？因为很多人没有找到方法。什么方法？适合自己的方法，不是通用的方法；适合你的方法是你根据自身的优缺点和性格来总结的。

（7）突破自己目的是什么？是为了掌握更多的共同资源，你所掌握的共同资源越多，拥有稀有资源的机会就越大。丹麦国宴，总统的位子被排在16位。有位记者不理解，问为什么不把总统排在第1位，前面的15位坐的是谁？负责安排的官员回答说："前面的15位是科学家，他们在国内的地位是无可替代的，是我们国家的宝贵财富；而总统我们随时都可以选出来。"

（8）人生的目标虽然可能会改变，但是这个目标在确立的时候一定要能实现，而且这个目标与人生的理想符合得越多越好。人生的目标是一步一步走过来的；不积跬步，无以至千里，会做事的人，会把小事做成大事，不会做事的人，会把大事做成小事。在一个位置上要做到别人离不开你，但你不要保守。不要把自己会的知识秘而不宣，不要认为这样对你有好处，不要认为这样别人就不会超越你。相反，你把自己所会的完全交给别人，反而会使你自己提高，因为你在教别人的时候，会被激发一种更加深入学习的动力，你也会思考到更加深入的问题。

你应该养成成功者的习惯，开始你的奋斗。那么从什么时候开始你的奋斗呢？不要计划明天开始，从现在就开始！把你自己投入这样一个环境中，投入一个天天都奋斗的常态中，坚持下来，你就会成功！

你的梦想是什么

　　沙漠中没有方向的人们只能徒劳地转着一个又一个圈子，生活中没有目标的人们只能无聊地重复着自己平庸的生活。对沙漠中的人群来说，新生活是从选定方向开始的；而对现实中的人们来说，新生活是从确定目标开始的。正如空气对于生命一样，目标对于成功也有绝对的必要，那么一个人如何制定自己的目标呢？

　　（1）确定起跑线，找到你现在所处的位置。结合你的实际，问问你自己，你今后想干什么，想成为什么，把它定为你的目标。目标定得不能虚无缥缈，也不能定得太伟大，因为这个目标是你力争去实现的，如果不能实现，你会对自己产生怀疑，以致产生失败的感受。

　　我们把目标分为长期目标、中期目标和近期目标。你现在制定的是你的长远目标。

　　（2）光有长远目标还不行。万丈高楼平地起。你必须还有近几年的目标，这是你的中期目标。中期目标很重要，它能使你看到奋斗的希望，从而强化你的自信心。很多人在制定目标时，不注意建立中期目标，他们当年只树立了长远目标，可随着岁月的流逝，看到实现目标的希望越来越渺茫，于是他们便轻易地放弃了自己的目标。他们知足而乐，只顾眼前利益。因此，这样的人往往一事无成。

　　（3）当长远目标和中期目标制定后，你就要重视近期目标，近期目标是你实现中期目标和长远目标的第一步。近期目标做得怎么样，会影响中期目标。近期目标是基础，是你的起跑线，一个人决不能输在起跑线上。因此，近期目标必须具体、明确，有时限。可将近期目标分解成一个个小目标，各个击破，勇往直前。

　　结合你的实际情况，确立你的目标，在实现这一目标的过程中，可把这一目标分解成一个小目标,实现一个小目标,会使你产生成就感和自信感。这样你就会一个一个目标去实现。在小目标实现的过程中,你应该到制订一个详细计划时间表,严格按计划执行。正如建造房子一样,先由建筑设计师绘出一幅蓝图,再交由建筑队建造。在蓝图上,就像家中的各个摆设一样都要清楚地画出,一切都要设计得井然有序。

为了达到目标,就要像深谋远虑的将军一样,时常根据战局改变战略。如果此项计划无法进行,就须由另一项计划替代。但是一定要牢记:我们可沿着成功之路改变计划,但不要轻易改变目标。我在给医学院学生上成功学课时,有一个学生问我,如何确实目标,我就问他:"你大学毕业的理想是什么?"他说:"像爸爸那样,做一名优秀的主刀大夫。""优秀的主刀大夫就是你的目标。"我对他说,然后告诉他必须把这一目标化为实际行动,于是,他就把目标分解成一个个小目标,即第一学期学什么,第二学期学什么,第三学期学什么……并制订了详细的计划。同时,我还提醒他,面对单调的生活、枯燥的学习应该怎么办。如何正确对待你的兴趣爱好,以便他有思想准备。他对我的指导感到很满意。

人之一生,宛如一颗流星划过浩渺的星空,转瞬即逝。

要想在星空中流下自己的足迹,做一颗明亮而耀眼的流星,为漆黑的星空带来一片光明,引起人们的注意和景仰,就得在短暂的人生中确定明确的目标、矢志努力,力求有所建树,为人类做出自己应有的贡献。

人之一生,不能没有为之奋斗的目标。没有目标,就如大海没有灯塔,会迷失方向,失去信仰。没有目标,人生就失去了支撑,感觉生活宛如压在头上的大鼎,逼得自己喘不过气来,干起事来缺乏精气神,创起来业没有内动力,这事干不成,那事做不了。没有目标,整日里无所事事、一生中毫无建树,只能是做一天和尚撞一天钟,注定终生与消沉为伍、与坠落为伴。

人之一生,要树立正确的人生目标,为自己的人生引领成功、导航幸福,并坚决做到不达目标誓不罢休、生命不休、奋斗不止。要像袁隆平先生那样,为了一粒种子,跋山涉水,历尽千辛万苦,最终带着人们战胜饥饿,成为世界水稻之父;要像钱学森先生那样,为了一颗中国导弹,放弃优厚待遇,冲破重重阻拦,最终带领中华民族走上了的科技强

做个有自信抗挫能力强的男孩

国之路，成为中国导弹之父。我们身边还有许多科学巨匠、文人墨客、身残志坚者，他们为实现自己的目标、体现人生的价值，不怕风吹雨打，历经苦难考验，他们坚毅的决心和自强不息的信心，都是我们仰慕的标杆，都是我们学习的榜样。我们更要把这种榜样转化为前进的方向，把这种景仰转化为实现自身价值的不竭动力。

目标没有大小，奋斗没有止境。每个人的能力有大小，分工有差别，但只要我们坚定自己的信仰，树立正确的人生目标，矢志不渝地朝着这个目标前行，就一定能在人类史册上留下自己光辉的足迹，在浩渺星空中划出一道耀眼的光芒。

用全力争取心中的梦想

作为男孩，大都争强好胜，这实际就体现了积极进取的性格。进取心理是人类为求得自身的生存和发展所具有的征服自然、改造社会的一种积极的心理状态，是一个人理想、信念、内驱力、自我激励、自我实现的需要。进取心理也是人所特有的能动性、自觉性的表现，是驱动人们争取进步向上的重要精神动力。古今中外，无数英才伟人的成功足迹告诉我们，一个人能否成才，在事业上能否成功，固然会受环境的影响和条件的限制，但坚忍不拔、旺盛持久的进取心理则起关键和决定作用，而缺乏进取心理，即使有优越的环境、幸运的机遇、聪明的大脑，也未必能够成功。对此，英国哲学家培根说得好："一切幸运，并非没有烦恼，而一切厄运，也并非没有希望。"关键在于你怎样对待，是否有顽强、持久的进取心。这也是获得成功，成为英才和伟人的基本条件。

在今天，儿童和青少年的成长，具有前辈不可比拟的良好环境和机遇，除了不愁吃穿、生活优越、社会安定外，更重要的是有良好的教育环境，并且在家庭、学校和社会教育中，无不渗透着进取精神。例如，"有出息、有作为"是家长对子女的普遍期望，"好好学习，天天向上"乃是学校教育的主题。国家与社会的不断发展与进步，也为青少年提供了广阔的发展前景。

因此，当代青少年大都有较强的进取心理，并且努力学习和工作，这也是我们国家和民族的希望所在。但是，不少青少年的进取心理是十分脆弱的，任何社会风浪和生活挫折，都容易造成他们进取心理的失落，使思想上处于动摇、消沉、苦闷、迷惘和彷徨之中，进而影响学习、工作的进步和自己未来的美好前程。因此，青少年要保持经久不息、长盛不衰的进取心理，培养积极进取的性格。

为了培养积极进取的性格，青少年应该从以下几方面要求自己。

（1）要有高尚、远大的人生追求。青少年应懂得，只有十分珍惜生命的价值，树立美好远大的人生追求，才能够产生强大的推动力，保持并不断发展进取心理，鞭策自己奋发向上，在学习和工作上力争有所作为，不虚度人生。如果进取心理仅仅停留在吃、喝、穿、戴等一般生活、生理需要上，就只能在平庸、凡俗的范围内求进取，到头来只能是一个庸人。

（2）确定正确的人生信念。信念，是一个人对于一种思想、理论、事业认为可以确信的看法。世界观、人生观、社会观、道德观等，都是属于人们的基本信念。它是人们前进的精神支柱，是鼓舞人们追求进取的强大内源动力。正确的信念，就是正确的人生观、世界观、道德观。而且信念一旦确定，就应矢志不渝地去信奉它、实践它，在人生的道路上留下扎实而闪光的足迹。

（3）要有顽强的意志。首先要有顽强的自我控制的能力，自觉地抑制自己的放纵、松懈和迁就，抵制周围环境的不良诱惑。另外，还要以刚毅不屈的精神对待任何困难、挫折和打击，不灰心、泄气和动摇。这样，进取的雄心就会长盛不衰，不会被人生征途中的风雨霜雪所侵蚀。

（4）学会不断激励自己。进取是一个漫长而又艰巨的历程，只有不断激励自己，才能不断增添"心理能源"和"心理后劲"，为实现远大的追求和理想而奋斗不息。激励方法有多种。例如，时常牢记自己追求的目标，可以时时唤起人们抓住每一个可能的机会，为实现目标而奋斗的热情。遇到困难或身处逆境时，必须有充足的信心，以旺盛、昂扬的精神状态去克服困难，以保证事业的成功。另外，还有自督激励，即采取自我监督、自我催促等方法进行心理激励，警惕和防止自身的惰性，才能使自己不断保持进取的雄心。

现代社会是一个充满竞争的世界，竞争在一定程度上使社会富有生命力。一个人只有在竞争中取胜，才能在事业上取得成功。那么，青少年在生活中该如何养成敢于竞争的性格呢？

(1) 培养胆识。

竞争需要胆识。胆，就是胆量，是一种精神状态。有胆，就是有敢为正义的事业奋不顾身、一往无前的精神。有了这种精神，人们就敢于冒险，勇于探索，就会迎难而上，开拓前进。识，就是见识、知识，是一种理性思维能力。有识，具体表现在：有正确的方向，在任何时候、任何情况下都坚持正直的品格，维护正义；有较丰富的科学文化知识，"见多识广"；了解实际，并能驾驭实际。

(2) 要力戒嫉妒。

要克服嫉妒心理，树立起"拼搏"的观念。具体地说，就是要把机会看作一个开放的环境，而不是封闭的泥潭，要有敢于竞争的勇气和信心。力戒嫉妒心，因为嫉妒既会扼杀别人，也会扼杀自己，两败俱伤，对己对人都是有害无利的。

(3) 要克服自卑感。

这是竞争取胜的保证。对存有自卑感的人来说，首先要正确认识自己。人的情绪情感是受环境因素、生理因素和认识因素制约的。其中认识因素起着关键的作用，它可以对自卑情绪进行调节和控制。所以，当我们在竞争中遭受挫折或失败时，就要认真总结经验，分析原因。认识愈深刻、愈全面，愈有利于情绪的良性调节和控制。在人的一生中，可能发生各种不愉快的事情，当竞争受挫不可避免或已经发生后，就应该为自己自卑的情绪寻找新的出路，不要一直沉浸在过度的自卑中。重要的是，当因竞争受挫而产生自卑感时，要对受挫的原因进行认真分析，或者调整个人的竞争目标，或者寻求更有效的竞争方法，从而继续保持可贵的竞争热情，去争取新的胜利。

（4）要努力培养"努力达到最佳"的精神。

拜倒在胜利者、强者、伟人的脚下无可非议，但对成功的羡慕，不应该转化成"高山仰止"般的自卑，应该相信自己同样能够在可能的范围内达到最佳，努力拼搏到最佳。当然"可能的范围"一般来说，事先是难以预测的。所以只有在竞争中、奋斗中，才可能达到最佳。如果一个人无所追求，一切知足，那也无所谓什么"达到最佳"的奋斗了。

要想培养敢于竞争的性格，就必须使自己投身于竞争的熔炉之中。早一天具备了竞争心理，就能早一天成为强者，早一天达到自己的"最佳"。

面对真实的自己

老李是一个精明的人，从不干"使自己吃亏的事情"。他总能把其他人骗得团团转。他小就被认为有出息，经商似乎是他天才的职业。于是，长大后，他当了商人，准备大干一番事业，利用自己精明的大脑，去大展宏图。但是，他失败了，在商场上一再受挫。这是为什么？

其实原因很简单，只是因为老李太过精明了、太奸诈了，从而失去了别人对他的信任。

诚实是成功的先决条件，因为别人并没有你想象得那么傻。在现代社会你一旦失去了信誉，那么你也就失去了一切成功的机会。

也许你觉得自己有权利不诚实地对待他人，但你的这种不诚实，将会使你"自食其果"。当诚实很明显是"最佳的政策"时，保持诚实并没

做个有自信
抗挫能力强的男孩

有什么不明智的。因为如果一个人不诚实，他将会失去一位朋友、一位好顾客或是一位好客户，甚至可能会因为欺诈而被送入监狱。

成功的人大都是比较谨慎而诚实，因为他们不仅希望公正地对待别人，更渴望别人公正地对待他们自己。他们知道，他们所散播出去的每一个思想，所采取的每一个行动，在某些事实或环境中都有相似的对称思想或行动，将来他们都将受到这些对称思想或行动的挑战。如果他们对其他人采取了不公正的行为，那就是自取灭亡。因为这种不公正的行为会引发一连串的因果关系，不仅会给他们带来肉体上的痛苦，也将破坏他们的个性，影响他们的名声，使他们不可能获得持久性的成就。

假如一个人在经营中，爱耍小聪明，过于精明，从不以诚待人的话，这种不诚实就往往是导致他失败的原因。正确的做法是，多从别人的角度来考虑问题，本着"己所不欲，勿施于人"的原则来处理问题，用你的坦诚和真心来换取公众的信任和坦诚。这样，你就会慢慢树立起你的信誉，有一天，你会发现这信誉成为你巨大的财富。

另外，对那些天生具有诚实美德的人来说，他不用因为"无奸不商，无商不奸"这句话而觉得自己太木讷不够精明，时而放弃经商的念头。要知道，诚实是做人的一大优势和财富，这一点并不是他成为商界明星的阻碍。反之，如果他不诚实，当心招致失败。

真善美是人们追求的理想境界，诚实是这一境界的要素之一。当一个人做到了表里如一，当别人对他的了解同他对自己的了解一致时，他就是诚实的。在日常生活中，人们喜欢同心直口快、诚实正派的人打交道，而对那些口是心非、虚情假意的人很讨厌，人们担心自己被欺骗、被愚弄；对那些狡猾奸诈、搬弄是非、嫉妒诽谤的人总是处处加以小心。在交往中，只有使双方心里感到安全，才能使双方关系健全稳固。

从诚实的内在性上看，一个诚实的人就是一个自重的人、一个勇敢的人，因为他有勇气真实地面对自己，面对人生，面对这个世界，而虚伪的人都不敢正视现实，他缺乏直面人生的勇气；从诚实的外在性上看，一个诚实的人也是一个正直的人，不论在生活上还是在言行上都与自身相一致，不夸大也不缩小；从诚实的进取性上看，诚实就是不去做那些不道德的事，而主动去做应该做的事，不仅洁身自好，而且积极追求更高层次的善，在这个意义上，诚实并不是简单地等同于"不撒谎"。一位医生为了延长病人的生命，对他隐瞒病情，也同样表达了较高层次的真诚和善心，真诚不仅仅意味着善良的动机，它还包含着智慧与效果。

诚实不仅有助于个人与个人之间的交往，而且将促进真正的社会交流和社会的成熟。为此，我们要坚决反对诸如诽谤、奉承、伪善等之类的"诚实"。诚实正直，作为基本的道德行为准则，要在任何情况下都做得好，不是轻而易举的，必须从小就注意培养，应做到：

（1）对待长辈、老师、同学、朋友，要有真诚之心，以诚待人，不说假话。有的人有时出于某种目的，或保护自己，或怕承担责任，就逃避现实而撒谎骗人。每撒一次谎，我们就给自己的生活增添了一份烦恼，因为你总是担心假话被人识破。假话多了，自然会出漏洞，时间一久，谁都知道你谎话连篇，谁还会相信你呢？谁还会与你交朋友？与其天天戴着假面具，自欺欺人，倒不如老老实实地在人前袒露真实的自己，人们不会因为你有缺点而疏远你，只要你有诚实做人的决心和行动！

（2）对待工作、学习，要做到踏踏实实，不弄虚作假，实事求是。工作和学习，是我们一生中伴随始终的事，我们的智慧也是在不断地学习和工作中积累和增加的，它需要我们用科学、严谨的态度来对待。你用这种态度，掌握了丰富的知识，具有了出众的才能，你有一颗真诚善良的心，自然会赢得人们的尊重，倘若为了追求虚荣、功名、弄虚作假、抄袭、剽窃他人的成就，即便获得了"殊荣"，你会心安理得、高枕无忧吗？要是有一天让人戳穿了，甚至诉诸法律时，"殊荣"、自尊也全没了。虚假就是虚假，它不会变成真实。真正的真实成就，来自实事求是的科学态度，来自脚踏实地的刻苦学习、钻研和工作。

（3）接人待物，要坦诚真挚，讲究信用。人最喜欢的品德之一是诚实，最讨厌的是虚伪。对喜欢假话连篇、欺名盗世的人更是深恶痛绝。你若真诚地与人交往，不在人前讲资格，摆架子，自以为是，处处表现出你良好的道德修养，真诚信用的风度，你不仅能给人留下好印象，还可以赢得良好的人际关系。

做个有自信
抗挫能力强的男孩

男孩宝典

我们在接人待物时，要襟怀坦白、心地真挚、言出真情、言而有信、言而不谕。千万不要学那种口是心非、两面三刀、自毁其约、虚情假意的恶劣行径。

专注你的梦想

我们生活在一个丰富多彩、纷繁复杂的世界上，各种对感官的刺激纷至沓来，使我们目不暇接、耳不暇听。这就分散了我们的注意，妨碍大脑皮层优势兴奋中心的形成和稳定，从而影响我们对某一特定事物的清楚的、深入的认识，学习中尤其如此。因此，我们必须善于调控自己的注意，使它能够根据我们的需要而有一定的指向性、集中性和稳定性。这种调控注意的能力，就是我们所说的专注。那么，青少年应该怎样培养专注的性格呢？

（1）首先，要随时明确注意的目的。注意有两种：一种是无意注意，即自然产生的、不需要做主观上的努力的无目的的注意。例如，强烈的音响、变幻的灯光、新鲜的环境等都自然而然地引起我们的注意，不需要主观上的努力指向与集中；另一种是有意注意，即主动的、需要做主观上的努力的有目的注意。有意注意是人特有的一种心理现象，它使人能够从众多的外界刺激中选择有意义、有价值的注意对象，并对其实现付出努力，从而达到预期的认识目标与行动目标。上课听讲和看书就是这种情况。因此，我们要努力增强注意的目的性，通过语言信号系统自我下达注意任务，训练自己善于把感觉和思维调遣、集中到当前目标上来的能力。我国著名数学家陈景润为了钻研哥德巴赫猜想，达到了如醉如痴、忘情忘我的程度。有一次，自己撞在树上，还问是谁撞了他。有时候，他已被疾病折磨得不省人事了，却还记挂着数字和符号。这就是因为"他把全部心智和理性统统奉献给这道难题的解题之上"。明确的目标使他的注意力高度集中，大脑皮层中形成了单一的、稳定的优势兴奋中心，生活中的其他刺激在感官、神经和大脑中的反映都被抑制了、淡化了，以至于达到了对其他事物"视而不见，听而不闻"的程度。

（2）要努力培养对注意对象的兴趣。饶有趣味的事物，会引起我们情不自禁的注意。例如，悠扬悦耳的音乐、色香味形俱佳的菜肴、华美的衣着，姣好的容貌等，很容易吸引人们去顾盼或倾听。但是，在日常的学习、工作与生活中，我们常会遇到一些自己原本不感兴趣而又必须做的事。这时，我们就必须努力使自己的注意力集中到这些事情上来。但要长时期地迫使自己注意枯燥无味的事物是很困难的，这种有意注意难以稳定、持续，因此，要设法唤起自己对必须注意的对象的兴趣。陶渊明在《饮酒》中写道："结庐在人境，而无车马喧。问君何能尔？心远地自偏。"为什么他能对喧闹纷争的社会环境视而不见、听而不闻呢？就是因为他鄙视当时社会的黑暗和政治的腐败，对官场、仕途毫无兴趣，宁愿归隐田园。而在躬耕之中，他对"采菊东篱下，悠然望南山"的田园生活之美、大自然之美产生了浓厚的兴趣。我们在初学某种知识的时候，可能会由于对这种知识的陌生而感到枯涩艰深，但只要坚持学下去、钻进去，我们就会逐渐品尝到发现的喜悦，体验到探求的乐趣，于是兴趣渐浓，注意力的集中就不再费劲，原来迫使自己进行的有意注意就渐渐转化为乐此不疲的无意注意。

（3）要有意识地经常进行调控注意能力的训练。我们可以经常提醒自己集中精力注意某一事物，目不斜视，耳不旁听，力求在大脑中只形成一个兴奋，过一会儿，再把自己的注意力迅速转移到别的事物上。经常这样练习，就会提高自己调控注意的能力。毛泽东年轻时为了培养自己的注意力，常特意到闹市中去读书，要求自己做到身处闹市而不闻喧闹之声，专心致志于书本。这就是一种提高注意力的有效训练。常此练习，就会使自己的注意能够迅速而有效地集中，又能根据需要有目的地、及时地转移。魏格纳说得好："一个人不能骑两匹马。骑上这匹，就要丢掉那匹。聪明人会把一切分散精力的要求置之度外，只专心致志地去

做个有自信
抗挫能力强的男孩

学一门,学一门就要把它学好。"注意的集中与稳定是深入认识客观事物、提高学习效率的必要条件,因此,我们必须努力提高自己调控注意的能力。

(4)学会转移注意力。这主要针对有强烈自我感觉的人而言。既然注意力在自己身上,有效的方法是将注意力从自己身上转移到别的事物上。比如,开会时关注别人的发言或自己的发言,不要考虑别人会怎么看我,我是不是引起别人的注意。

(5)努力克服自卑和恐慌。一般情况下,这些消极因素对你的注意力的影响比较大,持续的时间也比较长。当你开始行动时,这些讨厌的东西就会让你难受。你要意识到它们的存在,想办法将它们驱赶掉,采取自我激励的方式,多给自己打打气,尽量将心态恢复到积极状态中。

(6)克制情绪,保持头脑冷静。当你情绪低落时,最好的办法是马上将自己的思维带入工作中,强迫自己想一些与工作有关的问题,因为思维是持续不断的,你会连续不断地思考下去,直到进入行动状态。也可以利用外界的事物,比如听听优美的音乐,看一件精致的艺术作品或读一篇有趣的故事,只有保持情绪的平静,才能让大脑冷静下来,专注于行动上。

(7)不要人为地分散精力。人的精力是有限的,如果将有限的精力分散到许多事物上,可能每一件事情都办不好。如果集中精力,只干其中的一件事情,可能这一件事发生的作用比几件事还要大。分散和专注是两个截然对立的行为,切忌三心二意、心猿意马。

如果你可以看好你的目标,不管生活如何攻击你,但是请专注你的目标,你的生命就一定出现奇迹。现实总在向你进攻,但是你想要什么,做一个生活的高手,专注你的目标,而不是你的敌人,不要把眼睛交给你的敌人。交给你的梦想,盯紧它,向它大步地跑过去。虽然途中会挨那么几拳,但是因为那是你的梦想,所以我想,一定值。

在合作共赢中实现梦想

有个人想知道天堂和地狱究竟有什么区别,于是便向上帝求教。

上帝对他说:"好吧,我们先看看什么是地狱。"于是,上帝把他带进一个房间,那里有一群人正围坐在一大锅肉汤前。但是,每个人看起来都面黄肌瘦,一副饥肠辘辘的样子。那人仔细一看,虽然他们都拿着一只可以够到锅里的汤匙,但汤匙的柄却比他们的手臂还要长,根本无法将食物送进嘴里,就这样,他们只能眼睁睁地看着一锅香喷喷的肉汤兴叹,在饥饿带来的死亡面前,他们神情十分悲苦。

"来吧!我们再来看看什么是天堂。"看过地狱之后,上帝对那个人说。

他们又走进另一个房间,和第一个房间完全相同:一锅汤、一群人、一样的长柄汤匙。但是这里的每一个人都显得很快乐,吃得饱,睡得香,一个个满面红光,精神抖擞。

那个人感觉很奇怪,但他仔细一看,就明白了其中的原因:原来他们都将自己汤匙里的汤送到对面人的嘴里,在相互帮助中,每个人都喝到了美味可口的肉汤。

合作才能双赢。能不能伸手去喂别人,能不能互相帮助,就造成了天堂和地狱之间的差别。

有一个果农,培植了一种皮薄、肉厚、汁甜而少虫害的新果子。到收获季节,引来不少果贩前来购买,使这位果农发了大财,增加了不少财富。

当地不少人羡慕他的成功,也想借用他的种子来种果子。这位果农认为物以稀为贵,其他人也种这种果子将会影响自己的生意,所以还是自己独享成功的喜悦为好,于是全都拒绝了,其他人没有办法,只好到别处去买种子。可是到了第二年果熟季节时,这位果农的果子质量大大下降了,果贩们也都摇头不买他的果子了。这位果农伤透脑筋,只好降价处理。

果农想弄清楚产生这种现象的原因,于是就来到城里找专家咨询。

做个有自信抗挫能力强的男孩

专家告诉他，由于附近都种了旧品种的果子，而唯有你的是改良品种，所以，开花时经蜜蜂、蝴蝶和风的传播，把你的品种和旧品种杂交了，当然你的果子就变质了。"那可怎么办？"果农急切地问。

"那还不好办？只要把你的好品种分给大家共同来种，不就行了。"

果农立即照专家的说法办了。这一年，大家都收到了好果子，个个都喜笑颜开。

这位果农自以为独享财富，岂料独享就那么短暂，而且还带来毁灭性的后果。后来，他把改良的品种分给大家来种，不仅自己获得了财富，也帮助别人获得了财富，取得了双赢的成果。

互惠双赢已经成为现代人生存和发展的一种共识。市场经济发展到今天，人们为了获取利益、效益和价值，在强调竞争的同时，更重视彼此的合作，争取双赢的结果。双赢是什么？双赢代表合作，双方利用有效的资源，避免竞争带来的额外消耗；双赢同时又是竞争，它可以让我们获取多方资源。

世上所有的植物当中，最雄伟的当属美国加州的红杉。红杉的高度大约是 90 米，相当于 30 层楼的高度。科学家深入研究红杉后，发现了许多奇特的事实。一般来说，越高大的植物，它的根基扎得越深。但红杉的根只是浅浅地浮在地面而已。理论上，根扎得不够深的高大植物，是非常脆弱的，只要一阵大风，就能将它连根拔起，红杉又如何能长得如此高大，且屹立不倒呢？

研究发现，红杉生长的地方，必定是一大片的红杉林。这一大片红杉的根彼此紧密相连，一株连着一株，结成一大片。自然界中再大的飓风，也无法撼动几千株根部紧密联结，面积超过上千公顷的红杉林，除非飓风强到足以将整块地皮掀起。

追求成功也是一样，我们只有形成了双赢的思考模式，才能成为别人乐于合作的对象。生命的河流总有曲曲折折，人生的路也不免坎坎坷坷。困难就像一块巨大的拦路石挡在你必经的路途上。独木难成林，一人难为众，单凭自己的力量不能动它分毫。此时，唯有合作，才能产生更大的力量。

第二次世界大战期间一场惊心动魄的"大逃亡"，可谓是协作的完美典范,此次活动任务之艰巨、涉及范围之广,令人难以想象。

在德国柏林东南有一座德国战俘营。为了逃脱纳粹的魔爪,250多名战俘准备越狱。在纳粹的严密控制之下实施越狱计划,要求战俘们进行最大限度的合作,才能确保成功。为此,他们明确地进行了分工。

这是一件非常复杂的事。先要挖地道,而挖地道和隐藏地道则极为困难。战俘们一起设计地道,动工挖土,拆下床板木条支撑地道。处理新鲜泥土的方式更令人惊叹,他们用自制的风箱给地道通风吹干泥土。并制作了在坑道运土的轨道和手推车,在狭窄的坑道里铺上了照明电线。所需的工具和材料之多令人难以置信,3000张床板、1250根木条、2100个篮子、71张长桌子、3180把刀、60把铁锹、600多米电线,还有许多其他的东西。为了寻找和搞到这些东西,他们费尽了脑筋。此外,每个人还需要普通的衣服、纳粹通行证和身份证以及地图、指南针及干粮等一切可以用得上的东西。担任此项任务的战俘不断弄来任何可能有用的东西,其他人则有步骤、坚持不懈地贿赂甚至讹诈看守。

每人都有各自的分工。做裁缝、做铁匠、当扒手、伪造证件,他们日复一日地秘密工作,甚至组织了一些掩护队,吸引德国哨兵的注意力。此外,他们还要负责"安全问题",德国人雇用了许多秘密看守,混入战俘营,专门防止越狱,"安全队"监视每个秘密看守,一有看守接近,就悄悄地发信号给其他战俘、岗哨和工程队员。

这一切工作,由于众人的密切协作,在一年多的时间内竟然躲过了纳粹的严密监视,他们成功地完成了这一切。

大逃亡的成功是众人相互协作的结果。在一个团队和组织中,每个人都有各自不同的特长,只有互相协作,取长补短,才能将任务顺利完成。

通过联想运动队和惠普运动队的比赛我们就可以看到这一点。有一次,联想运动队和惠普运动队进行攀岩比赛。惠普队强调的是齐心协力,注意安全,共同完成任务。联想队在一旁,没有做太多的士气鼓动,而是一直在合计着什么。比赛开始了,惠普队在全过程中几处碰到险情,尽管大家齐心协力,排除险情,完成了任务,但因时间拉长最后输给了联想队。那么,联想队在比赛前合计着什么呢?原来他们把队员个人的优势和劣势进行了精心的组合:第一个是动作机灵的小个子队员,第二个是一位

做个有自信
抗挫能力强的男孩

高个子队员，女士和身体庞大的队员放在中间，殿后的当然是具有独立攀岩实力的队员。于是，他们几乎没有险情地迅速完成了任务。

美国生物学家沃森和英国生物物理学家克里克之间的默契合作一直被科学界传为佳话。他们之间的合作也是一个相互取长补短、共同进步的范例。

沃森和克里克通过夜以继日、废寝忘食地工作，终于在1953年3月7日将他们想象中的美丽无比的DNA模型搭建成功了。

沃森和克里克的这个模型正确地反映出DNA的分子结构。此后，遗传学的历史和生物学的历史都从细胞阶段进入了分子阶段。

尽管沃森和克里克是相异的一对，但这并不妨碍他们之间漂亮的配合默契，他俩正像DNA链中的互补碱基一样。世界本是一个多样化的存在，沃森的浪漫思维和克里克的严谨推理恰好形成一种统一体，让他们共同摘取了科学的桂冠。

DNA结构的发现是科学史上最传奇的"章节"之一，沃森和克里克也因此打造了科学合作史上的"完美双璧"。

他们的性格并不相同，沃森的发散思维独步天下，经常能有异想天开的创举，对他来说，没有思维和科学的框架，他像天马行空一样，根本不按常理出牌；而克里克正好相反，以严谨的逻辑推理著称，没有用严密的推理得出的结论，是不会被他认可的。

但是，他们确实是互补的一对。沃森的突发奇想，经过克里克的严密论证，造就了DNA双螺旋结构的问世。假设他们分开来研究，沃森只能终日沉浸在胡思乱想的美梦中，而克里克恐怕也只能在前人的理论基础上苦苦徘徊。

在当今社会，我们比以往任何时候都更需要协作精神，资源共享、信息共享才能够创造出高质量的产品、高质量的服务。特别是团队成员之间，每一个成员都具有自己独特的一面，取长补短、互助合作所产生的合力，要大于两个成员之间的力量总和，这就是"1+1>2"的道理。

让梦想成为人生之舟的明灯

　　大目标是人生立大志，可能需要 10 年 20 年甚至终生为之奋斗。这样的大目标的设定是很难精确详细的。尤其是对经验不足、阅历不深的人来说，更是如此。随着成大事经验的增加，阶段性的中短期目标的实现，人会站得更高，这样对人生大目标的确立会逐渐清晰明确。

　　所以人生大目标，可以不要求详细、精确，只要东西南北有个比较明确的方向和大致程度要求就可以了。那么怎样设定自己的目标呢？

　　（1）目标应既有激励价值，又要现实可行。

　　心理学实验证明，太难和太容易的事，都不容易激起人的兴趣和热情，只有比较难的事，才具有一定的挑战性，才会激发人的热情行动。

　　目标是现实行动的指南，如果低于自己的水平，干些不能发挥自己能力的事情，则不具有激励价值；但如果高不可攀，拿不出一项切实可行的计划来，不能在一两年内明显见效，则会挫伤积极性，反而起到消极作用。

　　那么如何掌握一个合适的程度呢？情况完全因人而异。个人的经验、素质水平和现实环境的条件是决定我们短期目标的依据。

　　由于个人条件不同，我们在制定目标时，一定要根据自己的实际情况——经验阅历、素质特色、所处的环境条件等，使我们的目标既要高出现实水平，又要基本可行。

　　比如经验不足时，先做小房子，有盖小房子成大事的经验，便可超出常规盖大房子，再盖摩天大厦。如果完全没有盖中小房子的经验，却突然要制定盖大房子的目标，这就不现实可行了。当然，长期停留在盖小房子的水平上，就没有激励价值，也就谈不上成大事。

　　（2）目标应尽可能具体明确，并限定时间

　　目标，或者三五年，或者一两年，有的短期目标可短到半年三个月。

做个有自信
抗挫能力强的男孩

这样的中短期目标，如果还不具体明确的话，那等于没有目标。只有具体、明确并有时限的目标才具有行动指导和激励的价值。你要在特定的时限内完成特定的任务，你就会集中精力，开动脑筋，调动自己和他人的潜力，为实现目标而奋斗。如果没有明确具体目标和时限，任何人都难免精神涣散、松松垮垮。这样就谈不上成大事和卓越。

别忘记牢牢地把稳你的船舵：制订了计划，势必推进它而不摇摆拖曳。一天有一天的目标，即刻行动起来！对确立的目标，坚定不移地执行到底。只要你能够这样每天"彩排"一遍，潜在意识就能自然接受它，使你一天天向理想的目标迈进。

人都会有这样的体会：当你确定只走 1 公里路的目标，在完成 0.8 公里时，便会有可能感觉到累而松懈自己，以为反正快到目标了。但如果你的目标是要走 10 公里路程，你便会做好思想准备和其他准备，调动各方面的潜在力量，这样走七八公里后，才可能会稍微放松一点。可见设定一个远大的目标，可以发挥人的很大潜能。

（1）目标需要不断调整修改。

每年至少要做一次检查比对，对我们的各种目标做出必要的调整修改。情况在不断地变化，当时制定的目标，是在当时的环境条件下形成的，如果环境条件变化了，难道你还能僵化固守在那个目标上吗？如果僵化保守，我们就很难发挥潜能，利用环境走向成大事。

（2）设立目标须全面衡量，切勿草率。

设定目标，是我们做成成大事的重大起步，必须配合具体的行动计划做分充的思考。目标将是我们行动的指南，如果目标错了，我们就会走错路，做无用功，浪费我们的宝贵时间和生命。因此，无论如何，我们不能在设立目标时草率行事。

设立目标时，要在自己的阅历、素质和社会环境条件与需要等诸多因素上反复琢磨、论证、比较，一定要把它当作人生最重要的事情来做，切勿草率，否则贻害自己。

（3）放胆一试，在实践中完善。

制定目标是对未来的设计，肯定有许多把握不准的因素，如果我们不勇敢地进行试验、实践，我们就很难知道目标是否正确。"不入虎穴，焉得虎子。"一个目标是否恰当，往往需要在实践中不断完善。前面提到切勿草率对待确立目标，是要我们有认真的态度。对能把握的东西，进行仔细的分析；对还不能把握的东西，就必须先尝试实践，再不断完善。

另外，在设定目标时，还必须注意以下四点事项。

（1）写下你的目标。当你书写时，你的思维活动会自然地使目标在你的记忆中产生一种不可磨灭的印象。

（2）给你自己确定时限，安排达到目标的时间，这一点的重要性在于激励你不断地向目标迈进。

（3）把你的目标定得高一些。达到目标的难易程度与你付出努力之间似乎有着直接的关系。一般来说，你把你的主要目标定得愈高，你为达到这个目标所付出的努力也就愈大。

（4）胸怀大志。树立人生更高的目标，不断地向自己提出更高的要求。因为很明显的事实是：更高的目标将激励人们发扬更高昂的战斗精神。

人的生命，似洪水奔流，不遇着岛屿和暗礁，难以激起美丽的浪花。现实是此岸，理想是彼岸，中间隔着湍急的河流，行动则是架在河上的桥梁。人的价值是由自己决定的。青年时期往往是人的一生中最宝贵的时期，同学们要倍加珍惜！

第四章
男孩一定不能有自卑心理

自卑,是孩子对自己的不恰当的认识,是一种自己瞧不起自己的消极心理。在自卑心理的作用下,孩子遇到困难、挫折时往往会出现焦虑、泄气、失望、颓丧的情感反应,从而阻碍孩子的健康成长。

认识自卑

1951年，英国人弗兰克林从自己拍得极为清晰的DNA（脱氧核酸）的X射线衍射照片上，发现了DNA的螺旋结构，并就此举行了一次报告会。然而弗兰克林生性自卑多疑，不断怀疑自己论点的可靠性，于是放弃了自己先前的假说；可是就在两年之后，沃森和克里克也从照片上发现了DNA分子结构，提出了DNA的双螺旋结构的假说。这一假说的提出标志着生物时代的开端，因此获得1962年度的诺贝尔医学奖。假如弗兰克林是个积极自信的人，坚信自己的假说。并继续进行深入研究，那么这一伟大的发现将永远记载在他的英名之下。自卑通向失败，这是显而易见的。

那么，自卑究竟是什么呢？自卑是一种消极的自我评价或自我意识。一个性格自卑的人往往过低评价自己的形象、能力和品质，总是拿自己的弱点和别人的强处比，觉得自己事事不如人，在人前自惭形秽，从而丧失自信，悲观失望，不思进取，甚至沉沦。具有这种性格的人比较敏感、柔弱，想象丰富，胆小怕事，依赖性强，感情用事，缺乏耐性，好冲动，不冷静。

他们常常因一些小事而觉得内疚，许多时候倒不是因为他做错了，而是常常做得不合理想，不够完美。他往往是"完美主义者"，但生活不可能都完美。这也正是他难以树立自信的客观原因。

这种人为退缩，面对竞争和挑战通常采取逃避态度。他们愿意与人交往。但是又怕被人拒绝；想得到别人的关心与体贴，又害羞不敢亲近。

经常使用"真的"之类强调词汇的人，多缺乏自信，唯恐自己所言之事的可信度不高。可恰恰是这样，结果往往起到欲盖弥彰的作用。

这类人很自卑。他首先看不起自己，觉得自己处处不如别人，甚至没有一点点值得"称道"的地方。"我究竟有什么优势？"他们常常自问。

做个有自信
抗挫能力强的男孩

其实优势他们是有的，只不过因为自卑而没有感觉出来。一旦与知心朋友谈心，朋友们给他指了出来，他也许就相信那确实是真的，但这种想法往往并不持久，一段时间后他又恢复了原样。

由于自卑，使得他做事时信心不足。因此，失败是常事；一旦失败，又令他深深地自责，从而更加自卑，于是形成了一个恶性循环的怪圈。

人生最大的难题莫过于：知道你自己！许多人谈论某位企业家、某位世界冠军、某位著名电影明星时，总是赞不绝口，可是一联系到自己，便一声长叹："我不是成才的料！"他们认为自己没有出息，不会有出人头地的机会，理由是"生来比别人笨""没有高级文凭""没有好的运气""缺乏可依赖社会关系""没有资金"等等。而要获得成功就必须要正确认识自己，坚信"天生我材必有用"。

严重的自卑感扼杀一个人的聪明才智，另外，它还可以形成恶性循环：由于自卑感严重，不敢干或者干起来缩手缩脚、没有魄力，这样就显得无所作为或作为不大；旁人会因此说你无能，旁人的议论又会加重你的自卑感。因此必须一开始就打断它，丢掉自卑感，大胆干起来。

成功与快乐的起点，就是良好的自我认识。在你真正喜欢别人以前，你必须先接纳自己。在你未接纳自己以前，动机、设定目标、积极的思考等，都不会主动为你工作。在成功、快乐属于你之前，你必须先觉得这些事情很值得。

成功的规律不是说只要接纳自己就能成功，而是说不接纳自己就无法成功。自卑的人虽也看到身边有许多有利条件和时机，但他总认为这些条件和时机是为别人准备的，与自己并不相干，甚至自己根本不接受这些条件和机会。因此他们就不努力奋斗，也没有和别人竞争的勇气。自卑的人就是这样替自己设置障碍的。没有一个人能越过他自己所设置的障碍。马克思很欣赏这样一句话："你之所以感到巨人高不可攀，只是因为自己跪着。"不信你站起来试一试，你一定能发现自己并不注定比别人矮一截。许多事情别人能做到的，自己经过努力也能做到，重要的是接纳自己，对自己要做肯定的评价，对自己的优点和力量要有自觉。

自卑心理是尊严的大敌。心理学家指出，自卑可分为如下几个程度：正常自卑、过度自卑、极度自卑。

所谓正常自卑，是指一个人对自己缺乏信心，在某些方面对自己评价过低，这导致一个人在有些时候对自己产生或怜悯或失望的情绪，这种自卑心和妒忌心比较接近，只不过妒忌牵扯到对他人的憎恨，而自卑只是针对自己。这种自卑是一种正常的心理体验，只要不形成长期的心理压力，过一段时间就能改正。俗话说"爱美之心人皆有之"，其实"自卑之心"也是"人皆有之"。因为每个人都不可能是十全十美的人，每个人都有自己不如别人的地方。一个人老是盯着自己的缺点和不足，就容易陷在里面放大这些不足，因而产生自卑心理。但这种心理一般说来是正常的，因为一个意识到自己缺点的人是比较明智的，如果能对自己宽容一些，明白"人无完人"的道理，再从其他方面加强优势互补，便很快可以纠正过来，变成正常的对自己的客观认识，"知不足方有所进取"，这就是一种良好的心理习惯了。

如果一个人不从自身的优势上加以补救，而是沉湎于自身的缺陷，甚至于痛苦不堪、心灰意冷，那就是过度自卑了。过度自卑是一种性格上的缺陷，这与能力、生理上的缺陷不同，这种心态既有损于心理，也有损于身体，更可怕的是，它会使原本并不是缺陷的地方也成为缺陷，使原来的缺陷更加强化。在这种心理意识下，一个人会变得敏感多疑、妒忌成性，又自怨自艾，甚至滑向自暴自弃的深渊。

最典型的例子莫过于《红楼梦》中的林黛玉，她因为自己是投靠于亲戚，又父母双亡无权无势，心理形成了深深的自卑。这本来是令人同情的，但她过于看重这一切，不管贾母怎么宠爱她，宝玉怎么讨好她，都不能使她轻松起来，仆人们在一起谈论，她便认为是嘲弄她；宝玉一点照顾不到，她就担心是看不起她，以至于薛宝钗戴个金项圈，黛玉看自己没有也自卑起来。本来黛玉才华又高，品貌又好，但她对这一切都看不见了，只是把"金玉"之事放在心里，最后竟为此送了性命。

过度自卑再发展一步就是极度自卑。在过度自卑阶段，虽然一个人的人生快乐和幸福都已丧失掉了，但人格和尊严一点也没减弱。相反，正是因为过度自卑，尊严感反而愈加强烈。黛玉的敏感、孤傲和她的自卑形成鲜明的对比，二者都走向两个极端，靠极端而维持平衡。可以说，过度自卑反而是过度自尊造成的。但一旦到了极度自卑阶段，一个

做个有自信抗挫能力强的男孩

人就真的不可救药了。我们知道,在古代社会里,由于君权意识和传统价值观的糟粕,老百姓被冠以"贱民"的称谓。在官老爷以及权势者们面前,百姓们习惯于"奴性"的生存,低三下四,俯首听从,一点自尊也没有。这种人物我们从一些电影、文学作品中随处可见。那些跪着自称"奴才"的人,尊严感又在哪儿呢?《雷雨》里的鲁贵、《慈禧太后》里的李莲英以及许许多多被迫或甘愿做奴才的人,他们是放弃了尊严的人,所以他们自称"奴才",行动点头哈腰,俨然一只哈巴狗,这时的自卑就有些可悲了。

为了培养良好的性格,更成功地生活,男孩一定要注意克服自卑的性格,努力养成自信的良好性格。

凭自己的力量克服自卑

为了有效克服自卑的性格,除了家长和老师的帮助之外,关键还在于男孩自己的努力。下面介绍一些具有规律性的、被实践证明了是行之有效的方法。

(1)克服由于思想认识方面造成自卑心理,即正确认识、恰当评价自己。形成自卑心理的最主要的原因是不能正确认识自己和对待自己,因此要改变自卑,须从改变认识入手。要善于发现自己的长处,肯定自己的成绩,不要把别人看得十全十美,把自己看得一无是处,认识到他人也有不足。也就是说,要培养自己的自信心理。例如,可以这样做试试:经常回忆那些经过努力,做成功的事情;对一些做得不对的事情,进行自我暗示——不要紧,别人也不见得就能做好,自己再努力一把也许会把事情做好。另外,注意发现他人对自己好的评价。每个人总是以他人为镜来认识自己，也就是说人们总是根据他人对自己的评价来自我评价的。如果他人对自己做出较低的评价，特别是来自较有权威的人的评价，就会影响自己对自己的认识，自己也低估自己。因此，要注意捕捉他人对自己好的评价。事实上，不会所有的人都对自己做较低的评价，赏识、了解、理解自己的人总是有的，关键是要自己去用心捕捉，将捕捉到的好评价作为自我评价的系数，以增强自信心。

（2）克服由于生理素质方面所造成的自卑心理，即正确补偿自己。人身体是具有"用进废退"功能的：盲人失明，耳朵就特别灵；腿有毛病，手就特别灵巧。所以，当我们因生理有缺陷而产生一种不如健康人的自卑感的时候，可以这样想：虽然我的眼睛看不见，但我的耳朵比你灵；单就生理素质看，咱俩也是等量齐观的，我并不比你矮半截。其实，人是靠心灵称雄的。社交场合的强者，是有修养、有知识的人。一个身体健康的人，如果头脑空虚，那他不过是空有躯壳；一个病残的人，如果内心世界丰富，正如阴暗背景的闪光，更显得耀目，更能得到人们的爱戴。问题是，首先要自己看得起自己，然后才能希求不被别人轻视。

（3）克服由于社会环境方面所造成的自卑心理。在社会中，农村的与城市的人、较富裕的与生活条件较差的人、学历高的与学历低的人，在人格上是完全平等的，没有什么高低贵贱之分，不应该有天然的优越感与自卑感。自然的生活环境，与人们的修养、知识、能力没有内在的、必然的、绝对的联系，城市的人不一定就比农村的人水平高，生活条件较差的人不一定比有钱的人能力差；无学历的人不一定就比有学历的人能力低。不能背上矮人一头的包袱，在交往中去焕发自己的风采。

有人生活在这样一种环境中，重要任务、重要交往活动都由他人包办代替了，他的父母、兄长或团体领袖不要他承担独立的交往任务，这就促成了他安于现状、依赖他人的个性。如果他心目中的权威人士，如父母、师长、团体领袖认为他缺乏交往能力，那他也就会乐意接受，并潜移默化地适应了周围的环境，对交往缺乏信心。克服这种自卑心理，就是要增强性格的独立性，摆脱人们尤其是权威人士对自己的成见，使自己在交往中日益成熟起来。

（4）克服由于性格气质方面造成的自卑心理，即克服内向性格和性

做个有自信
抗挫能力强的男孩

格孤僻。心理活动倾向于内向者较沉静、稳重、处世谨慎,但反应缓慢,适应环境比较困难,顾虑多,交际面窄。在社交方面,内向性格较之外向性格则有更多的消极因素。例如,内向性格的人不喜欢把自己的悲欢告诉别人。他们宁愿独自去忍受或享受,这就容易进入激情状态,使意识的控制作用降低,使理智分析能力受到抑制,不能正确评价或控制自己的行为,等等。要使内向性格逐渐变得外向些,可从如下三方面来努力:一要积极适应和改造环境,环境作用于人,使人的性格变化。我们要正确对待环境条件,使我们的性格不论在何种环境条件下,都得到良好的塑造。可以多参加一些集体活动,主动与别人接触;二要自我调节并解决心理冲突。内向性格的人常常把痛苦、烦恼统统闷在心里,时间越长,性格就会变得越内向。因此,要学会宣泄,把苦闷向他人谈一谈,排遣掉,使心情变得轻松、愉快;三要培养多方面的兴趣和爱好。兴趣广则交际广,又会学到许多知识,培养多方面的兴趣和爱好,培养出多种才能,有益于活泼性格的形成和发展。

有的人性格孤僻,不随和,不合群。一种是属于孤芳自赏、自命清高。这种类型的人,觉得他人的行为习惯都是庸俗浅薄、低级无聊的,不值得与其接近,有点傲视一切的味道,不愿与别人为伍,即便有时想"迁就一下""屈驾俯就"他人,也显得极不自然,别人也不愿意接受这种俯就,因此变得独往独来。另一种是属于有某种特殊的习惯行为即那些有怪癖的人,使别人难以接纳、不愿接触。要克服孤僻的心理障碍,关键在于思想上转弯。不能只想到自己的优点和长处,不能对别人要求太严。即使自己在某一方面有一得之见、一技之长,也不能因此看不起别人。就整个社会而言,一个人的本事再大,知识再丰富,也永远是沧海一粟。每个人都有自尊心,别人不会因为我们孤僻就特别仰慕我们。相反,会因之瞧不起我们。这样,我们不但不会有收获,还会带来心理负担。至于有怪癖的人,要努力改变自己的生活习惯,使自己成为一个受别人欢迎的人。改变自己的孤僻性格要有一种恒心,一种坚忍不拔的毅力。一种性格的改变是很不容易的,其原因就在于习惯了。但须确信,性格是可以改变的,性格在主客观的相互作用中变化。可以通过调整、改变生活环境和自己的行为,自觉地克服不利的环境影响,培养出良好的性格。

（5）克服由于生活经历方面所造成的自卑心理。人们在遭受挫折后，可能会产生各种反应，或反抗，或妥协，或固执。有的人由于感受性高而耐受性低，挫折会给他们以沉重的打击，从此变得自卑起来。当我们在交往中，受到别人的冷落和嘲讽时，不要回避，不要气馁，要冷静地分析失败的原因，采取积极的态度，用笑脸去迎击悲惨的厄运，用自信的勇气承受所遭到的不幸。

（6）全面地、辩证地看待自己，正确地认识、评价自己。不仅要如实地看到自己的短处，也要恰如其分地看到自己的长处，切不可因自己的某些不如人之处而看不到自己的如人之处和过人之处。

你不妨将自己的兴趣、嗜好、才能、专长全部列在纸上，这样，你就可以清楚地看到自己所拥有的东西。另外，你也可以将做过的事制成一览表。比如，你会写文章，记下来；你善于谈判，记下来；你会演奏几种乐器，你会修理机器等，你都可以记下来。知道自己会做哪些事，再去和同年龄其他人的经验做比较，你便能了解自己的分量。

（7）学会正确地归因。不能因一次失败，就认为自己能力不行。殊不知这次失败的原因很可能是多方面的，不一定是能力不足造成的。

（8）提高自信心。当你在干一件事之前，首先应有勇气，坚信自己能干好。但在具体施行时，应考虑可能遇到的困难。这样即使你失败了，也会由于事先在心理上做了准备而不致造成心理上的大起大落，导致心理失调。

（9）体验成功。经常回忆因自己努力而成功了的事，或合理想象将要取得的成功，以此激发自信心。

（10）运用积极的自我暗示。当遇到某些情况感到信心不足时，不妨运用语言暗示："别人行，我也能行。""别人能成功，我也能成功。"从而增强自己改变现状的信心。

（11）建立新的兴奋点。当你处于劣势或面对自己的弱项时，可以通过有意转移话题或改做别的事情来分散自己的注意力。如可将注意力转移到自己感兴趣的也是最能体现自己才能的活动中去，以淡化和缩小弱项在心理上造成的自卑阴影，缓解压力和紧张。

做个有自信
抗挫能力强的男孩

（12）正确地补偿自己。应该用积极进取的态度来对待自己的不足，驱赶自我暗示中的消极因素。心理学家阿德勒说："人的自卑使人产生优越的渴望。"他认为，有自卑的心理，并不表明一个人有问题，或是心理不正常。人感到自卑，就会在某些方面加倍努力，以期得到更大的成就。他认为自卑感一方面是积极进取的刺激物，但另一方面，沉重的自卑感也能摧垮一个人，使他终生无所作为。

一般来说，具有自卑感的人对外界的反应大多比较敏感，容易接受外界消极的暗示。如果敏感超出了常态，就会造成对自己心理上的束缚，影响身心健康。一个人应该看到自己的不足之处，但是如果能把外界的不良刺激转化为奋发向上的动力，就会得到更大的进步和成功。

很多有成就的人都是通过努力奋斗，以某一方面的突出成就来补偿生理上的缺陷或心理上的自卑感（劣等感）的。有自卑感就是意识到了自己的弱点，就要设法予以补偿。强烈的自卑感，往往会促使人们在其他方面有超常的发展，这就是心理学上的"代偿作用"，即通过补偿的方式扬长避短，把自卑感转化为自强不息的推动力量。耳聋的贝多芬，却成为划时代的"乐圣"。解放"黑奴"的美国总统林肯，补偿自己不足的方法就是通过教育及自我教育。他拼命自修以克服早期的知识贫乏和孤陋寡闻，他在烛光、灯光、水光前读书，尽管眼眶越陷越深，但知识的营养却对自身的缺乏做了全面补偿，最后使他成了有杰出贡献的美国总统。

许多人都是在这种补偿的奋斗中成为出众的人的。古人云"人之才能，自非圣贤，有所长必有所短，有所明必有所蔽"，故从这个角度上说，天下无人不自卑。通往成功的道路上，完全不必为"自卑"而彷徨，只要把握好自己，成功的路就在脚下。

（13）选准参照系。在与别人比较时，为了避免自卑心理的产生，我们应该选择与自己各方面相类似的人、事比较。否则与自己悬殊太大，或者拿自己的弱点与别人的优点相比，总免不了自卑感。与人比较时要讲究"可比性"——选择适当的参照系，否则，就会因感到"人比人，气死人"而引发自卑。

自卑的人一般都比较敏感脆弱，经不起挫折的打击。因此应当注意，要善于自我满足，知足常乐。在学习上，目标不要定得太高。适宜的目标，可以使你获得成功，这对自己来说是一种最好的激励，有利于提高自己的自信心。之后，可以适当调整目标，争取第二次、第三次成功。在不断成功的激励中，不断增强自信心。

找到最好的自己

富兰克林说过，宝物放错了地方便是废物。一个人找到自己的特长，学会经营自己的长处，就能够化自卑为自信。事实上，每个人都有自己的长处，教育家R.H.里夫斯博士写过一个常被人引用的寓言，题为《动物学校》，该寓言说明了尊重差异的重要性。故事是这样讲的：

很久很久以前，动物们决定干一番勇敢的事业，以应付"新世界"的问题。于是，它们建立了一所学校，选定了活动课程，其中包括跑步、爬树、游泳和飞翔。为了方便管理，所有动物要参加所有科目。

鸭子擅长游泳，实际上比教练游得都好，飞翔的成绩也很优异，但却很不擅长跑步，由于它跑步成绩很差，放学后只得留在学校，还不得不中断游泳来练习跑步。它练呀练呀，直到最后把双脚磨得不成样子，游泳也落了个一般水平。然而，在学校里，一般水平是可以接受的，所以，除了鸭子本身外，没有谁为此而担忧。

兔子开始在全班跑得最快，但由于需要一次次地补考游泳，搞得神经衰弱了。

松鼠爬树成绩优异，可后来被飞翔课搞得灰心丧气，因为老师让它从地面向上飞，而不是从树上向下飞。它由于练得太用劲，把肌肉扭伤了，结果爬树得了零分，跑步得了零分。

做个有自信
抗挫能力强的男孩

鹰最不听话，不得不被严加约束。在爬树课上，它击败所有对手，首先到达树顶，但却坚持使用自己的方式。

这年结束时，一条游泳技术超群，在跑步、爬树和飞翔方面也略具本领的畸形鳝鱼平均成绩最好，并成为致告别词的毕业生代表。

草原犬鼠没有入学并反对征税，因为行政当局不愿将挖洞列入课程。它们让孩子跟着地鼠学徒，后来与土拨鼠和地鼠合伙建立了一所成功的私立学校。

R.H.里夫斯博士的这则寓言说明了每个人的才能都是有差异的，我们不必因为羡慕别人的长处而丧失自己的自信，而应当找到自己的长处，努力将自己的长处发掘出来，这样，有助于我们在内心树立起自信。

李扬是一位著名的配音演员，广受大家喜爱的卡通形象唐老鸭就是他配的音。李扬在初中毕业后参了军，在部队当一名工程兵，他的工作内容是挖土、打坑道、运灰浆、建房屋。可是李扬明白，自己身上潜在的宝藏还没有开发出来：那就是自己一直喜爱的影视艺术和文学艺术。

在一般人看来，这两种工作简直是风马牛不相及。但李扬却坚信自己在这方面有潜力，应该努力把它们发掘出来。于是他抓紧时间工作，认真读书看报，博览众多的名著剧本，并且尝试着自己搞些创作。退伍后李扬成了一名普通工人，但是他仍然坚持不懈地追求自己的理想。没过多久，大学恢复招生考试，李扬考上了北京工业大学机械系，变成了一名大学生。从此，他用来发掘自己身上宝藏的机会一下子多了起来。经几个朋友的介绍，李扬在短短的5年中参加了数部外国影片的译制录音工作。这个业余爱好者凭借着生动的、富有想象力的声音，参加了《西游记》中美猴王的配音工作。1986年初，李扬迎来了自己事业中的辉煌时刻，风靡世界的动画片《米老鼠和唐老鸭》招聘汉语配音演员，风格独特的李扬一下子被迪士尼公司相中，为可爱滑稽的唐老鸭配音，从此一举成名。李扬说，自己之所以成功，是因为一直没有停止过挖掘自己的长处。

很多人之所以自卑就是因为没有找到自己的长处，没有挖掘出自身的潜力。每个人身上都有独特的特长和天分，只要能找出自己的特长，发挥自己的天分，你就能够为自己赢得自信。

每个人都有自己的特长,并适合于不同的工作岗位。不同的工作岗位对人才的素质与才能的要求也不同。比如,做一名杰出的临床医生,必须具有很好的记忆力;研究理论物理学,抽象思维能力不可少;一位数学家没有必要一定具备实际操作、设计和做实验的能力,虽然这种能力对一位化学研究者来说是必不可少的;而天文学是一门观察科学,需要很好的观察能力、浓厚的兴趣和长久的毅力。

人的兴趣、才能、素质也是不同的。如果你不了解这一点,没能把自己的所长利用起来,你所从事的行业需要的素质和才能正是你所缺乏的,那么,你将在平凡的工作中失掉信心和热情,而你的才能也将会被埋没。反之,如果你有自知之明,善于自我设计,从事你最擅长的工作,你就会获得成功。

首先要信服的是自己

社会心理学家指出,大多数人都很容易接受外来意见。人类天生对父母、爱人、家人、朋友、领袖的影响开放心胸,他们的评价对孩子的成长有很大的影响。对大部分孩子来说,他们的一生,往往早已被父母设计定型,如此一来,便可能隐匿了他们内心真正的驱动力。譬如,由于贺罗德天生残疾,他的父母希望他做文书方面的工作,但他抗拒他们的建议,而做了他所希望的木匠。另一位会计肯恩也有类似的经验,他说:"因为我父母强调安全,他们希望我做会计工作。我赞同了他们的决定,便做了会计,但我的天性实在比较喜欢表现。"现在,他计划两年后等孩子开始工作,便进艺术学校当个老学生。

大多数人都证明,轻易接受建议是危险的,旁人的建议,无法使自

做个有自信
抗挫能力强的男孩

己变成个人真正的样子，反而容易被操纵成别人理想的样子。

"做任何事情，开始时，最为重要的是不要让那些总爱唱反调的人破坏了你的理想。"芭芭拉·格罗根指出，"这世界上爱唱反调的人真是太多了，他们随时随地都可能会列举出若干个理由，说你的理想不可能实现，在这种情况下你一定要坚定自己的立场，相信自己的力量，不要因为他人的评价而放弃自己内心的想法。"

哈代是一位发明家，但他周围的朋友和同事都认为他是一个满脑子怪念头的"傻瓜"。当他弄明白电影发明的原理之后，便从电影胶卷的转盘中产生了灵感：他让胶卷上的画面一次只向前移动一格，以便老师能够有充足的时间详细阐述画面里的内容。

这个想法让哈代受到不少嘲笑，但是他没有因此退缩，经过反复试验之后，哈代终于成功地实现了让画面与声音同步进行的目标，创造了"视听训练法"。

另外，作为一名游泳运动员，哈代曾经两度入选美国奥运会游泳代表队，也曾经连续5届获得"密西西比河16千米马拉松赛"的冠军。哈代在游泳的时候，觉得大家在比赛时使用的游泳姿势不好，决心加以改变。

但是，当他把想法告诉教练时，教练认为他的想法太过荒唐，立刻加以拒绝。一位游戏冠军也告诫他不要冒险尝试，以免不小心在水里淹死。

当然，哈代还是没有理会他们的告诫，仍然不断地挑战传统的游泳姿势，最后终于发明了自由式游泳。自由式游泳现在已经成为国际游泳比赛的标准姿势之一。

不要怕被称为傻瓜，有时候，真理只站在少数人这边。要相信自己内心的想法，努力去实现它，这样，你才能取得人生的胜利。巴尔扎克说过："发明家全靠一股了不起的信心支持，才有勇气在不可知的天地中前进。同样，在人生成长的道路上你也要靠自己内心强大的自信支持自己的行动，而不是让别人的言行左右你的成长。

杰克是一位年轻的画家。有一次他在完成一幅杰作后，拿到展厅去展出。为了能听取更多的意见，他特意在他的画作旁放上一支笔。这样一来，每一位观赏者，如果认为此画有败笔之处，都可以直接用笔在上面圈点。

当天晚上,杰克兴冲冲地去取画,却发现整个画面都被涂满了记号,没有一笔一画不被指责的。他十分懊丧,对这次的尝试深感失望。

他把他的遭遇告诉了一位朋友,朋友告诉他不妨换一种方式试试,于是,他临摹了同样一张画拿去展出。但是这一次,他要求每位观赏者将其认为画的好的地方标示出来。等到他再取回画时,结果发现画面也被涂遍了记号。一切曾被指责的地方,如今却都换上了赞美的标记。

他不无感慨地说:"现在我终于发现了一个奥秘:无论做什么事情,不可能让所有的人都满意,因为,在一些人看来是丑恶的东西,在另一些人眼里或许是美好的。"

画展里的这种情况,我们常常会在现实生活里碰到。同样的事,同样的人,常常会得到不同的评价。仔细想想,这也并不奇怪,因为人世间每一个人的眼光各不相同,理解事物的角度也不一样。所以遇事要用正确的思维方式,不要完全相信你听到的看到的一切,也不要因为他人一时的批评而迷失自己。

我们无论做什么,一定要对自己有一个清楚的认识,要有自己的主见,不能因为别人一时的批评和议论而迷失自己,改变自己,失去了自己的主见。

心理学家认为,外部因素虽然可以影响一个人的决定,然而真正起决定性作用的还在于一个人的内心。也就是说,不经你的同意,没有人能够影响你。一个人的自信心越强,就越不容易受到外界的影响。心理学家讲过这样一个例子:如果你在船上走近一位看起来很可怜的人,对他说:"你看起来好像很不舒服,你的脸色好苍白,我想你一定是晕船了。我扶你到你的船舱去。"你的晕船的提示和他自己的恐惧感联结在一起,该乘客的脸色苍白了。他接受了你的扶助,到船舱里躺了下来。你的消极、不好的提示经他接受之后,就成真了。

对于同一提示,不同的人会有不同的反应。这是因为他们潜意识所接受的状况和思想不同的关系。如果你不是走近一名乘客,而是走到一名水手面前,同情地说:"老弟,你看起来好像很不舒服。你感到难过吗?我看,你要晕船了。"

做个有自信
抗挫能力强的男孩

根据他特有的身份，他不是笑说你在"开玩笑"，就会显得有点生气。在这种情形下，你的提示他是听不进去的。因为你提出晕船的提示，在他的心中引不起恐惧或忧虑，反而会激起他的自信心。

一项提示或者评价是把某种事物状况，灌输到一个人心中的行为或步骤。也就是一个人的心智对所提示的想法和观念加以考虑、接受，或付诸实施的处理过程。你必须记住：一项提示如果和你的意念方向不一，就无法把某种事物状况灌输到潜意识中。换句话说，你的意识具有排斥提示的力量。譬如，对文中的水手来说，他根本不怕晕船。他早已使自己深信自己不会晕船，因此你消极、否定的提示，对他根本就不起作用。

我们之中的每个人，内心都有着自己的信念和见解。我们心里的这些认定，会统治、支配我们的生活。别人的提示本身并没有力量，除非你在心理上已经接受了它。一旦你接受了它，就会促使你思想上的改变，对你的成长轨迹造成影响。

向缺憾发起挑战

汤姆·邓普生出生的时候，只有半只脚和一只畸形的右手。但是，小邓普生的父母却并不因此而沮丧，也从来不让他因为自己的残疾而感到不安。

结果，在他们的鼓励和帮助下，邓普生竟然能够把同龄人能做的事情都做得非常好。比如说，如果别的孩子能走完 16 千米，那么小邓普生同样能走完 16 千米。后来，他要踢橄榄球了。经过一段时间，他和别的孩子在一起玩的时候，他十分吃惊地发现，他能够和他们将球踢得同样远。

于是，他不禁对自己更加充满信心。他让人为他专门设计一只鞋子参加了踢球测验，最终他竟然获得了冲锋队的一名球员资格。

但是冲锋队的教练却尽量委婉地告诉他，说他"不具备做职业橄榄球员的条件"，促使他去试试其他的事情。

最后，他申请加入新奥尔良圣徒队，并且请求教练能给他一次机会圣徒队的教练虽然心存疑虑，但是看到这孩子这么自信，便对他有了好感，因此就收下了他。

两个星期后，圣徒队的教练对他的印象更深了，因为他在一次友谊赛中一脚将球踢出了50米远并得分。

这是一个伟大而又激动人心的时刻，球场上坐满了66000名球迷。在约26米线上，比赛只剩下几秒钟，球队把球推进到41米线，但是到这个时候可以说已没有时间了。

"邓普生，进场踢球。"教练大声说。

邓普生进场的时候，他知道他的队距离分线有50米远，是由巴第摩雄马队的英雄毕特·瑞奇踢出来的。

球传接得很好，邓普生一脚全力踢在球身上，球笔直地前进。但是球踢得够远吗？全场的球迷屏住了呼吸。

接着终端得分线上的裁判举起了双手，得了3分，球在球门横杆上1厘米的地方越过。

最终，邓普生所在的队取得了胜利。

球迷们狂呼乱叫，他们为踢得最远的一球而兴奋，要知道，这是只有半只脚和一只畸形的手的球员踢出来的!

"真是让人难以相信!"有人大声叫。

但是邓普生却只是笑了笑。他想起了自己的父母，他们告诉他的是他能做什么，而不是他不能做什么。

邓普生这一表现使他成为了圣徒队的球员。

在以后的赛季中，他为自己的球队赢得了99分。

他之所以创造这么了不起的纪录，正如他自己所说的："他们从来没有告诉我，我有什么不能做的。"

做个有自信
抗挫能力强的男孩

汤姆·邓普生的成功是一个勇于挑战自己缺憾而取得成功的感人事例。

和汤姆·邓普生一样，蒂尼·伯格斯也是一个勇于挑战自身缺憾的人，他不仅没有因为自身的缺憾而自卑，相反，他把自身的缺憾变成了自己的一种优势，这种精神，尤其值得青少年学习。

美国 NBA 联赛中有一个夏洛特黄蜂队，黄蜂队有一位身高仅 1.60 米的运动员，他就是蒂尼·博格斯——NBA 最矮的球星。博格斯这么矮，怎么能在巨人如林的篮球场上竞技，并且跻身大名鼎鼎的 NBA 球星之列呢？这是因为博格斯的自信。

博格斯自幼十分喜爱篮球，但由于身材矮小，伙伴们瞧不起他。有一天，他很伤心地问妈妈："妈妈，我还能长高吗？"妈妈鼓励他："孩子，你能长高，长得很高很高，会成为人人都知道的大球星。"从此，长高的梦想像一粒种子在他心中生根发芽，变得越来越强烈，不可扼制。

"业余球星"的生活即将结束了，博格斯面临着更严峻的考验——1.60 米的身高能打好职业赛吗？

博格斯横下心来，决定要凭自己 1.60 米的身高在高手如云的 NBA 赛场中闯出自己的一片天地。"别人说我矮，反倒成了我的动力，我偏要证明矮个子也能做大事情。"在威克·福莱斯特大学和华盛顿子弹队的赛场上，人们看到蒂尼·博格斯简直就是个"地滚虎"，从下方来的球 90% 都被他收走……

后来，凭借精彩出众的表现，蒂尼·博格斯加入了实力强大的夏洛特黄蜂队，在他的一份技术分析表上写着：投篮命中率 50%，罚球命中率 90%……

一份杂志专门为他撰文，说他个人技术好，发挥了矮个子重心低的特长，成为一名使对手害怕的断球能手。"夏洛特的成功在于博格斯的矮"，不知是谁喊出了这样的口号。许多人都赞同这一说法，许多广告商也推出了"矮球星"的照片，上面是博格斯淳朴的微笑。

成为著名球星的博格斯始终牢记着当年他妈妈鼓励他的话，虽然他没有长得很高很高，但可以告慰妈妈的是，他已经成为人人都知道的大球星了。

身高 1.60 米的博格斯能够成为一名球艺出众的 NBA 明星，关键就在于他相信自己,并能够在此基础上充分发挥自己的"身高优势",使自己成为夏洛特黄蜂队里的超级断球手。博格斯的成功告诉我们这样一个道理:无论是谁,只要相信自己,努力进取,劣势也可以变成自己的优势,弱项也可以变成自己的强项。

缺憾并不是自卑的理由。一个人要敢于正视自己的缺点,尤其是年轻人,不要因为自己的一些缺憾而放弃成功的信心,要让自己的缺点成为自己上进的动力。

让必胜的信念创造成功的奇迹

美国纽约州第一黑人州长罗尔斯从小并不怎么受老师欢迎,他跟那里很多孩子一样有着诸多不良习惯:总是口出秽语,还喜欢逃课打架……刚上任的教师奥里森煞费苦心地劝说这些孩子,却像对牛弹琴一样,一点儿效果也没有。

奥里森实在不甘心看到这些孩子再这样发展下去,便想出了一个绝妙的方法。他知道这里的人们非常迷信,于是就在课堂上给孩子们看起了手相。起初,孩子们都不太愿意接受,后来看到奥里森对大家手相的推测,将来他们一个个不是地位显赫就是财大气粗,因此孩子们也都愉快地接受了。

罗尔斯看到同伴们的命运都如此之好,便也按捺不住自己,最终走上台去,让老师帮自己也看一看。奥里森煞有介事地把这只黑乎乎的小手看了又看,"研究"了好半天,然后认真地说道:"你以后一定会是纽约州的州长。"

"这是真的吗?我会是一名州长?"罗尔斯有点不敢相信自己的耳朵。他疑惑地望着老师,但从此却在心里暗暗确立了当州长的信念。

做个有自信
抗挫能力强的男孩

从那以后,罗尔斯改掉了自己身上的种种恶习,在他看来一个真正的州长就应该是这样的。一直以来,他心中当州长的念头丝毫没有动摇,他始终朝着自己的目标奋斗着。51岁那年,罗尔斯登上了纽约州第53任州长的宝座。他是有史以来,纽约当选的第一位黑人州长。

在罗尔斯的就职演说中,有这么一句话。他说:"信念值多少钱?信念是不值钱的,它有时甚至是一个善意的欺骗,然而你一旦坚持下去,它就会迅速升值。"

因此我们可以说:在这个世界上,信念这种东西任何人都可以免费获得。成功的人,最初都是从一个小小的信念开始的——信念就是所有奇迹的萌发点。

信念是一个人成功的动力,是造就人生奇迹的伟大力量。如果你想了解奇迹背后是什么的话,请你阅读下面这个美国小男孩的故事。

这名小男孩的父母希望他们的儿子能成为一名体面的医生。可是,男孩读到高中便被计算机迷住了,整天鼓捣着一台十分落后的苹果机,他把计算机的主机拆下又装上。

男孩的父母很伤心,告诉他,应该用功念书,否则根本无法立足社会,可是,男孩说:"有朝一日我会开一家公司的。"但是,父母根本不相信,还是千方百计按自己的意愿培养男孩,希望他能成为一名医生。

不久,男孩终于按照父母的意愿考入了一所医科大学,可是他只对电脑感兴趣。在第一学期,他从当地零售商处买来降价处理的IBM个人电脑,在宿舍里改装升级后卖给同学。他组装的电脑性能质量十分优良,而且价格便宜。不久他的电脑不但在学校里走俏,而且连附近的律师事务所和许多小企业也纷纷前来购买。

第一个学期快要结束的时候,他告诉他的父母,他要退学,父母坚决不同意,只允许他利用假期推销电脑,并且承诺,如果一个夏季销售不好,那么,必须放弃电脑。可是,男孩电脑生意就在这个夏季突飞猛进,仅用了一个月的时间,他就完成了18万美元的销售额。

他的计划成功了,父母很遗憾地同意他退学。

他组建了自己的公司,打出了自己的品牌。在很短的时间内,他良好的商业成绩引起投资家的关注。第二年,公司顺利地发行了股票,他拥有了 1800 万美元资金，那年他才 23 岁。10 年后，他创下了类似于比尔·盖茨般的神话，拥有资产 43 亿美元。他就是美国戴尔公司总裁迈克尔·戴尔。比尔·盖茨曾经亲自飞赴他的住所美国奥斯汀向他祝贺。比尔·盖茨对他说："我们都坚信自己的信念，并且对这一行业富有激情。"两位商业巨人的手紧紧地握在一起。

戴尔的成功告诉我们，每项奇迹都是始于一种伟大的想法。或许没有人知道今天的一个想法将会走多远，但是，我们不要怀疑，只要静下心来，努力去做，那么心中的梦想就会触手可及。

信念好比航标灯射出的明亮的光芒，在朦胧浩瀚的人生海洋中，牵引着人们走向辉煌。高高举起信念之旗的人，对一切艰难困苦都无所畏惧。相反，信念之旗倒下了，人的精神也就垮了下来。而从来就不曾拥有过信念的人对一切都会畏首畏尾，在漫长的人生旅途中抬不起头，挺不起胸，迈不开步，整天浑浑噩噩，看不到光明，因而也感觉不到人生的幸福和快乐。

一天晚上，一位名叫杰克的青年站在一条河边，一脸忧郁。

这天是他 30 岁生日，可他不知道自己是否还有活下去的必要。因为杰克从小在福利院里长大，身材矮小，长相也不漂亮，讲话又带着浓厚的法国乡下口音，所以他一直很瞧不起自己，认为自己是一个既丑又笨的乡巴佬，连最普通的工作都不敢去应聘，没有工作，也没有家。

就在杰克徘徊于生死之间的时候，与他一起在福利院长大的好朋友汤姆兴冲冲地跑过来对他说："杰克，告诉你一个好消息。"

"好消息从来就不属于我。"杰克一脸悲伤。

"不，我刚刚从收音机里听到一则消息，拿破仑曾经丢失了一个孙子。播音员描述的相貌特征，与你丝毫不差！"

"真的吗，我竟然是拿破仑的孙子？"杰克一下子精神大振，联想到爷爷曾经以矮小的身材指挥着千军万马，用带着泥土芳香的法语发出威严的命令，他顿感自己矮小的身材同样充满力量，讲话时的法国口音也带着几分高贵和威严。

第二天一大早，杰克满怀信心地来到一家大公司应聘。

20 年后，已成为一家大公司总裁的杰克，查证出自己并非拿破仑的

做个有自信
抗挫能力强的男孩

孙子,但这早已不重要了。

杰克的故事告诉我们,信念可以创造奇迹,信念能够唤起一个人的自信。无论是谁,只要把自己的信念牢牢地根植于心,就能够克服重重困难,实现自己的理想。

积极的自我暗示能够激发人的潜能

信心与意志是一种心理状态,是一种可以用自我暗示诱导和修炼出来的积极的心理状态!成功始于觉醒,心态决定命运!

这是现时代的伟大发现,是成功心理学的卓越贡献。成功心理、积极心态的核心就是自信主动意识,或者称作积极的自我意识,而自信意识的来源和成果就是经常在心理上进行积极的自我暗示。反之也一样,消极心态、自卑意识,就是经常在心理上进行消极的自我暗示。就是说,不同的意识与心态会有不同的心理暗示,而心理暗示的不同也是形成不同的意识与心态的根源。所以说心态决定命运,正是以心理暗示决定行为这个事实为依据的。

例如,星期天,你本来约好和朋友出去玩,可是早晨起来往窗外一看,下雨了。这时候,你怎么想?你也许想:糟糕!下雨天,哪儿也去不成了,闷在家里真没劲……如果你想:下雨了,也好,今天在家里好好读读书,听听音乐……

这两种不同的心理暗示,就会给你带来两种不同的情绪和行为。

我们多数人的生活境遇,既不是一无所有,一切糟糕,也不是什么都好,事事如意。这种一般的境遇相当于"半杯咖啡"。你面对这半杯咖啡,心里产生什么念头呢?消极的自我暗示是为少了半杯而不高兴,情绪消沉;而积极的自我暗示是庆幸自己已经获得了半杯咖啡,那就好好享用，因而情绪振作，行动积极。

由此可见，心理暗示这个法宝有积极的一面和消极的一面，不同的心理暗示必然会有不同的选择与行为，而不同的选择与行为必然会有不同的结果。有人曾说："一切的成就，一切的财富，都始于一个意念。"我们还可以再说得浅显全面一些：你习惯于在心理上进行什么样的自我暗示，就是你贫与富、成与败的根本原因。可以说，发展积极心态，是走向成功的主要途径。

人与人之间本来只有很小的差异，但这很小的差异却往往造成了巨大的差异！巨大的差异当然决定了是成功、幸福，还是平庸、不幸。而原本很小的差异就是凡事所采取的心理暗示不同。所以说，两种不同的心理暗示必然会产生两种不同的结果。

一个人的命运是由自我意识决定的，这句话的含义就包括了潜意识。因为积极的心理暗示要经常进行，长期坚持，这就意味着积极的自我暗示能自动进入潜意识，影响意识，只有潜意识改变了，才会成为习惯。

潜意识就是已经习惯成自然，不用有意控制的心理活动。根据大自然的构造，人类完全能够控制经由各种感觉器官进入潜意识的各种信息刺激和物质力量。但是，这并不等于人们随时随地经常地运用自己的控制力，而在绝大多数情况下，许多人并不运用这种控制力。如果人们都能主宰自己，怎么会有那么多人心态消极，一生贫苦卑贱呢？

潜意识就像一块肥沃的土地，如果不在上面播下成功意识的良种，就会野草丛生，一片荒芜。自我暗示就是播撒什么样的种子的控制媒介，一个人可以经由积极的心理暗示，自动地把成功的种子和创造性的思想灌输进入潜意识的大片沃土。相反，也可以灌输消极的种子或破坏性的思想，而使潜意识这块肥沃的土地野草丛生。

坚持心理上积极的自我暗示，对个人获得成功是非常重要的。

（1）通过心理暗示的作用，把树立成功心理、发展积极心态这个总原则变成了可以具体操作的方式和手段。就是说，转变意识、发展积极心态，就要从心理上的自我暗示做起。

（2）心理暗示是人的自我意识中"有意识"和潜意识之间的沟通媒介。人的思想行为不可能一切都要有意识地选择和控制，通过经常持久

做个有自信
抗挫能力强的男孩

的积极暗示，让自信主动的电流与潜意识接通，这才是真正的具有巨大魔力的自我意识。

（3）由于心理暗示的内容是具体的、实际的，所以坚持积极的自我意识也就必然要选择确立自己的目标，而且主要的目标将渗透在潜意识中，作为一种模型或蓝图支配你的生活和工作。

（4）通过心理暗示这个具体实际、可以操作的环节，我们能把内容复杂的成功心理学融会贯通，化作简单明确而又坚定不移的信心和意志，并且可以立刻行动。正因为心理暗示能够直接支配影响你的行动，所以，"自我意识决定你有无发展、能否成功"这句话就变得更加实在了。

在第一次世界大战期间，英国的前线战场上流行着一种因为受炸弹爆炸的震惊而得的心理恐惧症——"弹症病"，严重者导致四肢瘫痪。令英国当局头痛的是此病无药可治。心理学家麦杜古参加了战时诊疗，他用笔在下肢失去知觉的士兵膝盖以下若干寸的地方画一个圈，然后以毋庸置疑的口吻告诉患者，明天圈以下部位一定恢复如常。第二天这个士兵果然恢复了知觉。这样日复一日地提高画圈的位置，直至士兵痊愈。

有一催眠师曾对一身强体壮的男子施以催眠术。在催眠状态下，催眠师对他说："你现在手没有力气，连一支铅笔都拿不起来了。"果然，一个堂堂的男子汉真的连铅笔都拿不起来了！他已经把催眠师的语言变成了一种信念，他的行为是这种信念支配的结果。

自卑者的情况亦是如此，只不过是自己发出暗示罢了。人类有许多潜能就是这样被自我暗示封藏着，不能得以充分发挥。

日本古代有一位信长将军，他奉命去打仗。令大家十分不安的是，信长将军的手下兵力不及对方的十分之一，但是，信长将军懂得暗示之道，他认为自己应该可以打赢这一仗。

当部队经过一座庙宇的时候，信长将军要部下歇息一会儿。他当着大家的面拿出一块铜板，告诉部下："如果神要我们胜，那么，铜板的正面头像就向上。"

信长将军把铜板往上一丢，掉在地上果然是正面头像向上。部下个个来了精神，信心十足。

结果，信长将军真的取得了胜利。

战后归来，贴身侍卫对信长将军说："这真是天意呀，神的指令不可违背。"这时，信长将军从口袋里取出那枚铜板交给贴身侍卫，贴身侍卫看了看，铜板的两面都是正面。

爱默生曾经指出："习惯是一个人思想和行为的支配者。"休谟也说："习惯是人类生活最有力的向导。"起初是我们形成习惯，可是到后来，却是习惯支配我们的思想和行动。习惯可以在不知不觉中形成，也可以有意识、有目的地培养。特别是好习惯，大多是在有意识的训练中培养出来的。因此，一个不愿意虚掷生命的人，是会有意识、有步骤地培养自己的自信心，克服自卑感的。在生活中，青少年该怎样培养自信心呢？下面列举了几条简单而行之有效的方法。

（1）在心灵深处，对自己的未来发展，要形成一个稳定、恒久的远景目标和规划。牢牢地把握这一目标，切不可让它消失。你要在精神中寻求，使这一目标更加明晰。绝不要把自己想象为一个失败者，绝不要怀疑你的目标的实现。那是最危险的思想。因为你的精神一直在为你的目标的实现而努力。所以，不管当下的情况是如何的糟糕，你都只能设想"成功"。

（2）无论何时何地，只要影响你的消极思想一产生，理性的声音、积极的思想就应立即把它驱逐出去。

（3）在想象中，不要设置任何障碍物。要藐视任何一个所谓的障碍，把它们减少到最低限度。对困难一定要经过研究，采取切实有效的办法把它们消灭，但是，只有当困难确实存在的时候才能考虑对策。千万不要因为畏难心理过高地估计它们。

（4）不要因为敬畏别人而模仿别人。伟人们伟大那是因为你自己跪着。没有谁会比你更有效率。记住，大多数人虽然表现出自信，但他们也经常像你一样感到恐惧，对自己表示怀疑。

（5）每天把这句能产生力量的话念诵十遍："上天若帮助我们，准还能抵挡我们呢？"

（6）找最了解你的朋友或一名合适的咨询医生，让他帮助你找出你做错事的原因。了解你自卑和信心不足的根源，它们往往是从孩童时代开始的。认识自我是一条很重要的线索。

（7）每天念诵下面这句话十遍，如果可能请大声念出来："靠着自然所赋予我的力量，凡事都能做。"这句诤言是克服自卑思想的最奇妙的力量。

（8）正确地估价自己的力量，然后，把它提高 10%。不要变成一个自我中心主义者，但是要保持应有的自尊。

（9）谋事在人，成事在天，把自己交给造物主。自然赋予了你在尘世生活中所需要的力量，坚信这一点。自然给予了你足够的力量，以满足日常生活的需要。

（10）提醒自己：自然与我同在，我是不可战胜的。相信自己能时时从自然那里得到力量。

以上十条原则和方法，用现代科学术语来说，就是心理暗示法。

信心是一种心理状态，可以用成功暗示法去诱导出来。对你的潜意识重复地灌输正面和肯定的语气，是发展自信心最快的方式。如果我们用一些正面的、肯定的、自信的语句反复暗示和灌输给我们的潜意识，那么，这些东西就会在我们的潜意识中牢牢扎根，发展为我们的自信心。

要有成大业的决心

美国人类行为学家丹尼斯·维特利博士说："真正的成功，不仅仅是个人在自己长处方面的追求。它不是在生活中去碰运气，也不是去打败别人或者是使别人遭受损失而自己去攫取。成功就是利用你的天资或潜在力为能使你获得幸福的目标去不断地奋斗。成功就是在一种友爱、互助、充满社会关心和责任的环境中给予和获取。"他还具体指出成就大业者应具备的十种心理品质。这十种心理品质如下。

(1) 现实的自我觉察。大多数的成功者表现出一种现实的自我觉察。他们能觉察到周围事物的细微变化，更能觉察到由于遗传和环境给自己造成的缺陷，也能觉察到大量对他们有益的事物。

现实的自我觉察就是自我诚实。成功者不但对自己的潜力是诚实的，而且对要达到的目的应付出的时间和努力也是诚实的。

(2) 现实的自我尊重。现实的自我尊重是成功者所具备的一种非常重要和最基本的品德。成功者有很强的自我价值感和自我信心。"我愿意成为我自己，而不愿是历史上任何时代的别人。"这是成功者正面的自我暗示。它是发展自我尊重感的重要部分。自我尊重中很重要的一方面是自我接受——心甘情愿地成为自己。

(3) 现实的自我控制，成功者的自我控制是主动的，而失败者的自我控制则是被动的。成功者认为自我控制的同义词是自决，他们相信"因果"关系，相信生活的程序是"做你自己的事"，并认为在许多事情中自我控制有个人选择的自由和掌握自己命运的含义。他们坚定地坐在驾驶员的位置上，控制着自己的思想、日常工作、目标和生命。创造着自己的算命图和星占预测。自我控制的意思就是对我们的思想、天资和能力的发展，有一个最好的支配，能够安排好一生的时间。

(4) 现实的自我动机。在生活中，成功者是那些有强烈的现实的自我动机的人。他们有奔向他们所制定的目标的能力，或是他们有扮演他们想去扮演的角色的能力。他们现实的自我动机有两个来源：其一，他们个人的和现实的自我期望；其二，他们的知觉是，当畏惧和愿望同在心中时，畏惧是有害的，而愿望使他们通往胜利、成功和幸福。"动机"一词被理解为，在个人的内部，不参与外界对他或它的刺激，是思想、需要、感情、有机体的器官促成的行动，是一种强烈的接近或是远离目标的倾向。

(5) 现实的自我期望。成功者期望成功。他们懂得，所谓的"运气"是准备和觉察的结合，期望成功出于三个主要的前提：首先是欲望——想要成功；其次是自我控制——懂得成功是由自己创造的；最后是准备——准备成功。现实的自我期望使他们做好了迎接机会的准备。生活中的成功者相信自己预言的能力，保持着努力向上的势头，期望一个较

做个有自信抗挫能力强的男孩

好的工作，保持健康的身体，收入能不断增加，有热情的友谊和新的成功。成功者总是把问题看作向能力和决心挑战的机会。

（6）现实的自我意象。所有的成功者都积极地考虑和发挥现实的自我意象。他们表现出成功者的样子：意识到自己扮演的角色，根据看到的图画、体验到的感情和听到的语言，进行想象，以此来展示自己的吸引力。他们懂得，着急、渴望、敌意和失望对于他们的创造性的想象具有消极性和破坏性；他们还知道，自我意象可以改变，因为下意识没有反复详细区别真正成功和想象成功的能力。你的行为和表现常常包含着自我意象，自我意象由你全部的感情、畏惧、情绪的反应和目前的经历所组成。

（7）现实的自我调节。生活中的成功者信奉现实的自我调节。他们有着合理的生活计划，总的目标和明确的任务，每一天的具体工作明确，并且日复一日地努力着，决心达到确定的目标，得到想要得到的一切。他们在通向成功的道路上懂得自我指挥。每天的分分秒秒是成功者的时间的结构。简言之，现实的自我调节的秘密在于建立一个清楚的、具有规定性的目标。

（8）现实的自我修养。成功者们进行现实的自我修养。自我修养就是思想实践，即思想的锻炼，树立新的思想感情、废弃贮存在潜意识的记忆体中的陈旧东西。任何事物都是可以成为习惯的，自我修养能形成或破坏一种习惯，能在你的自我想象中或是思想中产生一种永久的变化，帮助你达到目标。它反复地用语言、画图、观念和情绪告诉你，你正在赢得每一个重要的个人的胜利。

（9）现实的自我范围。生活竞争中的真正成功者们，具有现实的自我范围，他们客观地寻求生活中的意义，珍惜每一分钟，把每一分钟看作是自己的最后时刻，从而经常地去寻求更为美好的东西，他们的寻求同整个人类活动息息相关。最典型的自我范围是他们具有赢得别人爱戴和尊重的品质，成功的自我范围并不意味胜利了就把对手踩在脚下，他会向奋斗者、探索者、以及坚忍不拔的人伸出援助之手，是相互帮助，而不是相互利用。他们懂得一个人真正的永生，是怀着热心和同情去帮助别人生活得更美好的时候。

（10）现实的自我投射。生活中的成功者是现实的自我投射的典型。你经常能认出一个成功者，当他一走进房间时，能造成一种气氛：他总是恰到好处地出现，他具有一种使人消除敌意的艺术，同时向周围扩散着吸引人心的超凡魅力，向人们投射发自内心的火热激情。成功者们是坦率和友好的。作为听者，他们全神贯注地去捕捉你的意思。作为讲话者，他们千方百计地让你听懂他们所讲的内容。他们用实例去探求你的反应，并运用于同样方式的语言去讲解，以便让你很容易地取得他们与你交往的真实含义。最后，最重要的是——生活中的成功者们在生活中投射建设性的、积极的想象。

生活中成功者的心理，为我们构成了一种使自己感到满意和振奋的生活方式。同时，为那些在生活中把你看成向导和鼓励的人，树立了一个健康的榜样。当你把"成功者的十种品质"设计到你自己生活当中去时，它们就成为你的个人成长和完成自己个人的成功过程中的动力。

第五章
用强身健体锻炼男孩的意志

一个人有没有一副健康的身体，决定了他能不能得到幸福，也决定了他可不可以取得成功。试想一下，不管一个人拥有再多的钱财，也不管他取得了多么大的成功，如果他没有一副健康的身体，那么他就什么都感受不到，他所拥有的一切也都是枉然的。

重视身体健康

俗话说:"身体是革命的本钱。"也就是说,不管你想干什么,身体是你唯一的本钱。没有健康的身体,什么都做不成。健康是幸福生活的基石,也是你展翅高飞的依托。它的重要性无可比拟,也无可替代。聪明的人都是善于管理自己身体的人,因为他们知道,拥有健康,一切才皆有可能。

爱默生也曾说过:"健康是人生第一财富。"拥有健康的人,才拥有希望;拥有希望的人,才能拥有一切。健康是你最重要的本钱,是你幸福生活的基石。为了对得起自己的人生,我们都要珍重健康!

通常,健壮的身体是成就伟大事业的条件。

英国前首相布莱尔从中学时代开始就活跃在运动场上。他是一个相当出色的校橄榄球队队员,还当过校板球队队长,以后又喜欢上了篮球和网球。布莱尔会定期游泳、打网球、上健身房。每到周末,布莱尔夫妇就会带着4个孩子到位于伦敦郊外的一座16世纪的古堡,呼吸乡野的清新空气。有时,布莱尔一家就在这里同保镖们摆开架势,展开一场别开生面的家庭足球大赛。当他们踢得精疲力竭、满身大汗时,又一同跳进露天游泳池游个痛快。布莱尔曾说:"我现在的身材跟大学刚毕业时一样标准。"

首相的工作不能说不繁忙,但布莱尔始终热爱运动。运动不仅让他拥有健康的身体,也让他尽享生活的情趣。因此,不要以"忙"为借口而忽视健康。关键不在于你从事何种工作,而在于你对待健康的态度。

事实上,凡是聪明的人都非常注重自己的健康,因为他们知道,健康是人一生中最大的"本钱",健康的重要性无可比拟,也无可替代。人生能获得的最好奖赏,莫过于健康。可以说,健康就是生命。我们都要对自己负责——珍惜自己的健康。

做个有自信
抗挫能力强的男孩

良好的健康,并不是仅仅指避免早逝而已。许多和压力有关的疾病,并不一定会置人于死地,例如关节炎、气喘、溃疡、结肠炎、糖尿病、湿疹、偏头痛等都是。其中一些疾病,是由身心问题引起的,这就是说,心理上的失常,会在生理上表现出来。除了生理疾病以外,还要能免于控制情绪和精神痛苦,才算是健康良好。情绪方面的疾病像焦虑、恐惧、惊惶、生气、怨恨、厌恶、罪恶感、无助感、不适宜的感觉,都跟任何生理疾病一样地伤人。精神疾病则是另一种骚乱的原因,这些疾病的种类有高血压、精神官能症、癫狂忧郁症、分心、恐惧症、歇斯底里症。

健康管理是自我发展中很重要的一环。一些对健康有害的不良习惯通常很难戒除,那么我们该怎么办呢?

(1) 认清自己有哪些不良习惯。首先就是要知道,自己所做的到底是什么。我们都有个自我保护的习惯,那就是不愿面对令人不愉快的事实,过去的行动、思想或见到的事,若是让我们不安,我们就会设法忘掉。我们对于坏习惯的态度也是一样。

实际上,单单要让自己知道事实,就不是简单的事。要认清事实真相,并且保持着这样的认识,就要和自我保护的反应抗争,否则那反应会遮蔽一切事实。单单是知晓、接受所发生的事情,就会叫你觉得痛苦。但是,若想革除有害的习惯,以健康的习惯来代替,关键就在于认清事实。

压力和坏习惯会造成健康问题,有时候我们会这样想,压力造成的疾病,是经理或主管才有的问题。其实完全不是这么回事,劳工、店员、技术员、专业人员都和经理一样受到压力。不良的工作环境、单调的工作、负担过重、艰巨的目标、高品质的标准、严密的监督,以及工作组织中其他许多层面都可能造成压力。经理还是比较幸运的,就工作方面来说,有比较多的选择,而且比较能掌握得住;或者,至少本来应该是这样子的。当然造成压力的,也就是这管理工作的特征,这样的情况,也会造成个人主动、冒险的机会,我们都是靠着这样的机会发达的。

(2) 相信你能控制自己的健康。有些人不承认自己会生病,这样的人也常常会觉得,对自己的健康无能为力。这是种很常见的命定论,"如果我注定要完蛋,再怎么担心也没有用"。自我管理的哲学中,可千万不能有这样的想法！这样的态度是很愚蠢的，因为虽然我们改变不了天生的资质，阻挡不了"上帝的旨意"，我们的生活方式和所做的事情，还是会影响到我们的健康，我们能控制的并不少。

（3）要能让自己过得快活。我们对于自己的坏习惯，往往会很固执，不愿意放弃。"除此以外，我就没有什么其他的娱乐了。"我们通常会这样说。其中有大部分原因是，我们没有让自己过得快活一点，不知道我们有时候需要过得快活一点，就好像有时候要克制一下自己一样。男人似乎对这一点特别在行。真正的男人不会纵容自己泡在浴缸的热水中，不肯让自己休息半天时间，不肯穿自己喜爱的衣服，不肯拿半小时时间来读一本好书，真正的男人应该要能忍受厨房中的热气，就好像人家说的，要能忍受到热死人的程度。让自己过得快活一点，是戒除坏习惯不可或缺的一环，也只有这样，才能保持健康。

（4）争取别人的支持。这是养成健康习惯的又一个主要步骤，这是因为，假使其他人不是站在你这边，很可能就会拖你的后腿。

有些人喜欢逼人家喝酒、抽烟，这些人也在寻求伙伴，只不过是自我毁灭的伙伴！倘若你希望戒除自我毁灭的不良习惯，养成新的、健康的习惯，那么最好是能找到支持你的人，或者是自我发展的小团体。

热爱自己的生命

"生命是世界上最美丽的花朵，它是地球经过漫长的演变而形成的，低级的生命经过漫长的演变而形成了人类的生命，男人与女人爱的结合而形成了个体的生命。热爱生命，每一个生命都有其特定的意义，每一

做个有自信

抗挫能力强的男孩

个生命都值得讴歌；热爱生命，因为它不仅属于你，还属于关心爱护你的人；爱护一切的生命，包括地上长的小草，天空中飞着的蜻蜓……"

读了上面这一段赞美生命的散文诗，你是否对自己以及周围自然界丰富而充盈的生命而感动呢？然而，现实生活中很多孩子却对生命没有感觉，不少孩子经常说活得"没意思""烦死了"，他们不知道生命的价值和生命产生的过程，有的年纪轻轻就选择了轻生，这对孩子的成长来说是非常可怕和可惜的。

一般来说，处于青春期中的青少年学生有两个危险期，一个是13至14岁之间，另一个是15至18岁。这期间的青少年独立意识与逆反意识同步增强，"敢做别人不敢做的事情"，喜欢并且追求所谓的"轰轰烈烈"，对"自尊"很看重，而对生命却有些漠视。由于对生活、对生命的意义缺乏认识，许多青少年不怕死、不畏死，对自己的生命和家人的期望视若鸿毛。

2004年11月，一架四川航空公司的飞机在昆明国际机场起飞时，两个男孩爬上了飞机右后起落架的吊舱里。飞机起飞后一男孩从飞机起落架掉下后摔死，另一个则随飞机到了目的地重庆，但已经严重冻伤。这位幸存的少年获救后面对媒体时说："看到同伴掉下飞机时，我不难过，我们认识的时间并不长。"当他获知自己的父母即将来接他，他立即神色黯然。他说："死也不愿意回家。"

这两位小男孩对生命的漠视反映出我们在青少年教育方面的一个重大缺陷：没有对青少年进行正确的生命教育。

青少年正是人生中最美好、灿烂的时期，这时的我们，是一朵含苞欲放的鲜花；是一轮冉冉升起的红日；是祖国未来的希望。然而，由于青少年正处于人生观、世界观的形成阶段，缺乏社会经验和明辨是非的能力，容易受社会各种不良风气的影响。再加上现在家庭多数是独生子女，"小王子""小公主"的教育使当前青少年当中普遍存在偏执、自私、虚荣。盲目崇拜西方国家，唾弃传统美德，不良的家庭教育和社会风气很容易在青少年幼小、无知的心灵中埋下贪慕虚荣、崇尚暴力的种子和逆反心理的祸根，酿出犯罪的苦酒。因此这个时期，也正是青少年人生的十字路口，人生的转折时期，有的人就在这个时期踏入了犯罪的深渊，最终在铁窗中度过青春，过早地失去创造生活、实现自身价值的机会。

只有正确认识到生命的意义和价值，才能够实现生命的精彩。

丹麦人芬生没有辜负他来到人世间的 48 年。在托尔斯豪思学校读书时，校长对他的评语是："芬生是个可爱的孩子，但天资低，颇为无能。"中学毕业，他爱上了一位渔家姑娘。正当他做着迷人的幻梦时，他染上了可怕的胞虫囊病，心爱的姑娘离他而去。失恋和疾病引起的屈辱使他下决心开始重新规划自己的人生。他写下座右铭："你一天到晚心烦意乱，必定一事无成。你既然期望辉煌伟大的一生，那么就应该从今天起，以毫不动摇的决心和坚定不移的信念，凭自己的智慧和毅力，去创造你和人类的快乐，只有这样，你的生命才能焕发青春。"后来，芬生考进了哥本哈根大学医学院，并发誓不学成才决不回家。毕业后，他毅然辞了母校的工作，放弃了优厚的薪俸，把毕生精力都集中在医学研究上，并按照自己的人生设计规划了一项造福人类的宏伟事业——研究用光线治病。1898 年，芬生发现红外线能治疗天花。1895 年，芬生又发现紫外线能治疗狼疮。

1908 年 12 月 10 日，瑞典斯德哥尔摩第三次举行诺贝尔奖授奖庆典，芬生终于以他"用光线治病"这一医学史上的卓越贡献获得了诺贝尔奖。

芬生的一生虽然短暂并且充满了艰辛，但是却为我们带来了这样一个重要启示：只有当一个人正确地认识到生命的价值，并且努力地去实现它时，才能够战胜生命的阻碍和磨难，获得令人瞩目的成就。

有人说："人的生命只有一次，因而生命是宝贵的。"生命的宝贵不只在于它只有一次，而且还在于它完全可以由我们自己设计。每个人都是自己生命的设计师，可以靠自己选择和行动来实现自己生命的精彩。

有一位父亲，在他很小的时候父母就去世了，他成了一名孤儿，孤苦伶仃，一无所有，流浪街头，受尽磨难，最后终于创下了一份不菲的家业，而他自己也已经到了人生暮年，该考虑辞世后的安排了。

这位父亲有两个儿子，他们都很能干，人品也不错。几乎所有的人包括他自己，都认为应该把财产一分为二，平分给两个儿子。但是，在最后一刻，他改变了主意。

做个有自信
抗挫能力强的男孩

他把两个儿子叫到床前，从枕头底下拿出一把钥匙，抬起头，缓慢而清楚地说道："我一生所赚得的财富，都锁在这把钥匙能打开的箱子里。可是现在，我只能把这把钥匙给你们兄弟二人中的一人。"

兄弟俩惊讶地看着父亲，几乎异口同声地问："为什么？这太残忍了！"

"是，是有些残忍，但这也是一种善良。"父亲停了停，又继续说道，"现在，我让你们自己选择。选择这把钥匙的人，必须承担起家庭的责任，按照我的意愿和方式，去经营和管理这些财富。拒绝这把钥匙的人，不必承担任何责任，生命完全属于你自己，你可以按照自己的意愿和方式，去赚取我箱子以外的财富。"

兄弟俩听完，心里开始动摇。接过这把钥匙，可以保证你一生没有苦难，没有风险，但也因此而被束缚，失去自由。拒绝它？毕竟箱子里的财富是有限的，外面的世界更精彩，但那样的人生充满不测，前途未卜，万一……

父亲早已猜出兄弟俩的心思，他微微一笑："不错，每一种选择都不是最好，有快乐，也有痛苦，这就是人生，你不可能把快乐集中，把痛苦消散，最重要的是要了解自己，你想要什么？要过程，还是要结果？"兄弟俩豁然开朗。哥哥说："弟弟，我要这把钥匙，如果你同意的话。"弟弟微笑着对哥哥说："当然可以，但是你必须答应我，好好管理父亲的基业，如果你答应我的话，我就可以放心去闯荡了。"二人权衡利弊，最终各取所需。这样的结局，与父亲先前的预料不谋而合，因为最了解儿子的莫过于看着他们长大的父亲。

20多年过去了，兄弟俩经历、境遇迥然不同。哥哥虽然生活舒适安逸，但是并没有沉沦，把家业管理得井井有条，性格也变得越来越温和儒雅，特别是到了人生暮年，与去世的父亲越来越像，只是少了些锐利和坚韧。弟弟生活艰辛动荡，几起几伏，受尽磨难，性格也变得刚毅果断。与20多年前相比，相差很大。最苦最难的时候，他也曾后悔过，怨恨过，但已经选择了，已经没有退路，只能一往无前，坚定不移地往前走。经历了人生的起伏跌宕，他最终创下了一份属于自己的事业。这个时候，他才真正理解父亲，并深深地感谢父亲。

每个人的生命都掌握在自己手中。你可以选择平凡,也可以选择挑战,但无论过哪一种生活,都应当对自己的生命负责,充分发挥自己生命的潜能与价值。青少年是祖国的新一代,更是祖国的未来,因此我们要摆正好自己的心态,对自己的生命负责,走好人生的每一步,用自己的努力回报父母,回报社会,让我们的人生永放光彩。

在尝试中突破

挑战极限是一种很重要的体育竞技精神。体育竞技的一个重要目的就是把人的体能推到一个极限。人类运动史上有很多运动项目,比如马拉松、超长马拉松等竞技项目都是为了向人类忍耐力的极限发起挑战。对于青少年来讲,养成一种敢于挑战自我极限的习惯,以及具有挑战自我极限的体验对他们的成长大有裨益。

人们都知道美国电影《阿甘正传》表现的是一个被常人称为低能的人成功的故事。阿甘之所以能够成功,在某种意义上讲,是由于他自己并不知道自己智商和常人不一样。这使我们联想到动物界的故事。有一种动物叫大黄蜂,它的身体肥大笨重,翅膀却十分短小。生物学家根据空气动力学原理,并经过仔细计算,最后断言,大黄蜂是绝对不可能会飞的。但令人不解的是,大黄蜂不仅能飞,而且飞行速度远远超过一般的蜜蜂。

从某种意义上来说,挑战自我极限,意味着我们要勇于超越,敢于打破自己体能和意志上的局限,就像奥运精神所倡导的那样,努力向"更快、更高、更强的目标迈进"。敢于挑战自我极限是推动人类文明发展的重要动力,而不是异想天开。无数事实证明,人的潜能是超乎自己

做个有自信
抗挫能力强的男孩

的想象的。

20世纪80年代,有一艘叫赫尔瑟的渔船因为没有得到警告,在驶近冰岛时,撞入水下渔网并遭遇大潮而翻了船。当事件发生时,船上有5个人,两个在甲板下,当船像龟壳一样翻扣过来时,他们肯定不是被淹没了,就是因寒冷休克窒息而死。另外5人一起待在寒冷的黑暗中,他们牢牢地抓住翻转的船的龙骨。他们知道,和船待在一起获救的可能性最大,但仅仅几分钟后,船身沉没了,他们很快就失去了这种选择。他们当时被困在离岸4.8千米的地方,气温在0摄氏度以下,水温大约5摄氏度,而这5个人所处的状况是不可能生存下来的。

很多专家都认为他们已经毫无生还的希望,因为在这种情况下,他们能够存活的时间不会超过20分钟。除此之外,专家还做出这样的预测:如果他们看到远处岸上的灯光并向它游去的话,他们生存的时间就有可能缩短。计算机模型和实验数据都发现同一个奇怪的事实,就是当淹没在寒冷水中的人试图通过游动来努力保持温暖时,他们反而会冷得更快——因为寒冷的水流冲泡他们的衣服所引起的热量流失会大大超过他们在运动中产生的热量。这是因为水对热的传导能力比空气的传导能力要强25倍以上。

但是,即便计算机宣告了他们的死亡,这些人却不这样看。也许是并不了解理论上所指出的危险,并意识到救援不会到来,他们开始向岸边游去,为了求生大家用尽了全身的力气。只有一个人活了下来,他就是23岁的戈罗·弗雷多,其他的人一直坚持了计算机所预测的那么久。

据弗雷多回忆,游了不到10分钟,他就发现寂静的黑暗中只剩下他一个人。于是他接着向前游去,尽管他后来说,腿和胳膊的疼痛使游动变得很困难,但显然他一直保持着运动,才避免了核心体温和肌肉温度的下降。最后,他一直游了6个多小时,直到天色泛亮,太阳升起,他发现自己靠近了一个海滩。他爬着,被涨潮的潮水冲上海滩,上了岸,看到不远的地方有一座农舍,他步履蹒跚地跑到那儿,告诉人家发生了什么。

戈罗·弗雷多的故事告诉我们,人的潜能是无穷的,如果你勇于挑战,你的潜能就会被无限制地激发出来。

数千年来，人们一直认为要在 4 分钟内跑完 1.6 千米是件不可能的事。不过，在 1954 年 5 月 6 日，美国运动员班尼斯特打破了这个世界纪录。他是怎么做到的呢？

每天早上起床后，他便大声对自己说："我一定能在 4 分钟内跑完 1.6 千米！我一定能实现我的梦想！我一定能成功！"这样大喊 100 遍，然后他在教练库里顿博士的指导下，进行艰苦的体能训练。终于，他用 3 分 56 秒 6 的成绩打破了 1.6 千米长跑的世界纪录。有趣的是在随后的一年里，竟有 57 人进榜，而再后面的一年里更高达 200 多人。

在现实生活中，当一件事被认为是不可为时，我们就会为不可为找许多理由，例如，我的智商没有别人高，我吃不了苦，我天生腼腆，不善于和生人打交道……从而使这个不可为显得理所当然，我们也就当然不会采取积极有效的行动，最终的结果肯定是这件事真的成了不可为了。

德国数学家高斯在上中学的时候，有一次，他在数学课上打瞌睡，下课铃响了，他醒了过来，抬头看见黑板上的一道题目，以为是当天的家庭作业。回家后，他埋头演算，就是算不出来。但他还是锲而不舍。终于，他算出来了，并把答案带到课堂上。老师见了，不禁瞠目结舌，原来那是一道被认为是无解的题。那么高斯为什么能算出这道题目呢？因为高斯不知道这道题目是没有答案的。

男孩宝典

只要勇于挑战，你就能够击败许多"不可能"，充分地激发出个人的潜能。青少年处于人生成长的黄金时期，更应当培养自己挑战极限的精神。让自己的青春岁月中多留下一些挑战自我极限的体验。

做个有自信
抗挫能力强的男孩

爱上生命的节奏——体育运动

医学上早已发现,身体健康受损引起的各种生命障碍,皆因人体对外部环境不适应所致。为了保证机体内部与自然界的变化相适应,必须始终处于运动状态中。

早在公元前300年,古希腊伟大思想家亚里士多德就提出了"生命在于运动"的名言,它深刻寓意了运动对身体健康所起的重要作用。后来,医学和生理学关于"适者生存"的理论,明确地说明:人的健康状况和工作效率,不仅取决于全身各器官、系统的功能和相互协调,而且还取决于整个身体对自然和社会环境的适应能力。怎样才能获得这种"适应能力"呢?经过人们的长期探索,终于得出这样一个结论:获得对环境的适应能力应是长期锻炼的结果。不同的人对环境适应能力的差异,除受制于不同的生活环境外,在相当程度上与体育锻炼息息相关。

美国著名心血管专家肯尼思·库柏博士指出,只要参加运动就一定会受益。对脑力劳动者尤其如此。据统计,1968年美国有24%的成人开始运动,在此后的15年里,美国心肌梗死死亡率下降37%,高血压死亡率下降60%,人平均寿命从70岁增至75岁。可见,运动是"健脑剂",是健康的"添加剂"。让我们走进运动场,尽情活动自己吧。

有一句古话:"工欲善其事,必先利其器。"就是说,聪明的匠人决不肯使用已经损坏的工具。天下没有一个理发师用迟钝的剪刀而指望其生意兴隆,也没有一个木匠用迟钝的锯子和斧头而指望其做工精良。

1956年6月,毛泽东以60多岁的高龄,在武汉5次游泳横渡长江。6月1日,毛泽东第一次横渡长江,从武昌到达汉口;6月3日,第二次横渡长江,从汉阳穿过长江大桥桥洞到达武昌;6月4日,第三次横渡长江,也是从汉阳到武昌,并赋词《水调歌头·游泳》,词中用"才饮长江水,又食武昌鱼。万里长江横渡,极目楚天舒。不管风吹浪打,胜似闲庭信步"等来描述畅游长江时的情景和自己愉悦的感受。

1966军7月16日，毛泽东到南方视察时在武汉再一次畅游长江。当时已75岁高龄的毛泽东，表现出惊人的体力和毅力。武汉长江的江面宽约2000米，经常刮起3~5级的风，江水以5~9米/秒的速度昼夜不停地向东流去。毛泽东花了两个小时就完成了横渡。

"中流击水"给了毛泽东一生逆水行舟、百折不挠的顽强革命意志，也给了他硬朗的身体。

健康是人生的第一财富，是成功的载体，如果没有健康的身体做保证，理想、事业、幸福、成功都将不复存在。运动不仅可以让我们的身体保持健康，而且还是一种很好的调节方式。

有时候学习太紧张，我们往往很少主动去参加运动。长时间的伏案学习后，脑细胞得不到充足的血液和氧气供应，容易出现疲劳，感到头昏脑涨。或者有时候，因为一些事情，我们感到沮丧、困惑或无聊。

在这些情况下，或许我们能采取的最好办法就是像阿甘那样：停止学习，或者放下不愉快的情绪，去做一些自己比较喜欢的体育运动，如跑步、打球等活动。运动不仅有利于我们的身体健康，而且还具有解除大脑疲劳、振奋精神、调节心理状态等神奇功效。

没有规定说哪一种运动方式最好。有的人喜欢像阿甘那样跑步，有的人则喜欢骑车，还有的人喜欢滑冰、跳舞或做操。

不管任何运动，只要勤加练习，就能帮助维持自己的健康。当然要注意到，如果运动过度，会造成疲劳，反而有可能会失去健康，若花大量时间运动，没有顾到学习和其他事情，也会适得其反，所以凡事一定要适可而止。

最后，要以平常心去努力锻炼，因为当心里感到平静安稳的时候，身体才会跟着感到舒服。一位世界级运动员曾经说过一句很经典的话："当我的肉体疲倦了，我的精神也随之得到休息。"

从现在开始，选择一两种适合自己的并且能够长期坚持下去的运动项目，甚至把它作为自己的一种爱好，乐此不疲。长期坚持下去，运动就会成为你的一种生活习惯。

下面有几个原则，可以帮助你养成良好的运动习惯。

(1) 培养自己对运动的兴趣。对体育锻炼发生了兴趣，就会亲身去

做个有自信抗挫能力强的男孩

参加各种体育活动。培养体育锻炼的兴趣，可以从体育游戏开始，去参观、欣赏各种体育比赛。

（2）制定符合自己身体状况的锻炼项目。每个人的体质不同，有的同学体质比较弱，就应尽量避免劳动强度大的运动项目，从小的项目开始一点一点地提升自己的体质；而体质比较好的同学则可以选择自己感兴趣的运动项目。总的来说，不宜做用力过大、憋气、负重的练习项目，也不可做超出自己承受范围的运动，宜多做些较为缓和的、活动性比较强的运动。

（3）根据自己的情况合理安排锻炼时间。锻炼的前提是不耽误学习，在此前提下，你可以根据自己的生物钟和作息表合理安排运动时间。下午慢跑两圈、睡前做几个仰卧起坐、周末滑板比赛……都是不错的选择。

持之以恒地将锻炼进行到底。体育锻炼只有持之以恒，才会有效果，也只有持之以恒，才能形成锻炼的习惯。如果发现每天坚持跑上几圈很难，不妨从原地跳绳开始，或者坚持跑上一圈，慢慢地再去调整运动量。

活出生命的本色

你也许读过这样一则寓言：

有一天，一个国王独自到花园里散步，使他万分诧异的是，花园里所有的花草树木都枯萎了，园中一片荒凉。后来国王了解到：橡树由于自己没有松树那么高大挺拔，因此轻生厌世死了；松树又因自己不能像葡萄那样结许多果子，因而也死了；葡萄哀叹自己终日匍匐在架上，不能直立，不能像桃树那样开出美丽可爱的花朵，于是也死了；牵牛花也病倒了，因为它叹息自己没有紫丁香那样芬芳。其余的植物也都垂头丧气,没精打采,只有细小的心安草在茂盛地生长。

国王问道:"小小的心安草啊,别的植物全都枯萎了,为什么你这小草这么勇敢乐观,毫不沮丧呢?"

小草回答说:"国王啊,我一点也不灰心失望,是因为我知道,如果国王您想要一棵橡树,或者一棵松树、一丛葡萄、一株桃树、一株牵牛花、一棵紫丁香等等,您就会叫园丁把它们种上,而我知道你希望于我的就是要我安心做小小的心安草。"

每个人都有自己的角色和使命,我们应当做的就是认清自己的使命。

在一个美丽的花园里长满了各种各样的树木和花草,苹果树、梧桐树、橡树、玫瑰花、栀子花,每一棵树、每一朵花都是那么挺拔娇艳,充满了生机和活力。

可是,在这之前的一段时间里,花园里的情形却不是这样,有一棵小橡树总是愁容满面。可怜的小家伙一直被一个问题困扰着,它不知道自己是谁。大家众说纷纭,更加让它困惑不已。苹果树认为它不够专心:"如果你真的尽力了,一定会结出美丽的苹果,你看多容易。你还是需要更加努力。"小橡树听了它的话,心想,我已经很努力了,而且比你们想象得还要努力,可就是不行。想着想着,它就越发伤心。玫瑰说:"不要听它的,开出玫瑰花来才更容易,你看多漂亮。"失望的小橡树看着娇嫩欲滴的玫瑰花,也想和它一样,但是它越想和别人一样,就越觉得自己失败。

一天,鸟中的智者雕来到了花园,看到唯独可爱的小橡树在一旁闷闷不乐,便上前打听。在得知橡树的困惑后,它说:"你的问题并不严重,地球上许多人面临着同样的问题。我来告诉你怎么办。你不要把生命浪费在去变成别人希望你成为的样子,你就是你自己,永远无法变成别人,更没有必要变成别人的样子,你要试着了解你自己,做你自己,要想知道这一点,就要聆听自己内心的声音。"说完,雕就飞走了,留下小橡树独自思考。

橡树自言自语道:"做我自己?了解我自己?倾听自己的内在声音?"

突然,小橡树茅塞顿开,它闭上眼睛,敞开心扉,终于听到了自己内在的声音:"你永远都结不出苹果,因为你不是苹果树;你也不会每

做个有自信
抗挫能力强的男孩

年春天都开花,因为你不是玫瑰。你是一棵橡树,你的命运就是要长得高大挺拔,给鸟儿们栖息,给游人们遮阴,创造美丽的环境。你有你的使命,去完成它吧!"

小橡树顿时觉得浑身上下充满了自信和力量,它开始为实现自己的目标而努力,很快它就长成了一棵大橡树,赢得了大家的尊重。

许多人之所以在生活中一事无成,甚至自暴自弃,其根本原因就是因为他们对自己没有清楚的认识,他们不知道自己到底想要干什么。因此,如果你想要成就自我,干出一番事业,就必须对自己有一个清楚的认识。诺贝尔奖获得者杰拉斯特·图夫特就是一个能够正确认识自己,把握自己人生的人。

当杰拉德斯·图夫特还是一个 8 岁的小男孩时,一位老师问他:"你长大之后想成为怎样的人?"他回答:"我想成为一个无所不知的人,想探索自然界所有的奥秘。"图夫特的父亲是一位工程师,因此想让他也成为一名工程师,但是他没有听从。"因为我的父亲关注的事情是别人已经发明的东西,我很想有自己的发现,做出自己的发明。我想了解这个世界运作的道理。"正是有着这样的渴求,当其他孩子正在玩耍或者在电视剧前荒废时光的时候,小小的图夫特就在灯前彻夜读书了。"我对一知半解从来不满足,我想知道事物的所有真相。"他很认真地说。图夫特告诉我们要保持自我。"最重要的是一定要决定你要走什么样的道路。你可以成为一名科学家,可以去做医生,但是一定要选择你的道路。世界上没有完全相同的两个人,这就是人类能够取得各种各样成就的原因。所以没有必要来强迫一个人去做他不感兴趣的工作。如果你对科学感兴趣,你要尽量找一些好老师,这点非常重要。即使是这样,你也不一定就会获得诺贝尔奖,这些事情是可遇而不可求的,你不能过于注重结果,你不要期望一定能得到什么样的成就。如果你真正地投入一个领域当中,倘若那不是你想要得到的,那么你也不能从中发现真正的乐趣。"这段话深刻地揭示了保持自己的特长,让自己前行的道路能够顺应自己固有的特质延伸,对于青少年的成长,可谓是至关重要。

保罗·德斯维尔在别人眼中是一个不折不扣的庸才,普普通通没有任何值得引人注意的地方。但是,他总觉得自己有点与众不同的地方。有一天，他脑子里飘起一段曲调，他便将它大致哼出来，并用录音机录了下来，请人写成乐谱，名为《阿德丽娜叙事曲》。阿德丽娜正是他的大女儿。曲子谱好后，就在罗曼维尔市找了一个游艺场的钢琴演奏员为之录音。这个演奏员一文不名，穷酸得很。德斯维尔给他取了个艺名，叫理查德·克莱德曼……往后的事，不说你也知道了吧！唱片在全世界一下子卖了 2600 万张，德斯维尔轻而易举地发了财。他说："我不会玩任何乐器，也不识乐谱，更不懂和声。不过我喜欢瞎哼哼，哼出些简单的、大众爱听的调儿。"德斯维尔只作曲，不写歌，他的曲子已有数百首，并且流行全球。20 年来，杰德拉斯·图夫特和德斯维尔的成功告诉我们，一个人要取得成功就要保持自我的本色。

每个人都有适合自己的生活方式，只有找到适合自己的生活方式，做自己最喜欢做的事，遵循自己内心的意愿生活，才能够感受到生命的价值和快乐，才会觉得自己的生活是幸福的。男孩正处于人生的起点和上升阶段，一定要听从自己内心的声音，选择合适自己的生活，活出自己的本色。

在运动中锻炼勇于拼搏的精神

拼搏是成功的前奏，一个人无论做什么，要取得成功，都应当养成敢于拼搏的精神。

2006 年 2 月 14 日凌晨 6 点整，在都灵帕拉维拉体育馆上演了令全世界动容的一幕。

在奥运会花样滑冰双人滑节目进行到尾声时，我国 21 岁年轻选子张

做个有自信
抗挫能力强的男孩

丹和张昊最后一个出场。在中国观众耳熟能详的《龙的传人》那优美激昂的旋律伴奏下,这对世界上技术难度最大的双人滑选手开始了向奥林匹克巅峰的冲击。此时全世界观众都在企盼他们完成最高难度的抛跳——后内接环四周抛跳。4年前,我国名将申雪和赵宏博也曾向这一高难动作发起冲击,但遗憾的是在眼看就要成功时,申雪脚下突然滑出,功亏一篑。4年后,人们都在期待张丹和张昊能在奥运赛场再次向这一顶尖难度发起冲击!

然而,意外在刚开场不久就发生了,由于张昊抛出的高度不够,致使张丹在空中旋转周数不够便跌落冰面,造成膝盖严重受伤。此时张丹脸上露出了极其痛苦的表情,全场观众的心都被揪了起来。随后张昊轻轻地扶起张丹,由于张丹双腿已经无法活动,张昊便单脚滑行,单脚蹬冰,慢慢地把张丹护送到冰场入口。等在入口的中国队教练姚滨也着急地询问伤情,场外的医护人员也都在做救护准备。

正当人们以为张丹要退出比赛时,柔弱的张丹向教练坚定地摆了摆手,表示还能继续完成比赛。最终在规定倒计时结束前,擦去眼泪的张丹在张昊的陪伴下,重新回到冰场中间,全场观众立即报以长时间的热烈掌声!在随后的节目中,两人顺利地完成了两周半跳接后外点冰5周跳、捻转5周、后外5周抛跳以及后内5周等高难动作。他们勇敢的表现不但征服了全场观众,也征服了现场裁判。裁判给出了 125.01 分,这个成绩也刷新了其个人自由滑历史最好成绩,最终他们以 189.73 分拼得了一枚宝贵的银牌。这也是中国在奥运会花样滑冰历史上的最好成绩。

赛后的颁奖仪式上,站在亚军领奖台上的张丹和张昊赢得了帕拉维拉体育馆全场观众经久不息的掌声,人们都为这对年轻的中国选手的勇敢表现感到骄傲,花样滑冰赛场上的这首《龙的传人》会令全世界的炎黄子孙终生铭记。

张丹用她的勇敢和毅力向我们诠释了永不服输的拼搏精神,这是真正的奥林匹克精神,同时也是我们成长路上必不可少的一种精神。

相信看过《西游记》的人都知道,唐僧师徒四人为了取得真经,历经九九八十一难,与各路妖魔鬼怪展开殊死搏斗之后,才最终修成正果。这当然只是神话,但人何尝不是一样,要想获得成功,就得流血流泪,非要一番拼搏不可!

居里夫人曾说："在成功的道路上,成功者流的不是汗水而是鲜血;他们的名字不是用笔而是用生命写成。"难道不是吗?有哪个人的成功不是靠一番努力的拼搏才获得?没有女排队员的刻苦训练、顽强拼搏,又怎会有五连冠的佳绩?没有工程师王进喜栉风沐雨、锲而不舍的投身到油田的开发科研当中,又怎会有一个地质储量达7.4亿吨的大油田的发现?这足以证明:一切真善美的东西都是通过拼搏获得的。拼搏是成功的前奏,要成功,就得努力拼搏!

19岁的华裔女孩吴羽洁一直在创造奇迹:13岁时连跳4级,以全美第一名的成绩考上美国加州大学;16岁时考上美国伯克莱大学攻读硕士学位,并担任大学政治研究所所长助理;17岁时又考取哈佛大学法学院攻读博士学位……不仅如此,她还被评为"洛杉矶最高荣誉市民""比尔·盖茨优秀学生",因此被人们誉为"天才少女"。然而,面对人们的赞誉,吴羽洁却称自己算不上天才,她的成功除了"学习努力+方法正确"之外,还有母亲的殷殷关爱……

自从吴羽洁的学习成绩达到全优后,母亲便开始通过"动感练习"来让女儿学习进度超前。这种"动感练习"就是在轻松的环境下,不分时间,不讲地点,不拘形式地学习。因此,吴羽洁的整个中小学学习过程,在母亲的安排下整整超前了3学年。

上八年级时,吴羽洁参加大学的早期入学计划考试。在2748名考生中,她以第一名的成绩顺利地通过了综合考试,连跨4个年级直接升入了美国加州大学。13岁的吴羽洁因此成为了一名少年大学生。进入大学后一年,吴羽浩被评为"全美大学最佳新生"。

2004年,从加州大学毕业后,吴羽洁以优异的成绩考上了美国国立大学之冠的伯克莱大学攻读硕士学位。同时,吴羽洁还担任该大学的美国政治研究所所长助理。这年,吴羽洁还获得了"全美亚裔最佳新闻记者""伯克莱大学优秀女生领袖""全美优秀中国学生"称号,并被全球发行量逾130万的著名杂志《现代都市女孩》评为2004年度"现代都市女孩"。2005年1月,吴羽洁参加哈佛大学法学院的博士研究生入学考试(LSAT)。在报考人数高于往年3倍的特殊情况下,她的考试成绩竟排

做个有自信
抗挫能力强的男孩

在了前1%的优秀行列之中。17岁的吴羽洁被哈佛大学法学院顺利录取了。

拿到哈佛大学法学院的录取通知书，吴羽洁激动得泪光闪动，她不仅高兴，更为自己是一个中国人而自豪。

2005年5月，吴羽洁提前修完所有硕士研究生课程，以优异的成绩从伯克莱大学毕业，并获得了"最高荣誉毕业生"称号。随后，吴羽洁正式进入哈佛大学攻读博士学位。进校之后不久，吴羽洁成为了哈佛大学法学院极少数由校方提供奖学金的最优秀学生。

为培养实际工作能力，每一个假期，吴羽洁都要到美国最著名的法律公司，专门为影视、出版界人士解决法律问题。怀着对祖国的思念，她还一直坚持为中国的英文报刊撰写稿件，帮助中国的学生提高英语。

2006年7月22日，忍不住对祖国的思念，吴羽洁不远万里从美国飞回祖国。在上海，她向成千上万的青少年学生做了题为《哈佛之梦与成功之路》的首场演讲。她在讲述完自己成功经历后，激动地对所有在座的青少年学生说："哈佛之梦造就了我！我们是中国人，我们每天都在拼搏！"

在这个充满竞争的世界里，懦弱无能的人只会失败，只有那些拼搏者才能成功。每个人出生时都是一样，而拼搏者的人生才会是绚丽多彩的。

像吴羽洁这样的事例还有许许多多，举不胜举。这些人成功和快乐的唯一秘诀就是拼搏。没有谁一生下来就注定要成为作家、音乐家……也没有谁一生下来就注定是个无人能及的天才。但为什么有人就是作家、音乐家呢？原因很简单，还是那两个字——拼搏。

俗话说：世上无难事，只怕有心人，这句话不也是拼搏能改写人的最有说服力的证据吗？有些青少年朋友在成长过程中总是依赖别人，却永远也不信自己，靠自己。不去付出一点点的努力，这样的青年永远也不会有什么骄人的成就。

青少年朋友们，为了灿烂而又精彩的生命学会拼搏

吧，相信拼搏过后你的世界将会因此而变得绚丽，而变得让人羡慕！

远离不良的生活习惯

精神健康的人，把希望的种子播种在今天，用今天的勤劳，来孕育希望的明天。抽烟、过量饮酒、药物、肥胖、过多压力……它们要你付出的代价或许不会马上兑现，不过，时间久了，你的身体的功能将会逐渐变坏。一旦身体状况不佳时，你就几乎不可能卓成有效地工作。

拿破仑·希尔讲过这样一个故事：

几年前，我认识一位年轻、有冲劲、聪明的经理，我认为他具有一切足以取得成功的必要条件。我们一起曾度过不少欢乐时光，但我发觉他逐渐养成了大量饮酒的习惯。之后有一天，他来找我谈到他心脏有些毛病。由于我曾有让心脏病痊愈的经验，因此他想和我讨论他的健康情形。

很明显，他的心律不像正常的跳动情况；我知道那病灶可能是由酒精引起的，并将我的看法告诉了他。他说："我的医生也告诉了我这一点，但我想他错了。"

"你从哪儿得来的医学知识让你可以和医生争辩？"我问。

"噢，我相信他开给我的药会让我好起来。走，咱们喝一杯去！"他央求道。

"罗格，你正向灾难走去！不用多久，说不定很快，你就真的会有大麻烦，如果你不改改你的生活习惯的话！"我很不高兴地说。

"唉，你和医生一样讨厌！"他说着，很生气地离开了我的办公室。

两个月后，我、他的妻子和他的三个幼龄子女，以及很多好友，参加了他的葬礼。

你必须戒除那些有碍健康的不良嗜好。你只有一副身体，要让它处在最佳状态，你才能有最好的智慧及体能去追逐你的梦想。

做个有自信
抗挫能力强的男孩

随着人们的生活水平不断提高，人们享受着日臻富裕生活的同时，一些所谓的"富贵病"也悄然而至。如高脂血症、高血压病、冠心病、糖尿病、肥胖、神经衰弱等病症发病率都有明显的增加，诱发这种疾病的原因是多种多样的，其中不良生活方式，如吸烟、酗酒、饮食不规律，饮食结构不合理缺乏运动以及不良的情绪等，都是造成发病率高的重要因素。

青少年应该远离不良的生活方式，这样可以避免很多疾病的发生。

（1）不要吸烟。吸烟有害健康，这是众所周知的。香烟里面含有多种有害物质，其中对人体健康危害最大的是尼古丁和焦油。尼古丁的作用是使人的情绪在短暂的平静之后变得更加亢奋。正因为它的这种"妙用"，才使得那些"瘾君子"一步一步地滑入泥潭，对香烟逐步产生了精神上和身体上的依赖情绪：尼古丁的一大坏处是它可以导致血管收缩，使人体血液循环不畅，直至引起心肌梗死，致人死命。所以，青少年一定要避免染上烟瘾，以免给自己的身体带来危害。

（2）要控制饮酒。我国是个文明古国，造酒、喝酒的历史已经有几千年了。每当逢年过节时，家人团聚总离不开酒，民间甚至有"无酒不成宴"的说法；平时工作应酬也少不了酒；更有甚者，当工作不顺利或失学、失恋、失业时，便借酒消愁，结果却是"借酒消愁愁更愁"。因为，酗酒会给自己和社会带来极大的伤害。

酒精的强烈刺激可引起急性中毒性胃炎，长期多饮酒会造成慢性酒精中毒，引起食道炎、慢性胃炎、胃及十二指肠溃疡和维生素缺乏症等。而且，酒精对心血管、肝脏、肾脏的刺激也很厉害，它会使心肌变性，失去正常弹性而扩大。另外，酒中的亚硝胺是一种诱癌、致癌的物质，经常饮酒的人，其喉癌和消化道癌的发病率也比不饮酒的人高。青少年正处于身体发育的时期，一定不要饮酒，这样才能为将来拥有健康的身体奠定良好的基础。

（3）要多运动。人们早已发现，身体健康受损引起的各种生命障碍，皆因人体、外环境不适应所致。为了保证机体内部与自然界的变化相适应，必须始终处于运动状态中。

人的身体有600多块肌肉，必须要经常使用，否则就会萎缩。肌肉不但使我们能跑能跳，也能帮助消化、促进呼吸、舒收血管、运送血液。如果肌肉不能正常发挥作用，就会影响身体各器官的功能。运动不仅能治疗疾病，而且能防止身体老化，使你更有效率地学习。

（4）注意劳逸结合。缓解工作中的压力，调节好工作节奏，做到有张有弛。可以通过自己的业余爱好，如集邮、收藏、钓鱼、跳舞、旅游等方法，缓解紧张情绪。

（5）要注意睡眠。充足的睡眠也是解决疲劳的最好方式。由于缺乏充足的睡眠，许多人没有旺盛的活力，在生活中经常感到疲劳、乏味、无聊。经过调查后得到的结果是：在某些发达国家中，有1亿多人有严重的失眠现象，成年人中有一半人以上得不到充足的睡眠。睡眠不足引起的后果是十分严重的，睡眠问题专家认为：一些重大的灾难如波普乐的毒气泄漏、切尔诺贝得的核事故、三里岛的大火灾，挑战者号航天飞机的爆炸，它们实际上都是由于睡眠不足引起的慢性疲劳综合征造成的。

记住：远离不良的生活方式，克服不良的生活习惯，是任何希望将来获得成功的青少年必须修炼的内功之一。

为了戒除不良的习惯，你从现在开始就要考虑如何努力做些可使你日后生活得更愉快的事———一些你想做却不敢一试的事，比如戒掉诸如吸烟、馋嘴、咬指甲、遇事延宕等这些坏习惯。破除恶习的要诀是代之以良好习惯。这样的改变往往在一个月内就可完成。办法如下：

（1）选择适当的月份。事不宜迟，想改变习惯而又一再地拖延，会更加害怕失败。在较为轻松的日子，所下决心即使面临考验也较易应付，因此选择的月份应没有姻亲来你家小住也没有太多限期完成的工作待办。年底既要准备过节，又要赶办年终的工作，不免忙碌紧张，那种压力只会使恶习加深，令我们故态复萌。

（2）运用意愿力而非意志力。习惯所以形成，是因为潜意识把这种行为跟愉快、慰藉或满足联系起来。潜意识不属于理性思考的范畴，而是情绪活动的中心。"这种习惯会毁掉你的一生"，理智这样说，潜意识却不理会；它"害怕"放弃一种一向令它得到安慰的习惯。

运用理智对抗潜意识，简直没有制胜的可能。因此，要戒掉旧习惯，意志力不及"意愿力"有效。

做个有自信
抗挫能力强的男孩

怎样可以办得到呢？找一张舒适的椅子，闭上眼睛，深呼吸，想象自己置身于气氛宁静的惬意场所。再想象自己已经戒掉恶习。因为不再吸烟，就能嗅到花香和海风；因为不再馋嘴，就可以穿三点式泳装，展示苗条身材。潜意识会接受这信息，能投其所许，潜意识才会有反应。

（3）找个代替品。另外培养一种新的好习惯，那么破除旧习惯就会容易得多。

有两种好习惯特别有助于戒除大部分的坏习惯。第一种是采用一个有营养和调节得宜的食谱。情绪不稳定使人更依赖坏习惯所带来的慰藉，防止因不良饮食习惯而造成的血糖量时升时降，则有助于稳定情绪。

第二种是经常做适度运动。这不仅能促进身体健康，也会刺激脑啡——脑内一种天然类吗啡化学物质——的产生。近年科学研究指出，慢跑的人所以感受到自然产生的"奔跑快感"，全是脑啡的作用。

（4）按部就班。一旦决定改变习惯，就拟定当月的目标。要切合实际，善于利用目标的"吸引力"。目标太大，就把它分整为零。

哈洛德决定在一个月内背熟斯卡特·贾普林的一首乐曲，并且戒烟。他把目标分成一些可应付裕如的阶段。第一个星期只在地下室吸烟，第二个星期只在户外吸烟，然后又限在特定的时候才吸。到第四个星期，他果然成为不吸烟的早期爵士乐钢琴演奏者。

达成一项小目标时不妨自我奖励一下，借以加强目标的吸引力。

（5）切勿气馁。成功值得奖励，但失败也不必惩罚。在改变习惯的月份内如果偶有失误，不要引咎自责或放弃。一次失误不见得是故态复萌。

有一天艾莉丝吃了大量的冰淇淋，事后她打算终止节食，认为自己失败了。宾州大学心理学家凯立·布朗尼尔把这种反应称为"态度的陷阱"——并非失误本身而是对失误的反应使我们半途而废。

布朗尼尔还指出，人们往往认为，重拾坏习惯的强烈愿望如果不能达到，终会成为破坏力量。这种看法不正确。"只要转移注意力，即使是几分钟，那种愿望也会消散，而自制力则因此加强。"

避免重染旧习比最初戒掉时更困难。但是你能够把新形象维持得越久,就越有把握不重蹈覆辙。

管理健康有个好身体

居里夫人有句名言:"科学的基础是健康的身体。"她不仅自己注意锻炼身体,而且要求两个女儿也坚持"严格的知识训练和体格锻炼",使孩子长大成才。她常带孩子去远足、游泳、爬山。后来,她的两个女儿都成了人才,大女儿还获得了诺贝尔奖。这种智体相长的例子是很多的。

牛顿幼年体弱多病,以后从事务农和体育锻炼,成为一代科学巨匠。弗兰西斯·培根在智体并重的教育熏陶下,后来成了现代实验科学的始祖。自 1901 年第一次颁发诺贝尔奖以来,获奖的 325 位科学家里面,就有不少体坛健将:密立根是网球运动员,康普顿热爱球类运动,丹麦杰出的物理学家居里斯·波耳年轻时是著名丹麦国家足球队的守门员,那时即使是在比赛时刻,一旦对方攻势减弱,他就蹲在球门前从事物理演算,后来人们评价,居里斯·波耳早期的足球成就可与后期物理成就相媲美。

从反面来看,只读书勤奋,但不注意体育锻炼,就会把身体弄垮。仅以俄国作家为例:杜勃各留波夫死时 26 岁,别林斯基死时 35 岁,果戈里死时 43 岁,契诃夫死时 44 岁,这是多么可惜啊!现在有的年轻学生,早晨不做早操,课外也不锻炼,还以为这就是节约时间,其实是得不偿失的。因为这样下去,就会由于脑子不听使唤而降低了学习效率,长此下去,甚至造成身体素质越来越差,神经衰弱越来越严重,视力不断减退。

赚钱可以说是人生中最大的快乐之一,它除了能够提供多数经营者主要的智力刺激和社会互动之外,还是许多经营者唯一能展露才能、竞争获胜并获得掌声的标准。拼命赚钱除了可以带来名声之外,还可以带

做个有自信
抗挫能力强的男孩

来财富、权力及擢升。但是,如果一个人真的把每一分钟清醒的时间都用来赚钱,而完全忽略自己的健康,那将是得不偿失的。因为,人不是那种只会干活不需要吃饭、睡觉和休息的机器。

强健的心理、情绪与精神,都来自健壮的身体。假如一个人想功成名就,第一步,就是要考虑健康问题。因此,当能够出人头地之前,首先需要学习的一个简单而重要的课题,就是让自己——自己的体格——强壮的能力。因为只有一个身体健壮的人,才能具有精明的脑子和旺盛的精力。没有好的身体,在这个物质世界上,什么也甭想实现。简单地说,身体健康是一个人获得成功的"硬件",一个人成功的基础是身体健康。通过体育锻炼和良好的饮食,才能有聪明睿智的脑子。

可现代大多数人最容易犯的一个毛病,就是对于已经拥有的东西不怎么珍惜,而将要失去的却极力挽留,这一点在对待健康方面体现得最为明显当一个人无病无灾时,他总觉得自己是"铁打"的机器人,可以不吃不喝连续干24小时。这种情况多体现在年轻力壮的青年人身上,因为年轻,他们不懂得爱惜自己的身体,天天为赚钱而奔波,在商场里逐鹿争雄,总想着出人头地,不过,当年龄到了一定的岁数,精神和体力都会明显衰退。到了百病缠身时他们可能要花上大量的时间用来休养和无数的金钱进行治疗。其实,如果在年轻时就注意自己身体的保养,也可能用不了多少时间和金钱,就会拥有一个强健的体魄。

虽然都市人的寿命在统计数字上看,确实是随着医疗条件的改善而有所延长,但是人的健康状况却并不怎么如意。许多现代"文明病"随着超负荷的工作压力、食物的附加剂、空气污染、环境恶化等,而死死地"缠"住人类。

比如说,交通拥挤、工作场所的明争暗斗、没完没了的高速工作,都会令人情绪紧张和呼吸急促,造成种种内分泌失调,可能患上诸如便秘、痔疮等疾病,进而使人情绪不安和暴躁。据有关资料显示,很多病是与人的情绪有直接关系的,这些疾病包括糖尿病、忧郁症、关节炎、腰酸背疼、高血压、哮喘、头晕目眩、心律不齐、综合疲劳症等。

其实,健康就是财富,我们千万不要为了追求其他而忽略了自己最大的"财富"——健康。做人除了要懂得给自己"减压"之外,及时进行适当的治疗和注意日常健康,也非常重要。食物方面,我们不妨多选取一些新鲜的东西,不含添加剂和色素者为佳。像罐头、方便面、饮料、巧克力等,都不会带来健康的身体和需要的营养,我们尽量少用或不用。

　　只要合理安排,注意健康与一个人的工作和事业丝毫不会产生矛盾。一个微小的举动或者一个很简单的改进,都会令我们享受到健康的快乐。当疲惫不堪时,与其勉强苦苦地硬撑着在那里学习,不如稍稍休息一下,然后再以充沛的精力投入学习,我们会发现这样做之后学习效率会更高。

　　有些人喜欢逼人家喝酒、抽烟,这些人也在寻求伙伴,只不过是自我毁灭的伙伴!倘若你希望戒除自我毁灭的不良习惯,养成新的、健康的习惯,那么最好是能找到支持你的人,或者是自我发展的小团体。

第六章 责任在男孩肩上,不轻言弃

人生本来是一次艰难的航行,潮起潮落,绝不会一帆风顺,唯有那些勇往直前、不轻言放弃的人方能驶抵胜利的彼岸。我想,我应当与母亲共同驾驭人生之舟,驶向前方。

责任感,男孩成长的动力

责任是一个人成长的动力。美国总统林肯曾这样说道"我——对全美国人,对基督世界,对历史,而且,最后,对上帝负责。"林肯成就了自己的伟大人生,得到了世人的尊敬与敬仰,应该说这与他的责任感不无关系。人活在世上,难免要承担各种责任——家庭、亲戚、朋友、国家、社会等方面的责任。这些责任既是我们的义务,同时也是我们成长的重要动力。

1957年诺贝尔文学奖的获得者阿贝尔·加缪出生在一个贫苦的家庭。在他还不懂事的时候,父亲就在战场上牺牲了,只剩下母亲与他相依为命。因为家里没有什么积蓄,小加缪和妈妈的生活特别艰难。但是,为了不让儿子在同伴中感到自卑,在小加缪到了上学年龄以后,妈妈还是毫不犹豫地把他送到了学校。可是,懂事的小加缪很快就发现,因为自己上学又增加了学费和其他一些花销,妈妈肩上的担子更重了。妈妈每天都努力地工作着,由于经常熬夜,才50多岁的人,脸上就已经早早地爬满了皱纹。懂事的小加缪看在眼里,疼在心里。

一天晚上,加缪又伏在那盏小煤油灯下复习功课,写完作业之后,他看见妈妈还在忙碌,自己又帮不上忙,就早早地上床睡觉了。半夜里,加缪忽然被一阵咳嗽声惊醒了,睁开眼睛一看,妈妈还没有睡,她正借着微弱的灯光缝补衣服呢。小加缪再也忍不住了,他一骨碌从被子里爬起来:"……妈妈,我以后再也不能让你这么辛苦了,你看,我已经长大了,是个小男子汉了,我想出去找点活儿干,减轻一下家里的负担。"

儿子善解人意的话,让妈妈的眼睛湿润了。她把小加缪紧紧地搂在怀里,泪水顺着面颊流了下来。

看见妈妈流下眼泪,小加缪有些不知所措:"妈妈,难道我说错了吗?你为什么哭了?"

做个有自信
抗挫能力强的男孩

"好孩子，你没有说错。可是你现在还太小了，妈妈怎么舍得让你去干活儿呢？你现在需要的是好好学习，只有等你长大了，才能帮助妈妈减轻负担呀。"妈妈抚摸着加缪的头轻轻说。

听了妈妈的话，小加缪认真地点了点头，从那以后，他学习更认真了。但是，无论妈妈怎么努力，他们家的生活还是越来越困难。读完小学以后，在小加缪的一再央求下，妈妈终于同意了他的要求，让他去做些事情，帮助家里减轻负担，但前提是不能耽误自己的学习。从那以后，小加缪一边读书，一边劳动。一开始，他找到了一份扫大街的工作。对小加缪来说，这份工作无疑是份苦差事，因为他每天不仅需要很早起床，还要拿着跟他一样高的扫帚去扫大街，人小，扫的地方又大，小加缪常常累得满头大汗。

为了给妈妈减轻负担，小加缪努力着坚持过来了。后来，小加缪又到一个饭馆里去洗碗。这个工作和扫大街的工作比起来更辛苦，加缪和几个小伙计每天都拼命干活，还常常不能按时洗完那些小山一样高的碗碟。

艰难的生活让加谬经受了磨炼，也养成了他刻苦勤奋的优良品质。后来，他通过自己的不懈努力，考取了大学，并最终获得了诺贝尔文学奖，成为举世瞩目的大文学家。

成就加缪的是什么？答案可以找出很多，但毫无疑问，加缪对妈妈的爱、对家庭的那份责任感，是帮助他走过那段灰暗日子的精神支柱，也是加缪最具光彩的人生财富。

小加谬的成长带给我们一个启示：责任是一个人成长的动力。对家人、对朋友、对国家的责任都可以成为我们奋斗的动力。成功的人不仅承担责任，他们还希望增加责任，以便激发更多的能力。事实上，你承担的责任越多，你处理事情的能力就越强。一个人的能力是用不完的。你也许会用完时间，但是你不会用完能力，能力是越用越多的，如同智慧一样。不要躲避任何发挥自己能力的机会。承担责任、抓住机会，因为这会增加你的能力。

一个人的能力是用不完的。你也许会用完时间,但是你不会用完能力,能力是越用越多的,如同智慧一样。不要躲避任何发挥自己能力的机会。承担责任、抓住机会,因为这会增加你的能力。

责任让男孩学会成熟

有一次,我国有一位青少年教育专家到华盛顿参加完一个国会的听证会,出来在路边等车,看见一个母亲和一个5岁左右的小孩过马路。那个小孩不小心摔了一跤,母亲走了过去,对小孩说:"汤米站起来!"小孩继续在地上耍赖。母亲的声音越来越大,表情越来越严肃:"站起来!"小孩立刻站起来了。母亲把小孩带到路边就开始训斥:"汤米,你看看你刚才像个男子汉吗?还说长大了要保护妈妈,你那个样子能保护我吗?做事情不能担负自己的责任,还妨碍交通。"5岁的小孩含着眼泪,被妈妈带走了。

这位教育专家被这一场景深深感动了,后来他在自己的一篇文章中写道:"多么负责任的母亲呀!我们有理由相信,她的孩子将来一定能够承担起对父母、家庭、国家的责任。"

责任可以让一个人更快地成熟起来。一个人要想跨进成功的大门,他必须持有一张门票——责任心。责任心是每个人都必须具备的品质,同时也是一个人走向成熟的重要标志。

本杰明·富兰克林小时候很喜欢钓鱼,他把大部分闲暇时间都花在了那个磨坊附近的池塘旁边。在池塘里,他可以钓到从远方游来的鲽鱼、河鲈和鳗鲡。

大家都站在泥塘里,本杰明对伙伴们说:"站在这里太难受了。"

"就是嘛!"别的男孩子也说,"如果能换个地方多好啊!"

做个有自信

抗挫能力强的男孩

在泥塘附近的干地上，有许多用来建造新房地基的大石块。本杰明爬到石堆高处。"喂！"他说，"我有一个办法。站在那烂泥塘里太难受了，泥浆都快淹没到我的膝盖了，你们也差不多。我建议大家来建一个小小的码头。看到这些石块没有？它们都是工人们用来建房子的。我们把这些石块搬到水边，建一个码头。大家说怎么样？我们要不要这样做？"

"要！要！"大家齐声大喊，"就这样定了吧！"

他们决定当晚再聚到这里开始他们伟大的计划。在约定的时间里孩子们都到齐了，开始搬运石块。有时他们像蚂蚁那样两三个人一起搬一块石头。最后，他们终于把所有的石块都搬来了，建成了一个小小的码头。

"伙计们！现在，"本杰明喊道，"让我们大喊三声来庆祝一下再回去，我们明天就可以轻轻松松地钓鱼了。"

"好哇！好哇！好哇！"孩子们欢呼着跑回家去睡觉了，梦想着明天的欢乐。

第二天早晨，当工人们来做工时，惊奇地发现所有的石块都不翼而飞了。工头仔细地看了看地面，发现了许多小脚印，有的光着脚，有的穿着鞋，沿着这些脚印，他们很快就找到了失踪的石块。

"嘿，我明白是怎么回事了，"工头说，"那些小坏蛋，他们偷石头来建了一个小码头。不过，这些小鬼还真能干。"

他立即跑到地方法官去报告。法官下令把那些偷石头的家伙带进来。

幸好，失物的主人比工头仁慈一点，否则本杰明和他的伙伴们恐怕就有麻烦了。

石头的主人是一位绅士，他十分敬重本杰明的父亲，而且孩子们在这整个事件中体现出来的气魄也让他觉得非常有趣。因此，他不加追究地放了他们。

但是，这些孩子却要受到来自他们父母的教训和惩罚。在那个悲伤的夜晚，许多荆条都被打断了。至于本杰明，他更害怕父亲的训斥而不是鞭打。事实上，他的父亲的确是愤怒了。

"本杰明，过来！"富兰克林先生用他那一贯低沉严厉的声音命令道。本杰明走到父亲的面前。"本杰明，"父亲问，"你为什么要去动别人的东西？"

"唉,爸爸!"本杰明抬起了先前低垂的头,正视着父亲的眼睛,"要是我仅仅是为了自己,我绝不会那么做。但是,我们建码头是为了大家都方便。如果把那些石头用来建房子,只有房子的主人才能使用,而建成码头却能为许多人服务。"

"孩子,"富兰克林严肃地说,"你的做法对公众造成的损害比对石头主人的伤害更大。我的确相信,人类的所有苦难,无论是个人的还是公众的,都来源于人们忽视了一个真理,那就是罪恶只能产生罪恶。正当的目的只能通过正当的手段去达到。"

富兰克林一生都无法忘记他和父亲的那次谈话。在他以后的人生道路上,他始终实践着父亲教给他的道理。实际上,他后来成为美国有史以来最杰出的政治家和外交官之一。

责任可以让一个人变得更加成熟。当一个人的责任心在心底萌发时,就是他走向成熟的开始。美国总统肯尼迪在就职演说中说:"不要问美国给了你们什么,要问你们为美国做了什么?"这句关于责任的经典话语激励了无数美国青年。同样,也能够为我们的成长带来很重要的启示。作为新世纪主人的我们,应当主动去为祖国、为社会、为家人负起自己的责任,这样你才能够在承担责任中不断地成长,走向成熟。

责任感将给予你勇气

责任是我们每个人必须承担和无法逃避的,因为责任使我们的人生变得有意义和有价值,没有责任的人生是苍白且乏味的。尽管在我们承

做个有自信
抗挫能力强的男孩

担责任的过程中，不可避免地也要承担起压力和面对各种困难，但一个真正能够承担起责任的人，是会勇敢地面对这些困难和压力的。事实上，责任能够赋予我们走出逆境的勇气和决心。

曾经看到过这样一个感动心灵的故事：

森林里，一只母虎正给小虎仔喂奶，它没发现猎人正悄悄地走近它。当它终于感觉到危险的时候，猎人已经举起了长矛。母虎想逃跑，但它又舍不得自己的孩子，为了救孩子，它放弃了逃跑，而是冲着猎人怒吼而去。发狂的母虎极其凶猛，把猎人吓傻了。因为平时，老虎看到猎人拿着长矛早就跑了。看到母虎暴怒的样子，猎人早已顾不得打猎，调头跑了。就这样，母虎凭着自己的勇敢，救了自己的孩子。

我们当然可以认为这是老虎的本能，但它也有趋利避害的本能，为什么在一刹那，它没有选择逃跑而选择了迎向危险？或许是责任让它变得勇敢。

一些人常常在最艰难的时候，才变得异常勇敢。当他们走出困境的时候，他们有时会对自己的勇敢表示难以置信，觉得他们原本并不是那么勇敢。其实，就是责任让他们变得勇敢起来的。唯有责任，才会让一个人超越自身的懦弱，真正勇敢起来。

责任能够产生勇气和力量，它能够让人战胜懦弱和恐惧，战胜死亡的威胁，战胜一切困难。

有一个由业余登山爱好者组成的登山队，他们要对世界第一峰——珠穆朗玛峰发起进攻。虽然人类攀登珠峰已经不止一次了，但这是他们第一次攀登世界最高峰。队员们既激动又信心十足，他们有决心征服珠穆朗玛峰。经过考察后，他们选择自己状态很好、天气也很好的一天出发了。攀登一直很顺利，队员们彼此互相照应，没有出现什么问题，高原低氧的情况也基本能够适应，在预定时间，他们到达了1号营地。大家都很高兴，因为有了一个良好的开始，就等于成功了一半。

第二天，天气突然发生了变化，风很大，还有雪。登山队长征求大家的意见，要不要回去，因为要确保大家的生命安全。生命只有一次，登山却还有机会。但是大家都建议继续攀登，登山本来就是对生命极限的一种挑战。

于是，登山队继续向上攀登。尽管环境很恶劣，但是队员征服自然、征服珠穆朗玛峰的信心十足，大家小心翼翼地向上攀登。"队长，你看！"一个队员大喊，大家循声望去，在离他们很远的地方发生了雪崩。虽然很远，但雪崩的巨大冲击力波及登山队，一名队员突然滑向另一边的山崖，还好，在快落下山崖的那一刻，他的冰锥紧紧地插进了雪层里，他没有滑落下去，但他随时有可能被雪崩的冲击力推下去。

情况十分危险，如果其他队员来营救山崖边的队员，有可能雪崩的冲击力会将别的队员推下去。如果不救，这名队员将在生死边缘徘徊。

队长说："还是我来吧，我有经验，你们帮我。大家把冰锥都死死地插进雪层里，然后用绳子绑住我。""这很危险，队长。"队员们说。

"已经没有犹豫的时间了，快！"队长下了死命令。大家迅速动起手来，队长系着绳子滑向悬崖边，他死命地拉住了抱着冰锥的队员，其他队员使劲把他俩往上拉。就在下一轮雪崩冲击到来之前，队长救出了这名队员。

全队沸腾了，经过了生死的考验，大家变得更坚强了。

最终，登山队征服了珠峰。站在山峰上，他们把队旗插在山峰的那一刻，也把他们的荣誉和责任留在了世界上最纯净的地方。

后来，队长说："当时我也非常恐惧，随时可能尸骨无还，但我知道，我有责任去救他，我必须这么做。责任的力量太大了，它战胜了死亡和恐惧。真的。"

责任可以战胜死亡和恐惧，可以让一个人变得勇敢和坚强。面对困难和危险，牢记心中的责任，你就能够从中汲取战胜困难的勇气和力量。

做个有自信抗挫能力强的男孩

对自己负责

  我们只有首先学会对自己的行为负责,才能够开始对家庭、对他人、对集体、对社会负责。

  阿尔弗雷德大帝是英国历史上最伟大的国王之一,他是一位伟大的国君,同时也是一个极具责任感的人。

  阿尔弗雷德统治时期的英格兰形势复杂,国家受到凶猛的丹麦人的入侵。入侵者如潮水涌来,他们个个剽悍勇猛,很长时间几乎百战百胜。如果他们继续势不可当,将会征服整个英国。

  最后,阿尔弗雷德大帝率领的英格兰军队战败了。每个人,包括阿尔弗雷德,都只能设法逃生。阿尔弗雷德乔装打扮成一个牧羊人,只身逃走,穿过森林和沼泽。

  经过几天漫无目的的游荡,他来到一个木匠的小屋中避难。饥寒交迫的他敲开房门,乞求木匠的妻子给点儿吃的东西并借宿一晚。

  女人同情地看着这位衣衫褴褛的男人,她不知道他是谁。"请进,"她说,"你给我看着炉子上的蛋糕,我会提供你晚餐的。我现在出去挤牛奶,你好好看着,等我回来,可别让蛋糕煳了。"

  阿尔弗雷德礼貌地道了谢,坐在火炉旁边。他努力把精力集中到蛋糕上,可是不一会儿他的烦心事就充满了脑子。怎样重整军队?重整旗鼓后又怎样去迎战丹麦人?他越想越觉得前途渺茫,开始认为继续战斗也将无济于事,阿尔弗雷德只顾想自己的问题,他忘了自己是在木匠的屋子里,忘了饥饿,忘了炉子上的蛋糕。

  过了一会儿,女人回来了,她发现小屋里烟熏火燎,蛋糕已经烤成焦炭。阿尔弗雷德坐在炉边,目光盯着炉火,他根本就没注意到蛋糕已经烤焦。

  "你这个懒鬼,窝囊废!"女人叫道,"看看你干的好事。你想吃东西,可你袖手旁观!好了,现在谁也别想吃晚餐了!"阿尔弗雷德只是羞愧地低着头。

这时，木匠回来了。他一进家门就认出了坐在炉火旁边的阿尔弗雷德大帝。"住嘴!"他告诉妻子，"你知道你在责骂谁吗？他就是我们伟大的国王阿尔弗雷德!"

女人惊呆了，她跑到国王面前急忙跪下，请求国王原谅她如此粗鲁。

但是阿尔弗雷德却亲切地请女人站了起来。"你责怪我是应该的，"他说，"我答应你看着蛋糕，可蛋糕还是烤煳了，我该受惩罚。任何人做事，无论大小都应该认真负责。这次我没做好，但此类事情不会再有了，我的职责是做好国王。"

这个故事没告诉我们那天晚上阿尔弗雷德是否吃了晚饭，但没过多久，他就重整自己的军队，把丹麦人赶出了英格兰。阿尔弗雷德之所以能成为英国历史上有名的国王，不仅是因为他卓越的品格和领导才能，而且还与他对自己行为负责的精神分不开。

有一次，一位外国妈妈带着自己7岁的小女儿到中国一个家庭做客。

女主人对外国友人的到来非常重视，特别学习了西餐的做法。她对外国母女说："今天我做西餐给你们吃，你们尝尝中国人做的西餐味道好不好。"

7岁的女孩听女主人要给她们做西餐，心想：中国人做西餐肯定不好吃。于是，当女主人问她吃不吃的时候，小女孩坚定地回答："我不吃。"

等女主人把西餐端上来的时候，小女孩一眼就看到了漂亮的冰淇淋。这么好看的冰淇淋味道肯定很好！小女孩有点迫不及待地对妈妈说："妈妈，我要吃冰淇淋。"

女主人很高兴小女孩能够喜欢自己的冰淇淋，就高兴地把冰淇淋端到小女孩面前，说："来，吃吧!"

谁知，女孩的妈妈严肃地对女主人说："不行，我女儿说过她不吃西餐，她得为自己说过的话负责，今天她不能吃冰淇淋!"

女儿着急地哭起来："妈妈，我就想吃冰淇淋！"但是，女孩的妈妈根本不为所动，只是对女儿淡淡地说："你得为自己负责。"

女主人看着，觉得女孩的妈妈也太认真了，就说："给她吃吧，孩子总是这样的。"

做个有自信
抗挫能力强的男孩

女孩的妈妈正色对女主人说:"亲爱的,我们要培养孩子的责任心。"结果,无论女孩怎么哭闹,妈妈就是不同意让她吃冰淇淋。

事实确实如此,只有让孩子懂得自己的行为将会产生什么后果,他才会对自己的行为负责任。

在现实生活中,父母要试着把孩子生活中的每一项责任都放到他自己的身上,让孩子自己承担。比如,当孩子遇到麻烦的时候,你应该说:"这是你自己选择的,你想想为什么会这样?"而不要对孩子说:"你已经努力了,是爸爸没有帮助你。"虽然只是一句话,却反映出了观念的不同。如果你无意中帮助孩子推卸了责任,孩子将会认为自己无须承担责任,这对他以后的人生道路是很不利的。

自己做出决定

有一位教育专家曾非常感慨于中日草原生存旅行夏令营中中国孩子不会野炊的问题。当他采访一位13岁的男孩,问他为什么有些中国孩子不动手野炊时,这位男孩干脆利索地回答:"遗传呗!在家里,长辈对我们有三不准的要求:刀不准动,电不准动,火不准动。我们连家炊都不会,哪还会野炊!"父母再关心孩子,也不能代替孩子成长。一个凡事只会听从家长吩咐的孩子,又怎么能够成为一个对自己负责、对社会负责的有用之才呢?

下面是一个真实的故事。

一位名叫贝蒂的美国女孩通过自己的经历告诉大家,她的完美人生是如何开始的。"我 13 岁生日那一天，是我人生的一个重大转折。妈妈把我叫进她的房间，'贝蒂，我想和你谈谈。'妈妈拍了拍身边的床铺说，'我用了 12 年的时间来培养你的价值观和道德观。你觉得自己具有分辨是非的能力了吗？今天是你的 13 岁生日。从今以后你就不再是小孩子了，现在是你是开始自己拿主意的时候了。从现在起，你自己的规矩自己定。什么时候起床，什么时候睡觉，什么时候写作业，和哪些人交朋友，这些都由你自己决定。''我不明白，你生我的气了吗？我做错了什么吗？'妈妈伸出手搂住我的肩膀，'每个人迟早都要自己做主。很多被父母严格管教的年轻人，往往在他们离开大学、没人给他们指导的时候犯下了可怕的错误，有些甚至毁了自己的一生。所以我要早一点给你自由。'我目瞪口呆地盯着她，各种念头一起闪过脑海：那么，我随便多晚回家都可以；能够自由参加各种聚会；没有人再催促我写作业……这简直棒极了！妈妈站起来：'记住，这是一种责任。家里人都在看着你。而只有你一个人为自己的过错负责。'她说着用力抱了抱我，'别忘了，我一直在你身边。任何时候，如果你需要，我会随时帮助你。'完美的谈话就这样结束了。同以往一样，这个生日是与家人一起度过的，有蛋糕，有冰淇淋，还有礼物，而母女间的这次谈话却是我收到的最有意义的礼物。

"从那一天起，我在享受自由的时候，始终忘不了母亲的那句话——只有你一个人为自己的过错负责。在这之后的数年间，我做过不少错事，但自己为自己的过错负责的态度，使我迅速成熟起来。"

学会自主做事，能够自己做决定，而不是凡事向父母或者教师请教，我们才能真正成长和成熟起来。因此，我们应当相信自己，尝试着自己去做决定。

美国的父母一般都很注意让青少年学会如何做决定。

任何一个人，要做出一个正确决定总是会有困难的，更何况是青少年。既没有经验，注意力短暂，又喜欢新鲜的事，做出的选择和决定，难免不恰当或者错误。让我们自己做决定，虽然父母总会有点害怕、担心，但是，美国的专家建议说："无论怎样困难，也应让孩子自己做些决定。"自己做决定，信心是很重要的，当你尝试着让自己去做决定，一

做个有自信抗挫能力强的男孩

次、两次，时间长了，慢慢地你就会建立起自信。

（1）不要太多的选择。

在培养我们自己做主的能力时，专家们强调说，还应注意，不能给我们提供太多的可选择的方式，这样会无意中增强我们的欲望，欲望的扩大不是好事，它容易使我们失去方向。

（2）不能选择危险及对他人有害的事。

我们要预先了解哪些是有害、不安全的事，做到防患于未然。例如：冬天一定要穿棉衣，这没有选择的余地，必须执行。

（3）做决定时，不要有很大压力。

如果我们的决定不太合理恰当，遇到挫折，产生了失败感，可以请求别人给予帮助。我们做决定的机会不可太多，以免给我们太大压力。

（4）根据我们的愿望，运用大人的经验和知识做出一些决定。

我们与大人共同做出决定，是帮助我们作出决定的好方式。例如，"要下雨了，在图书馆里避雨比在操场上好些。如果我们不去看姐姐而去看电影，姐姐会伤心的。"这是大人进入我们选择中去的效果。

我们要知道，做决定就是要负责任。在判断正确与错误的选择时，我们可以说："我们已答应某某去展览馆了，不遵守诺言是错误的。"

勇于负责不推卸

要做一个负责的人，就应当做到无论什么时候都不推卸责任，不迁怒他人，这也是一个人成熟的标志。

美国的教育学家约翰逊有一个刚学会走路的小女儿，有一天她搬着她的小椅子到厨房里，想要爬到冰箱上去。约翰逊急忙冲过去，但已经来不及在她跌倒之前扶住她。当他把她抱起来时，她狠狠地踢了那把椅子一脚，喊道："坏椅子，害得我跌了一跤!"

你会在小孩子那里常常听见这样的借口。小孩子只会任性而为，为自己的过错迁怒于没有生命的东西或是无辜的旁观者，对他来说这是正常的行为。但是，如果我们将这种小孩子的反应带到成年，麻烦就来了。自从有人类以来，因为自己的失败和过错而责怪他人的现象一直存在，甚至亚当也以责怪夏娃来作为借口。

耶和华将亚当和夏娃安置在伊甸园中，吩咐他们："园中树上的各样果子，你们可以随意吃。只是善恶树上的果子，你们不可吃。"

亚当和夏娃吃了善恶树上的果子，才突然发现自己赤身裸体，从此有了羞耻感。为了躲避耶和华，他们藏在园里的树木中。耶和华呼唤亚当："你在哪里?"亚当说："因为我赤身裸体，我便藏了。"耶和华说："莫非你吃了我吩咐你不可吃的树上的果子?"于是亚当踢出人类第一个皮球："是你所赐给我，与我同居的女人，她把那树上的果子给我吃，我就吃了。"耶和华对夏娃说："你做的是什么事呢?"夏娃又把皮球踢开："那蛇引诱我，我就吃了。"可怜的蛇没有脚，不会踢皮球。耶和华惩罚它："你既做了这事，就必受诅咒，比一切的牲畜野兽更甚。你须用肚子行走，终身吃土。"

一个人如果不对自己过去的行为负责，就不可能对自己的未来负责。一个人只有学会对自己的行为负责，不把责任推给别人，才能够不断地进步和成长。

英国女教师莫妮卡的班上有一位学员，有一天在其他学员走了以后女教师来找她。他们那天在课上训练学生记人名。这位女学员对她说："尊敬的老师，我希望你不要指望能改进我对人名的记忆力，这是绝对办不到的事情。"

"为什么?"莫妮卡问她。

"这是遗传，"她回答，"我们全家人记忆力都不好，我的记忆力是我父母遗传给我的。因此，你要知道，我在这方面不可能有什么进步。"

"凯蒂，"莫妮卡说，"你的问题不是遗传，是懒。你觉得责怪你的

做个有自信
抗挫能力强的男孩

家人比用心改进自己的记忆力要来得容易。坐下来，我证明给你看。"

接下来的几分钟，莫妮卡让凯蒂做了几个简单的记忆练习，由于她专心练习，效果很好。莫妮卡花了相当长一段时间，才让凯蒂消除无法将脑筋训练得比前辈好的想法，不过她很高兴凯蒂做到了，终于学会了改进自己的记忆力而不是找借口。

承担责任，可以让一个人变得更优秀。如果一个人乐意对自己的行为负完全责任，即使蒙受损失也不改变做人的风格，那么，为了避免损失，他会尽量预防失误，他的失误也因而越来越少，久而久之必然成为一个出类拔萃的人。所谓专家，不就是失误更少些的人吗？无论在任何领域都是如此。

事实上，我们没有责任感，主要是我们没有担负责任的机会，让我们去承担不负责任的后果。

那么，我们应当如何培养自己的责任心呢？

（1）不要推卸责任。

我们对做的事要勇于承担责任，不要推卸给别人，我们要试着把家庭生活的一些责任放在自己肩上。

（2）不要告别人的状。

我们如果经常告诉父母别人如何如何，我们就是在学会怪罪别人，我们的大部分告状行为是想引起父母的注意。

（3）从小事做起。

培养我们的责任感，不可能一蹴而就。我们要从小事做起，一步步循序渐进。至关重要的一步，就是对自己的行为负责，而不是等问题出来了把责任推给别人。

男孩宝典

我们只有首先对自己负责，才能开始对家庭、对他人、对集体、对社会负责。

负小责才能担当大任

"一屋不扫，何以扫天下"，一个人不愿意做小事，不愿意对小事负责，就不可能在大事面前担当责任。

卡菲特先生回忆比尔·盖茨小时候，写下这样一段文字：

1965 年，我在西雅图景岭学校图书馆担任管理员。一天，有同事推荐一个四年级学生来图书馆帮忙，并说这个孩子聪颖好学。

不久，一个瘦小的男孩来了，我先给他讲了图书分类法，然后让他把已归还图书馆却放错了位置的图书放回原处。

小男孩问："像是当侦探吗？"我回答："那当然。"接着，男孩不遗余力地在书架的迷宫里穿来插去，小休时，他已找出了 3 本放错地方的图书。

第二天他来得更早，而且更不遗余力。干完一天的活后，他正式请求我让他担任图书管理员。又过两个星期，他突然邀请我上他家做客。吃晚餐时，孩子母亲告诉我他们要搬家了，搬到附近一个住宅区。孩子听说要转校，担心地说："我走了谁来整理那些站错队的书呢？"

我一直记挂着他。但没过多久，他又在我的图书馆门口出现了，并欣喜地告诉我，那边的图书馆不让学生干，妈妈又把他转回我们这边来上学，由他爸爸用车接送。"如果爸爸不带我，我就走路来。"

其实，我当时心里便应该有数，这小家伙决心如此坚定，内心充满责任感，则天下无不可为之事。不过，我可没想到他会成为信息时代的天才、微软电脑公司大亨、美国首富——比尔·盖茨。

从中我们可以看出，许多伟大或杰出人物身上，总有优于常人之处或早或迟地显示出来。比尔·盖茨对待图书馆工作这样的小事，就已经表现出一种超乎同龄人的责任感，这也是他日后能取得卓越成就的一个原因吧。

一位大公司的老板曾经讲过这样的故事。有个人来他公司应聘，经过交谈，他觉得那个人其实并不适合他们公司的工作，因此，他很客气

做个有自信
抗挫能力强的男孩

地和那个人道别。那个人从椅子上站起来的时候,手指不小心被椅子上跳出来的钉子划了一下。那人顺手拿起老板桌子上的镇纸,把跳出来的钉子砸了进去,然后和老板道别。就在这一刻,老板突然改变了主意,他留下了这个人。

事后,这位老板说:"我知道在业务上他也许未必适合本公司,但他的责任心的确令我欣赏。我相信把公司交给这样的人我会很放心。"

对小事负责才能够在未来的社会中担当大任。家庭和学校是我们培养责任感的最好的地方。无论在家庭和学校,我们都要主动去做一些小事,去充当一些有意义的角色,体会自己的行为对集体所产生的重要性,同时也培养战胜自己弱点、增长各种能力的信心。

在家庭中,我们应主动承担一些力所能及、与自己年龄相当的劳动任务。可以和父母谈谈建设家庭的计划,在我们大一些后,甚至可以与父母商讨家庭财政安排。

比如,可以从家庭理财开始。如今,青少年基本上是远离理财的。许多家庭不仅没有叫下一代参与理财,甚至压根儿没有想到这一层。许多父母由于受传统的束缚,总认为孩子的任务就是读书,把书读好了比什么都好。理财啦、当家啦、买菜啦、做家务啦……那是以后的事,现在则用不着我们"操心"。其实,做父母的希望我们读好书也是人之常情,青少年当然应该以学习为主。但如果让青少年适当地参与理财,使他们对当家有所体验,也是大有裨益的。如家庭每月有多少固定收入,每月计划开支的金额和实际支出的数目;家庭有哪些方面的投资,以及准备投资的方向(项目);家庭所需大件商品的购买与否……孩子都知晓,并征求父母的意见。与此同时,还可以参与家庭采购,如买菜等,以便与实际有所接触,对当家理财有亲身的体会。在参与理财之后,改变了自己原先对家庭经济状态漠不关心的态度,也对市场、物价、商品和家庭等方面的情况有所了解和认识,并丰富这方面的知识。要知道,人需要多方面的知识和实践,而当家理财这方面的知识又是我们今后不可缺少的。那么,提前接触这方面的知识又有什么坏处呢?至于担心因此而影响学习,显然是多余的。

家庭经济情况也有必要了解,若自己对家庭的经济拮据有所了解,也有助于在花钱上与父母保持一致,不至于在不遂心意时乱发脾气。

　　无论是在学校还是在家中,点滴小事都可以培养出我们的责任感。做好身边的每一件小事,从中培养自己的能力和责任心,我们就能够在未来的社会中承担责任。

第七章
男孩应当有勇气 接受挑战

人生由一个个挑战组成,才会如此丰富多彩,没有接受过挑战的人,永远不会知道挑战过后所拥有的那一份洒脱。

摆脱懦弱的束缚

犹太谚语说："要打开成功之门，必须勇敢地推或者拉。"成功就好比是一扇虚掩着的门，只要我们鼓起勇气，勇敢去尝试，就一定能够获得意外的收获。

在古代波斯（今伊朗）有位国王，想要挑选一名官员担当一种重要的职务。他把那些智勇双全的官员都召集了起来，试试他们之中究竟谁能胜任。

官员们被国王领到一扇大门前，面对这扇国内最大、来人中谁也没有见过的大门，国王说："爱卿们，你们都是既聪明又有力气的人。现在，你们已经看到，这是我国最大最重的大门，可是一直没有打开过。你们之中谁能打开这扇大门，帮我解决这个久久没能解决的难题？"不少官员远远张望了一下大门，就连连摇头。有几位走近大门看了看，退了回去，没敢去试着开门。另一些官员也都纷纷表示，没有办法开门。这时，有一名官员去走到大门下，先仔细观察了一番，又用手四处探摸，用各种方法试探开门。

几经试探之后，他抓起一根沉重的铁链，没怎么用力拉，大门竟然开了，原来，这座看似非常坚固的大门，并没有真正关上，任何一个人只要仔细察看一下，并有胆量试一试，比如拉一下看似沉重的铁链，甚至不必用多大力气。推一下大门，都可以打得开。如果连摸也不摸，连看也不看，自然会对这座貌似坚固无比的庞然大物感到束手无策了。

国王对打开了大门的大臣说："朝廷最重要的职务，就请你担任吧！因为你没有限于你所见到的和听到的，在别人感到无能为力时你却会想到仔细观察，并有勇气冒险试一试。"他又对众官员说，"其实，对于任何貌似难以解决的问题，都需要开动脑筋仔细观察，并大胆冒一下险，

做个有自信
抗挫能力强的男孩

大胆地试一试。"

那些没有勇气试一试的官员，一个个都低下了头。

也许，生活当中并不缺少成功的机会，只是我们像故事中的大臣们一样，陷进了固定思维的圈圈之中，不能自拔。思维的框定让人容易产生怯懦的心理，终究无法焕发一丝勇气，最终流于平庸。成功者与失败者之间的分水岭，有时并不在于他们之间有天地之间的差距，而在于一点小小的勇气。当我们超越众人禁锢得有些麻木的思想，勇敢地迈出那一步时，我们会惊喜地发现，原来成功的门对我们从不上锁。

英国皇家学会要为大名鼎鼎的琼斯教授选拔科研助手，这个消息让年轻的装订工人法拉第激动不已，赶忙到规定地点去报了名。但临近选拔考试的前一天，法拉第却被意外地告知，取消了他的考试资格，因为他是一个普通工人。

法拉第愣住了，他气愤地赶到选拔委员会去理论，但委员们傲慢地嘲笑说："没有办法，一个普通的装订工人想到皇家学院来，除非你能得到琼斯教授的同意！"法拉第犹豫了。如果不能见到琼斯教授，自己就没有机会参加选拔考试。但一个普通的书籍装订工人要想拜见大名鼎鼎的皇家学院教授，他会理睬吗？

法拉第顾虑重重，但为了自己的人生梦想，他还是鼓足了勇气站到了琼斯教授家的大门口。教授家的门紧闭着，法拉第在门前徘徊了很久。

终于，教授家的大门，被一颗胆怯的心叩响了。

院里没有声响，当法拉第准备第二次叩门的时候，门却"吱呀"一声开了。一位面色红润、须发皆白、精神矍铄的老者正注视着法拉第，"门没有锁，请你进来。"老者微笑着对法拉第说。

"教授家的大门整天都不锁吗？"法拉第疑惑地问。

"干吗要锁上呢？"老者笑着说，"当你把别人关在门外的时候，也就把自己关在了屋里。我才不当这样的傻瓜呢！"这位老者就是琼斯教授。他将法拉第带到屋里坐下，聆听了这个年轻人的叙说后，写了一张字条递给法拉第："年轻人，你带着这张字条去，告诉委员会的那帮人说我已经同意了。"

经过严格而激烈的选拔考试，书籍装订工法拉第出人意料地成了琼斯教授的科研助手，走进了英国皇家学院那高贵而华美的大门。

恐惧是每个人在自己的成长过程中都会遇到的现象，它常常会限制一个人的自主性，减少生活的欢乐，妨碍个人的成长。因此，一个心理健全的青年应当摆脱恐惧的枷锁，以年轻人应有的血气和胆量去面对任何艰难危险的事情，努力去做好自己想要做的事。

1968年，在圣西哥奥运会的百米赛场上，美国选手海恩斯撞线后，激动地看着运动场上的计时牌。当指示器打出9.9秒的字样时，他摊开双手，自言自语地说了一句话。

后来，有一位叫戴维的记者在回放当年的赛场实况时再次看到海恩斯撞线的镜头，这是人类历史上第一次在百米赛道上突破10秒大关。看到自己破纪录的那一瞬，海恩斯一定说了一句不同凡响的话，但这一新闻点，竟被现场的400多名记者疏忽了。

因此，戴维决定采访海恩斯，问问他当时到底说了一句什么话。

戴维很快找到海恩斯，问起当年的情景，海恩斯竟然毫无印象，甚至否认当时说过什么话。

戴维说："你确实说了，有录像带为证。"

海恩斯看完戴维带去的录像带，笑了。他说："难道你没听见吗？我说：'上帝啊，那扇门原来是虚掩的。'"

谜底揭开后，戴维对海恩斯进行了深入采访。

自从欧文斯创造了10.5秒的成绩后，曾有一位医学家断言，人类的肌肉纤维所承载的运动极限，不会超过每秒10米。

海恩斯说："50年来，这一说法在田径场上非常流行，我也以为这是真理。但是，我想，自己至少应该跑出10.1秒的成绩。每天，我以最快的速度跑5千米，我知道百米冠军不是在百米赛道上练出来的。当我在墨西哥奥运会上看到自己9.9秒的纪录后，惊呆了。原来，10秒这个门不是紧锁的，而是虚掩的，就像终点那根横着的绳子一样。"

后来，戴维撰写了一篇报道，填补了墨西哥奥运会留下的一个空白。不过，人们认为它的意义不限于此，海恩斯的那句话，为我们留下的启迪更为重要。

做个有自信 抗挫能力强的男孩

如果一个人内心充满勇气，那么没有什么东西可以阻碍他走向成功。像法拉第一样，像海恩斯一样，勇敢地打破内心的限制，积极地去尝试，你就能够战胜恐惧走向成功。

凭借勇气取得胜利

成功意味着冲破平庸，而其中的一条捷径就是敢于冒险。石油大王哈默说过："不会冒险的人永远也不会取得成功。"惧怕失败，不冒风险，平平稳稳地过一辈子，虽然可靠，虽然平静，但只是一个悲哀而无聊的人生，一个懦夫的人生，其中最令人痛惜的就是，你自己葬送了自己的潜能。因此，与其平庸地过一生，不如勇敢地去冒险和闯荡，做一个敢于冒险的英雄。

有两位少年去求助一位老人，他们问着相同的问题："我有许多的梦想和抱负，但总是笨手笨脚，无从下手，不知道如何才能实现自己的目标。"老人给他们一人一颗种子，细心地交代："这是一颗神奇的种子，谁能够妥善地保存它的价值，谁就能够实现他的理想。"

几年后，老人碰到了这两位少年，顺便问起种子的情况。

第一位少年谨慎地拿着锦盒，缓缓地掀开里头的棉布，对着老人说："我把种子收藏在锦盒里，时时刻刻都将它妥善地保存着。为了这颗种子能够完整地保存，我为它专门建了一个恒温室。我相信它现在仍完好如初，其价值没有任何折损。"老人听后，失望地点了点头。接着第二位少年，汗流浃背地指着旁边的一座山丘道："您看，我把这颗神奇的种子，埋在土里灌溉施肥，现在整座山丘都长满了果树，每一棵果树都结满了果实，原来的一颗种子现在变为了千万颗。这就是我实现这颗神奇的种子价值的方法。"

老人关切地说："孩子们，我给的并不是什么神奇的种子，不过是一般的种子而已。如果只是守着它，永远不会有结果；只有用汗水灌溉，才能有丰硕的成果。让种子生根发芽，虽然会冒风霜雨雪侵蚀的风险，但正由于经历了这些锤炼，生命才焕发出神奇的力量，种子的价值才真正得到了实现和延续。"

不敢冒险去做，其实是冒了更多的险。有些人很聪明，对不测因素和风险看得太清楚了，不敢冒一点险，结果聪明反被聪明误，所以永远只能过一种平庸的生活。

勇于尝试可以让你发现机会，化危机为转机。有些在平时看似"不可能"的事情，在你的尝试中也可能变成现实。正如一位成功人士所说的那样，尝试可以创造奇迹。

一次，一艘远洋海轮不幸触礁，沉没在汪洋大海里，幸存下来的9位船员拼死登上一座孤岛，才得以幸存下来。

但接下来的情形更加糟糕，岛上除了石头，还是石头，没有任何可以用来充饥的东西，更为要命的是，在烈日的暴晒下，每个人口渴得冒烟，尽管四周是海水，可谁都知道，海水又苦又涩又咸，根本不能用来解渴。现在9个人唯一的生存希望是老天爷下雨或别的过往船只发现他们。

等啊等，没有任何下雨的迹象，天际除了海水还是一望无边的海水，没有任何船只经过这个死一般寂静的岛。渐渐地，有8个船员支撑不下去了，他们纷纷渴死在孤岛。

当最后一位船员快要渴死的时候，他实在忍受不住地扑进海水里，"咕嘟咕嘟"地喝了一肚子。船员喝完海水，一点儿也觉不出海水的苦涩味，相反觉得这海水又甘又甜，非常解渴。他想：也许这是自己死前的幻觉。于是他静静地躺在岛上，等着死神的降临。

他睡了一觉，醒来后发现自己还活着，船员非常奇怪，于是他每天靠喝这里的海水度日，终于等来了救援的船只。

人们化验这里的海水发现，这儿由于有地下泉水不断翻涌，所以海水实际上全是可口的泉水。

冒险与收获常常是结伴而行。险中有夷，危中有利，要想有卓越的

做个有自信
抗挫能力强的男孩

人生，就要敢于冒险。

石油大王哈默的成功就告诉我们这样一个道理：幸运喜欢光顾勇敢的人，巨大的风险往往能够带来巨大的成功。

1956年，58岁的哈默购买了西方石油公司，开始大做石油生意。石油是最能赚大钱的行业，也正因为最能赚大钱，所以竞争尤为激烈。初涉石油领域的哈默要想建立起自己的石油王国，无疑面临着极大的竞争压力。

首先碰到的是油源问题。1960年石油产量占美国总产量30%的得克萨斯州已被几家大石油公司垄断，哈默无法插手；沙特阿拉伯是美国埃克森石油公司的天下，哈默难以染指。如何解决油源问题呢？1960年，当花掉1000万美元的勘探基金而毫无结果时，哈默再一次冒险接受了一位青年地质学家的建议。旧金山以东一片被德士古石油公司放弃的地区，可能蕴藏着丰富的天然气，并建议哈默的西方石油公司把它租下来。哈默又千方百计地从各方面筹集了一大笔钱，投入了这一冒险的工程。当钻到284米深时，终于钻出了加利福尼亚的第二大天然气田，估计价值在2亿美元以上。

哈默成功的事实告诉我们敢想敢做敢于尝试，才能取得成功。

与其不尝试而失败，不如尝试了再失败，不战而败是一种极端怯懦的行为。如果想成为一个成功者，就必须具备坚强的毅力，以及勇气和胆略。当然，敢冒风险并非铤而走险，敢冒风险的勇气和胆略是建立在对客观现实的科学分析基础之上的。顺应客观规律，加上主观努力，力争从风险中获得利益，这是成功者必备的心理素质。

敢于冒险是一个人取得成功的重要条件，对一个前途充满了无限可能性的年轻人来说更是如此。

向"不可能"发出挑战

史密斯夫人是英国一座乡村中学的文学教师,她性情活泼、和蔼可亲,深受学生的爱戴。

有一天,她为学生们带来了别开生面的一节课。她让学生们在纸上写出自己不能做到的事。所有的学生都全神贯注地埋头在纸上写着。一个10岁的女孩,她在纸上写道"我无法完整地背出太长的课文""我不会骑脚踏车""我不知道怎样才能让别人喜欢我"等。她已经写完了半张纸,但她却丝毫没有停下来的意思,仍然在认真地继续写着。

每个学生都很认真地在纸上写下了一些句子,述说着他们做不到的事情。

史密斯夫人也正忙着在纸上写着她不能做到的事情,像"我不知道如何才能让孩子的家长都来""我不知道怎样帮助玛丽提高她对数学的兴趣"等。

大约过了10分钟,大部分学生已经写满了一张纸,有的已经开始写第二张了。

"同学们,写完一张纸就行了,不要再写了。"这时,史密斯夫人用她那习惯的语调宣布了这项活动的结束。学生们按照她的指示,把写满了他们认为自己做不到的事情的纸对折好,然后按顺序依次来到老师的讲台前,把纸投进一个空的鞋盒里。

等所有学生的纸都投完以后,史密斯夫人把自己的纸也投了进去。然后,她把盒子盖上,夹在腋下,领着学生走出教室,沿着走廊向前走。

走着走着,队伍停了下来。史密斯夫人走进杂物室,找了一把铁锹。然后,她一只手拿着鞋盒,另一只手拿着铁锹,带着大家来到运动场最边远的角落里,开始挖起坑来。

学生们你一锹我一锹地轮流挖着,10分钟后,一个1米深的洞就挖

做个有自信

抗挫能力强的男孩

好了。他们把盒子放进去，然后又用泥土把盒子完全覆盖上。这样，每个人的所有"不能做到"的事情都被深深地埋在了这个"墓地"里，埋在了1米深的泥土下面。

这时，史密斯夫人注视着围绕在这块小小的"墓地"周围的31个10多岁的孩子，神情严肃地说："孩子们，现在请你们手拉着手，低下头，我们准备默哀。"

学生们很快地互相拉着手，在"墓地"周围围成了一个圆圈，然后都低下头来静静地等待着。

"朋友们，今天我很荣幸能够邀请到你们前来参加'我不能'先生的葬礼。"史密斯夫人庄重地念着悼词，"'我不能'先生在世的时候，曾经与我们的生命朝夕相处，您影响着、改变着我们每一个人的生活，有时甚至比任何人对我们的影响都要深刻得多。您的名字几乎每天都要出现在各种场合。当然，这对我们来说是非常不幸的。现在，我们已经把您安葬在了这里，并且为您立下了墓碑，刻上了墓志铭，希望您能够安息。同时，我们更希望您的兄弟姊妹'我可以''我愿意'，还有'我立刻就去做'等能够继承您的事业。虽然他们不如您的名气大，没有您的影响力强，但是他们会对我们每一个人、对全世界产生更加积极的影响。愿'我不能'先生安息吧，也祝愿我们每一个人都能够振奋精神，勇往直前，阿门！"

接下来，史密斯夫人带着学生又回到了教室。大家一起吃着饼干、爆米花，喝着果汁，庆祝他们越过了"我不能"这个心结。作为庆祝的一部分，史密斯夫人还用纸剪成一个墓碑，上面写着"我不能"，中间则写上"安息吧"，下面写着这天的日期。

史密斯夫人把这个纸墓碑挂在教室里。每当有学生无意说出："我不能……"这句话的时候，她只要指着这个象征死亡的标志，孩子们便会想起"我不能"先生已经死了，进而去想积极的解决方法。

面对生活中的困境，很多人都被"不可能"这三个字囚禁着，不敢正视现实中的困难和挑战，导致自身的潜能得不到充分的发挥。面对问题，我们不妨试着把自己的"我不能"埋进坟墓，以一个积极的心态来面对一切，这样很多困难就能迎刃而解了。

亨利·福特是美国汽车行业历史中一位了不起的人物。他于1863年7月生于美国密歇根州。他的父亲是个农夫，觉得孩子上学根本就是一种浪费。老福特认为他的儿子应该留在农场帮忙，而不是去念书。

自幼在农场工作，使福特很早便对机器产生兴趣，于是用机器去代替人力和牲畜的想法经常在他的脑中出现。

福特12岁的时候，已经开始构想要制造一部"能够在马路上行走的机器"。这个想法，深深地扎在他的脑海里，日日夜夜萦绕着他。

旁边的人，都"劝导"福特，放弃他那"奇怪的念头"，认为他的构想是不切实际的。老福特希望儿子做农场助手，但少年福特却希望成为一位机械师。他用一年多的时间就完成人家需要5年的机械师训练，从此，老福特的农场少了一位助手，但美国却多了一位伟大的工业家。

福特认为这世界上没有"不可能"这回事。他花了两年多的时间用蒸汽去推动他构想的机器，但行不通。后来，他在杂志上看到可以用汽油氧化之后形成燃料以代替照明煤气灯，触发了他的"创造性想象力"，此后，他全心全意投入汽油机的研究工作。

福特每一天都在梦想成功地制造一部"汽车"。他的创意被大发明家爱迪生所赏识，爱迪生邀请他当底特律爱迪生公司的工程师，让他有机会实现他的梦想。

终于，在1892年，福特29岁时，他成功地制造了第一部汽车引擎。而在1896年，也就是福特53岁的时候，世界第一部汽车便问世了。

从1908年开始，福特致力于推广汽车，用最低廉的价格，去吸引越来越多的消费者。今日的美国，每个家庭都有1部以上的汽车，而底特律则逐渐变成美国的大工业城，成为福特的财富之都。

亨利·福特在取得成功之后，便成了人们羡慕的人物。人们觉得福特是由于运气，或者有成功的朋友，或者天才，或者他们所认为的形形色色的福特"秘诀"——这些东西使福特获得了成功，但他们并不真正知道福特成功的原因。有一位研究成功学的专家后来说过："也许在每10万人中有一个人懂得福特成功的真正原因，而这少数人通常又耻于谈到这点，因为这个成功秘诀太简单了。这个秘诀就是想象力。事实上，在一定程度上，只要能想到就一定能办到。

做个有自信
抗挫能力强的男孩

世界上没有不可能，只要你敢想敢做，"不可能"也会变成"可能"。史蒂芬·柯维说："想象力是灵魂的工厂，每个人的成就都是在这里铸造的。"想象力通常被称为灵魂的创造力，是每个人可贵的财富。拿破仑曾经说过，"想象力统治全世界"。一个人的想象力越丰富，成功的机会就越多。

思考致富的支持者股票大王贺希哈也认为成功的第一要素即想象力。不怕做不到，只怕想不到，只要你敢于想象，就能够取得成功，把"不可能"变成"可能"。

克服恐惧

心理学家认为，行动本身会增强信心。不行动只会带来恐惧。克服恐惧最好的办法就是行动。

行动可以让你忘掉恐惧。等待、拖延只会增加你的恐惧感。

有一次一个伞兵教练说："跳伞本身真的很好玩。难受的是'等待跳伞'的一刹那。在跳伞的人各就各位时，我让他们'尽快'度过这段时间。曾经不止一次，有人因为幻想太多'可能发生的事'而导致过度害怕。如果不能鼓励他们跳第二次，他就永远当不成伞兵了。跳伞的人愈拖就愈害怕，就愈没有信心。"

行动可以治疗恐惧。有一天晚上，一个5岁的小男孩已经上床半小时了，突然放声大哭。小男孩刚才看了一部科幻片，害怕片中的绿色妖怪闯进来抓他。他父亲的做法很特别，他并不是说："不要怕，孩子。没有什么好怕的，回去睡觉吧。"反而用一种积极的做法来消除他的恐惧。他走到每一扇窗户跟前看看关好没有，最后又将一把玩具手枪放在小男孩的枕边说："小男子汉，这把手枪给你以防万一。"小家伙听了很放心，几分钟后就睡着了。

这个故事说明这样一个道理，当你发觉自己对某件事情恐惧时，你可以尝试着让自己行动起来，在行动中你就可以增强自信，消除恐惧。很多人不了解这个道理，他们应付恐惧常用的方法就是不做。推销员们就经常这样，他们经常怯场，即使最老练的推销员也难免。他们为了克服恐惧，往往在客户附近徘徊犹豫，要不然干脆找个地方一杯又一杯地喝咖啡，来培养自信与勇气，这样根本没有效果。克服任何一种恐惧最好的办法就是"立刻去做"。

球王贝利刚刚入选巴西最著名的球队——桑托斯足球队时，曾经因为过度紧张而一夜未眠。他翻来覆去地想着："那些著名球星会笑话我吗？万一发生那样尴尬的情形，我有脸回来见家人和朋友吗？"

他甚至还无端猜测："即使那些大球星愿意与我踢球，也不过是想用他们绝妙的球技，来反衬我的笨拙和愚昧。如果他们在球场上把我当作戏弄的对象，然后把我当白痴似的打发回家，我该怎么办？"

一种前所未有的怀疑和恐惧使贝利寝食难安。虽然自己是同龄人中的佼佼者，但忧虑和自卑却使他情愿沉浸于希望，也不敢真正迈进渴求已久的现实。

最后，贝利终于惴惴不安地来到了桑托斯足球队，那种紧张和恐惧的心情，简直无法形容。"正式练球开始了，我已吓得几乎快要瘫痪了。"他就是这样走进一支著名球队的。原以为刚进球队只不过练练盘球、传球什么的，然后便肯定会当板凳队员。哪知第一次教练就让他上场，还让他踢主力中锋。紧张的贝利半天没回过神来，双腿像长在别人身上似的，每次球滚到他身边，他都好像是看见别人的拳头向他击来。在这样的情况下，他几乎是被硬逼着上场的。但当他迈开双腿，便不顾一切地在场上奔跑起来时，他渐渐忘了是跟谁在踢球，甚至连自己的存在也忘了，只是习惯性地接球、盘球和传球。在快要结束训练时，他已经忘了桑托斯球队，而以为又是在故旧的球场上练球了。

那些使他深感畏惧的足球明星，其实并没有一个人轻视他，而且对他相当友善。如果贝利能够相信自己，专心踢球，而不是无端地猜测和

做个有自信
抗挫能力强的男孩

担心，就不会承受那么多的精神压力。

行动可以让你忘却恐惧，缓解你的精神压力。忘掉自我，专心投入你当前要做的事情上去，可以让你克服紧张情绪，保持一种泰然自若的心态。

行动可以激发出一个人的勇气和潜能，即使一个弱不禁风的孩子，在危急关头被恐惧所激起的勇气也可以扼杀一条凶猛的鳄鱼。

在非洲的刚果河流域，经常会有鳄鱼出现。很多人由于不小心，常常会因遭受鳄鱼袭击而致残，有的甚至成为鳄鱼的"美餐"。一天下午，在刚果河上，有两个男孩划着小木舟回家。他们是两兄弟，哥哥叫美林迪，弟弟叫卢蒙巴。他们是划船出来游玩的。不料玩得忘了时刻，这时见太阳已西下，才想起要赶快把这艘木舟划回家去。

两兄弟合力摇着船桨。船是约 1.3 米长、1 米宽的小木舟，是用一条圆木雕成的，只能在平静无波的小河划着玩，如果稍有震动，就会翻覆沉没。

当卢蒙巴一面划桨，一边远望着西天的夕阳时，一眼看到七八百米外的河面上正有一条鳄鱼向这边追来。

美林迪也发现鳄鱼追来，他喊道："鳄鱼！吃人的鳄鱼来了！"远处水面浮出绿硬鳞甲的鳄鱼头、背，鳄鱼在水中划出大水波，很远就能听到"嘶嘶"水响。

这时，小木舟正在河中心，要划到河的岸边，至少还要半小时。船后的鳄鱼却不到几分钟就会追到，眼看自己立即就要变成鳄鱼的晚餐。他们年龄不大，凭他俩的力气是打不过那条鳄鱼的。

当他们来不及多想的顷刻之间，回头一望，只见那条大鳄鱼正张开血盆大口，游到离船尾不到 10 米的水面。

"逃命啦！"美林迪惊慌失措，疯了似的跳到河里，潜水游向附近的河岸。

弟弟卢蒙巴眼见美林迪跳水，他年纪小，力气更小，这时鳄鱼游得更近，距离船头只有两三米远。此刻，他只来得及想一件事："怎样才不会被鳄鱼吃掉？"

在夕阳西下之时，河两岸已杳无人迹。河边即使有人，也不一定能把这个小孩从鳄鱼嘴边救回来，现在，生死存亡全靠卢蒙巴自己来决定了。

忽然，船尾水面那条大鳄鱼，纵起了它的鱼头向船尾冲来。

说时迟，那时快，卢蒙巴也不知是从哪里来的勇气，在鳄鱼止抬头张嘴冲来的同时，他上前一步，站到船头上，弓着腰，纵身高高跳起，张开叹臂，扑到鳄鱼的背上。

鳄鱼这时似乎有点惊慌，只知用头向船头撞去，它撞船的冲力，正好使卢蒙巴的身体在其背上一旋，旋到另一个方向。

卢蒙巴趁此用双臂紧紧扼住鳄鱼嘴下的颈部，用双腿全力夹住它的背。

鳄鱼发狂般在水中挣扎，他却拼命扼紧它的咽喉不肯放松。最后，鳄鱼在河水中向前游去。他发觉鳄鱼已逐渐不再挣扎，他感觉到自己等于是骑着鳄鱼顺水游了。

卢蒙巴的一双手臂依然紧扼鳄鱼的颈不敢放松，他知道，鳄鱼的力气太大了，他怕扼在鳄鱼颈的手臂一旦被挣脱，那他就再也不能控制鳄鱼，那时一定会被鳄鱼一口吞下。

他就这样扼紧鳄鱼，在河面上向前游着。

在死亡的恐怖中，他不知这样游了多久，只见天色已暗，河水与河岸的距离究竟还有多远，也无心细看。

不久，卢蒙巴忽然发觉鳄鱼不动了，定睛一看，眼底竟是河边的沙滩。是鳄鱼要到河滩来休息吗？他不明白，也不敢多想。

他心中突然欢喜了，即使鳄鱼这时再要咬人，他也可以在陆地上飞快逃走的。因此，他就纵身跳到鳄鱼的右侧，疯狂地向前跑了几十步才停下来。

他回过头，在月光下，看到自己一路"骑"来的那条大鳄鱼，依然伏在河滩那个老地方。

他壮着胆子走近鳄鱼蹲身细看，鳄鱼双眼紧闭着，他伸手试探鳄鱼，发现鳄鱼竟已完全停止了呼吸。

他高兴极了，跑到一棵树下找来几根树藤，绑住鳄鱼的颈项，向前拖去，拖得很吃力，拖一程，休息一次，最后终于绕着小路回到自己的家。

全家人听了事情的经过，不禁目瞪口呆。

做个有自信
抗挫能力强的男孩

原来,当这个小男孩危在旦夕时,他在求生本能的驱使下,已经来不及害怕了,他那紧扼鱼颈的手臂就在这顷刻之间,产生一种神奇的力量。鳄鱼虽然力大而凶残,但它颈部被卢蒙巴扼得太紧,也就敌不过"无法呼吸"的致命伤。

在死亡边缘独力战胜鳄鱼的16岁小男孩卢蒙巴,顿时变成非洲报纸上的热门传奇人物。

行动可以战胜恐惧,激发勇气。面对凶残的鳄鱼,如果恐惧就会被吃掉,而勇敢地面对凶险的情况,奋起反抗,即使一个弱小的孩子,也可以战胜一条凶猛的鳄鱼。小卢蒙巴扼杀鳄鱼的故事,能为你带来什么样的启示呢?

适应变化,在变化中成长

没有人喜欢生活中发生重大的变化。害怕改变是人们普遍存在的心理状态,一想到任何形式的大变化,几乎所有的人都会感到不同程度的恐惧。但生活中的变化是不可遏制的,我们想要"安全",就只能"原地踏步",成为一个永远无法长大的"小人"。

有这样一则寓言:

一天,有个男孩将一只鹰蛋带回到他父亲的养鸡场,他把鹰蛋和鸡蛋混在一起让母鸡孵化,后来母鸡孵化成功,于是一群小鸡里出现了一只小鹰。小鹰与小鸡们一样生活着,极为平静安适,小鹰根本不知道自己不同于小鸡。

小鹰长大了,发现小鸡们总是用异样的眼神看着自己。它想:我绝不是一只平常的小鸡,我一定有什么不同于小鸡的地方。可是它却无法证明自己的怀疑，为此十分烦恼。直到有一天，一只老鹰从养鸡场上飞过，小鹰看见老鹰自由舒展翅膀，顿时感觉自己的两翼涌动着一股奇妙的力量，心里也激烈地震荡起来。它仰望着高空自由翱翔的老鹰，心中无比羡慕。它想：要是我也能像它一样该多好，那我就可以脱离这个偏僻狭小的地方，飞上天空，栖在高高的山顶之上，俯瞰大地和人间。

可是怎么能够像老鹰一样呢？我从来没有张开过翅膀，没有飞行的经验。如果从半空中坠下岂不粉身碎骨吗？犹豫、徘徊、冲动，经过一阵紧张激烈的自我内心斗争，小鹰终于决定甘冒粉身碎骨的风险，展翅高飞。

它终于起飞了，飞到了空中。它带着极度的兴奋，再用力往高空飞翔，飞翔……

小鹰成功了。它这才发现：世界原来这么广阔，这么美妙。

小鹰成功的历程，展示了每一个人的成长历程。其实，在心中我们每一个人何尝不像那只鹰一样，总是对现有的东西不忍放弃，对舒适平稳的生活恋恋不舍呢？

人只有在不断地适应变化的过程中才会有所成长。因此，我们不必害怕逆境和挫折，而去当温室里的花朵。温室里的花朵固然可以安全舒适地生活，但人生不可能一帆风顺，一旦逆境来临，首先被摧毁的就是没有意志力和行动能力的温室里的花朵，而经常接受磨炼的人却能借此创造出崭新的天地。

一个人要想使自己的人生有所造就，就必须懂得在关键时刻把自己带到人生的悬崖，给自己一片悬崖其实就是给自己一片蔚蓝的天空。

心理学家认为，在每个人身上都蕴藏着打破旧的生活格局而迎来新的生活格局的巨大潜能，可是它被现实的平庸的作为掩盖着。只有具备风险意识，无所畏惧，勇于探索和实践，你的潜能才能发挥出来。完全地展示了自己的才能、实现了自己追求的人，才能领略到人生最大的喜悦和欢愉。所有懦夫，都不可能领略到。

1亿年前，地球上到处是体积庞大的恐龙。后来，地球上发生变故，恐龙在很短的时间内灭绝。迄今，科学家还不能确定究竟发生了什么样的变故，但唯一能确定的，就是恐龙因为无法适应这种变故，而遭致绝迹的下场。

能变通者才能生存，"物竞天择，适者生存"的准则，不仅适用于上古时代，同样也适用于科技文明的现代社会。不论是生物学家还是经济学家都承认，在一场激烈的竞赛中，凡是不能适应者，都会被淘汰。

面对改变，意味着对某些旧习惯和老状态的挑战，如果你紧守着过去的行为与思考模式，并且相信"我就是这个样子"，那么，尝试新事物就会威胁到你的安全感。

"恐龙族"不喜欢改变，他们安于现状，没有野心，没有创新精神，没有工作热忱，满脑子目前的状态，不设法改进自己，不让自己有资格做更好的工作。

"恐龙族"不肯承认改变的事实。他们不愿为自己制造机会，而情愿受所谓运气、命运的摆布。因为不相信自己能掌握命运，所以会选择错误，不是在平坦的道路上蹒跚前进，就是一辈子坐错位置。

"恐龙族"犯的最大毛病，就是无法视变化为正常现象。他们没有衡量自己适应变化的能力，包括步调、新观念、做事的弹性和效率，他们更不会探索自身的潜能，遇到变故发生，宁可坐以待毙。

贪图安逸使"恐龙族"忘记了一个很重要的道理：一个人能否获得个人成就，关键看他是不是愿意尝试。乐于冒险，喜欢试验，能变通，这些才是获得学习和进步的唯一途径。

因此，不管外界怎样变化，我们青少年必须付出百分之百的努力，勇敢地去适应变化，不要让自己成为贪图安逸、畏惧改变的"恐龙族"中的一员。

事实上，当你描绘你为自己所选择的未来会有多么灰暗时，未来的变化并不会朝消极的方向发展。

王平是某大学中文系学生，大学几年他埋头写作，发表了500多块"豆腐干"。毕业前，学校老师指着一则招聘启事说："这家报社在我们省城知名度最高，效益最好，他们正在招聘编辑，你快去试试。"王平拿过报纸一看，对老师说："我不符合条件，他们要求的编辑实际工作经验必须两年以上。"老师笑笑道："你的作品就是一块响亮的敲门砖，或许报社里有些编辑记者的水平还不如你呢！"王平又说："那么多人应聘，怎么会看上我呢？"老师问："你见过总编了？你了解过全部竞争对手的情况了？"王平说："没有。"老师问："那你到底怕什么？"怕应聘的王平后来背着一袋报刊去见总编，居然被破格录用。

青少年朋友，"你究竟怕什么"？其实，我们最应害怕的，是我们心中那个与生俱来的"怕"字，面对种种难题不去尝试就轻言放弃，机遇就会在指间流失，成功离我们越来越远。

敢于冒险

具有冒险型性格的人喜欢体育运动，爱玩刺激性的游戏，经常放在床头的书是恐怖故事和探险小说。

他们不喜欢按部就班，循规蹈矩地工作，敢于提出自己的猜测，哪怕没有充分的根据，宁肯冒犯错误的风险；他们不把自己束缚在一种技艺、一个题材、一门学科或者一种风格中，不怕逾越常规。

他们喜欢凭直觉处事，在艰险和困难面前，他们酷似开拓者，有着随时准备以自己的才智迎战并克服困难的精神状态。

具有这种性格特征的人，精神上充满活力，对环境的适应能力很强，易感受到新事物的出现，并且通过各种社交渠道，把信息传递给别人。他们对流行是比较敏感的，他们大多很在乎自己外在的形象，并且知道怎样才能使自己的外在形象达到最佳的效果。他们比较现实，在绝大多数时候，能够根据客观实际来协调和改变自己。他们能够把握自己的命运，无论是对任何一件事情，都会积极主导着自己的生活，使之达到符合自己的要求。

做个有自信
抗挫能力强的男孩

然而，在我们的传统民族性格中，对谨慎是十分推崇的。

谨慎，确实是我们办好事情的前提条件。"如临深渊，如履薄冰"，有了这种小心谨慎的态度，跌的跤就肯定要少一些。但是，在复杂多变的现代社会，未来的形势常常不是很明朗，过于强调小心谨慎，以至于处处谨小慎微，就会吓得我们不敢行动。因此，现代人既要有谨慎的性格，也要敢于冒险。

冒险，曾经是一个不怎么光彩的名词。头脑简单者，曾给这个词添上鲁莽的色彩。利欲熏心者，又曾给这个词添上投机的色彩。其实，冒险和成功常常是相伴的，尤其是现代，冒险精神更为竞争所必需。我国目前处于大力发展商品经济的时代，而冒险就是商品经济社会的一种时代精神。与传统的自然经济不同，在商品经济下，人们面临的是一个千变万化的市场，而不是一个静止不变的乡村与家庭。对商品生产者来说，他的每一项决策、每一次行动，既有成功的希望，也有失败的可能。正如马克思所说："交换不成功，摔坏的不是商品本身，就是商品生产者。"如果生产者不敢冒险，那他不仅失去了成功的希望，而且也免不了失败的结局。这是因为，商品经济就是一种竞争经济，竞争就是非胜即败。"逆水行舟，不进则退。"从这个意义上说，风险是不可避免的。不敢冒险，其实也是一种消极冒险。在市场经济中不可能完全克服经济因素中的自发因素，生产经营中的风险就是客观存在的。因此，不敢冒险的人就很难适应现代社会。

纵观历史，我们就会发现：一个民族的振兴，一个国家的繁荣，都与这个民族所具有的冒险精神分不开。冒险精神常常更能充分地体现一个民族的创业精神。可以说，没有一大批冒险家从事美国西部地区的开发，就不会有今天的美国。同时，历史经验也表明：如果缩手缩脚，即使有比别人更新的思想，也只能错过机会，成为过时的东西。在中世纪的欧洲，不就有许多怀有新颖思想和见解的学者，因为缺少勇气，而被神学禁锢了自己的创新成果吗？如果没有哥白尼、布鲁诺那样勇敢的科学家，荒诞的"地球中心说"不知要延续到何时。科学的巨大进步，社会的飞速发展，都需要有一批敢于冒险者充当开拓者。我们国家当前正处于一个改革和开拓创新的时代，这就更加需要冒险精神。

在很多情况下，强者之所以成为强者，就是因为他们敢为别人所不敢为。孙悟空之所以被群猴尊为"美猴王"，就是因为他敢于第一个跳进群猴都不敢进的水帘洞，为群猴找到一个理想的栖身之所；诸葛亮敢于在大军压境之际，大摆空城计，惊退司马懿，虽有计谋在胸，但若无几分冒险精神，也不会敢为。马克思说："在科学上投有平坦的大道，只有那些不畏艰险、敢于攀登的人，才有希望达到光辉的顶点。"在生活中的各个方面都是这样的，沿着平安坦途走路的人，很少是创立大业的。平庸的人喜欢按部就班，安于无功无过；敢逾常规、敢冒风险的人，才有可能创造出瑰丽的业绩。

敢于冒险，就要坚决摒弃甘居平庸的心理。人生，应当如大海的波涛，既有高高的波峰，又有深深的波谷，在连绵不断的起伏跌宕中谱写激昂的人生之歌。没有风浪，平静如一潭死水的生活，又有多少荡人心魄的力量，有多少可以引起自豪的成分呢？对强者来说，"无险不足以言勇"。因此，一个真正的强者，厌恶平淡无奇的生活，他们渴望冒险，希望在生活中掀起巨浪，喜欢充满传奇色彩的浪漫生活。从这个意义上说，敢不敢冒险，正是区别强者和弱者的标志之一。

要想冒险，就不要害怕失败。愈是称得上冒险的行为，失败的危险性就愈大。敢于冒险，就是敢冒失败的危险。事物发展的客观规律一再证明，成功和失败像一对孪生兄弟，如果只许成功降此不许失败诞生，也就等于扼杀了成功。

马克思早就指出，如果什么事情都要保险绝对成功才可去做，那么创造历史也就太容易了，天下哪有此等容易的事！所以，一个外国企业家一语中的地说："畏惧错误，就是毁灭进步。"

  一个人培养勇敢的精神，培养敢于冒险的习惯是非常有必要的。

做个有自信
抗挫能力强的男孩

超越自我

　　人生在世,最大的敌人不一定是外来的,而可能是我们自己。若用别人的标准衡量自己很容易的话,那不如问问自己到底想做到什么,达到什么样的效果。其实,虽然很多人看起来像竞争对手。但实际上我们需要去证明的只有自己,需要去超越的也只有自己。

　　其实每个人都有超越自己的经验,年幼时候,没有人逼我们学走路,我们却试着自己站立,不断跌倒、不断站起、不断试步,终于能从爬的阶段,进入走的时期。然后,我们对走也不满足,又要学习跑。逐渐我们能跑能跳能说能写,不断超越自己。而后到了一定的阶段这些超越变得越来越少,很多人由此开始甘心平凡。只有少数的人会说:"我不要做一个普通人,我要超越!超越我那看来有限的自己。"于是在这种不信自己办不到的信心和努力下,他们将自己提升了。且随着不断的提升、不断的超越,为人类的历史,创造出更辉煌的成就!

　　由人类成长的过程中我们不难看出,超越是人类固有的天性,是一种难得的人生财富。一个合格的人,优秀的人都会去珍惜这个财富,并将它用于检验自我、完善自我。

　　巴西足球运动员贝利是众多男子汉的楷模,是超越自己的典范,也是西点军校学员的一个重要榜样。世界球王,被人们称为"黑珍珠"的巴西足球运动员贝利,自幼酷爱足球运动,有一次,小贝利参加了一场激烈的足球赛,累得喘不过气来。休息时,贝利向小伙伴要了一支烟。他得意地吸起烟,嘴里吐出一缕缕淡淡的烟雾。小贝利有点陶醉了,似乎刚才极度的疲劳也烟消云散了。这一切,全被父亲看到了,父亲的眉头皱起了一个大疙瘩。

　　晚上,父亲坐在椅子上问贝利:"你今天抽烟了?"

　　"抽了。"小贝利意识到自己做错了事,红着脸,低下了头,准备接受父亲的训斥。

　　但是,父亲并没有发火。他从椅子上站起来,在屋里来来回回走了好半天，才平静地对贝利说："孩子，你踢球有几分天资，也许将来会有出息。可惜，你现在要抽烟了，抽烟，会损害身体，使你在比赛时发挥不出应有的水平。"

小贝利的头低得更向下了。父亲又语重心长地接着说："作为父亲，我有责任教育你向好的方向努力，也有责任制止你的不良行为。但是，是向好的方向努力，还是向坏的方向滑去，决定于你自己。我只想问问你，你是愿意抽烟呢，还是愿意做个有出息的运动员呢？孩子，你该懂事了，自己选择吧！"说着，父亲还从口袋里掏出一沓钞票，递给贝利，并说道，"如果你不愿意做个有出息的运动员，执意要抽烟的话，这点钱就作为你抽烟的经费吧！"父亲说完便走了出去。

小贝利望着父亲远去的背影，仔细回味着父亲那深沉而又恳切的话语，不由得哭了。他哭得好难过，过了好一阵，才止住哭声。小贝利猛然醒悟了，他拿起桌上的钞票还给了父亲，并坚决地说："爸爸，我再也不抽烟了，我一定要当个有出息的运动员。"

从此以后，贝利不但与烟无缘，还刻苦训练，球技飞速提高。15岁就参加了职业足球队，16岁进入巴西国家队，并为巴西队永久占有"女神杯"立下奇功。如今，贝利已成为拥有众多企业的富翁，但他仍然不抽烟。

他的传奇人生再次印证了：人生在世，最大的敌人不一定是外来的，而可能是我们自己！我们难以把握机会，因为犹疑、拖延的毛病；我们容易满足现状，因为没有更高的理想；我们不敢面对未来，因为缺乏信心；我们未能突破，因为不想去突破；我们无法发挥潜能，因为不能超越自己！

鲤鱼跳龙门的故事是人尽皆知的古老传说，但也同样告诉人们一个亘古不变的道理：鱼们都想跳过龙门。因为，只要跳过龙门，它们就会从普普通通的鱼变成超凡脱俗的龙了。可是，龙门太高，它们一个个累得精疲力竭，摔打得鼻青脸肿：却没有一个能够跳过去。它们一起向龙王请求，让龙王把龙门降低一些。龙王不答应，鲤鱼们就跪在龙王面前不起来。它们跪了九九八十一天，龙王终于被感动了，答应了它们的要求。鲤鱼们一个个轻轻松松地跳过了龙门，兴高采烈地变成了龙。

不久，变成了龙的鲤鱼们发现，大家都成了龙，跟大家都不是龙的时候好像并没有什么两样。于是，它们又一起找到龙王，说出自己心中

做个有自信
抗挫能力强的男孩

的疑惑。龙王笑道:"真正的龙门是不能降低的。你们要想找到真正龙的感觉,还是去跳那座没有降低高度的龙门吧!"

超越的意义在于挑战自己的极限,改变自己的人生。如果目标的难度和高度已经谈不上什么超越,而是触手可及的东西,那么对自己的人生又有什么帮助呢?每个人的身体里都住着一个魔鬼和一个天使,我们要做的是不被他们任何一个左右。我们要在不降低标准的前提下实现超越,这样的超越才是质的飞跃,才是有益于我们人生的。成功的人生是优质和超越的一连串组合,是需要付出极大的努力的。

第八章
乐观的心态让男孩更容易战胜困难

生活中，一个好的心态，可以使你乐观豁达；一个好的心态，可以使你战胜面临的苦难；一个好的心态，可以使你淡泊名利，过上真正快乐的生活。人类几千年的文明史告诉我们，积极的心态能帮助我们获取健康、幸福和财富。

做个有自信
抗挫能力强的男孩

以积极的心态面对生活

　　心理学家认为,一个人具有什么样的心态,他就可以成为一个什么样的人,就能够拥有一个什么样的人生。事情往往是这样,你相信会有什么结果,就可能会有什么结果。这说明一个人可以通过变更自己的心境来变更自己的生活。

　　伟大的心理学家阿德勒究其一生都在研究人类及其潜能,他曾经宣称他发现人类最不可思议的一种特性——"人具有一种反败为胜的力量"。

　　戴尔·卡耐基讲述了一位叫汤姆森太太的经历,正好印证了这一点。

　　第二次世界大战时,汤姆森太太的丈夫到一个位于沙漠中心的陆军基地去驻防。为了能经常与他相聚,她搬到附近居住,那实在是个可憎的地方,她简直没见过比那儿更糟糕的地方。她丈夫出外参加演习时,她就只好一个人待在那间小房子里。热得要命——仙人掌树荫下的温度高达125华氏度,没有一个可以谈话的人。风沙很大,到处都充满了沙子。

　　汤姆森太太觉得自己倒霉到了极点,觉得自己好可怜,于是她写信给她父母,告诉他们她放弃了,准备回家,她一分钟也不能再忍受了,她宁愿去坐牢也不想待在这个鬼地方。她父亲的回信只有3行,这3句话常常萦绕在她心中,并改变了汤姆森太太的一生:

　　有两个人从铁窗朝外望去,一人看到满地的泥泞,另一个人却看到满天的繁星。她把父亲的这几句话反复念了多遍,忽然间觉得自己很笨,于是她决定找出自己目前处境的有利之处。她开始和当地的居民交朋友。他们都非常热心。当汤姆森太太对他们的编织和陶艺表现出极大的兴趣时,他们会把拒绝卖给游客的心爱之物送给她。她开始研究各式各样的仙人掌及当地植物,试着认识土拨鼠,观赏沙漠的黄昏,寻找300万年以前的贝壳化石。是什么给汤姆森太太带来了如此惊人的变化呢?沙漠没有改变,改变的只是她自己。因为她的态度改变了,正是这种改变使她有了一段精彩的人生经历,她发现的新天地令她既兴奋又刺激。于是她开始着手写一本书,讲述她是怎样逃出了自筑的牢狱,找到了美丽的星辰。

汤姆森太太的故事说明了这样一个朴素的道理:人可以通过改变自己的心境来改变自己的人生。对身处逆境中的人来说更是如此。

著名的思想家爱默生说过:"真正的快乐不见得是愉悦的,它多半是一种胜利。"是的,快乐来自一种成就感,一种超越的胜利,一次用积极心态战胜消极情绪的经历。

身处逆境,积极乐观的人,看什么都是明媚的,而悲观的人看什么都是暗淡的。即使是悲观的人,如果肯动手去创造,也会发现太阳并不总是被乌云遮住的。

企业家卡尔森原是一个身无分文的穷光蛋,但是他从没对自己有一天能成为富翁产生过怀疑。即使在一种十分被动和不利的条件下,他依然能够顽强进取,积极寻找成功的机会。

有一次,卡尔森发现了一个商机。于是他借钱办了一个制造玩具的小沙漏厂。沙漏是一种古董玩具,它在时钟未发明前用来测每日的时辰;时钟问世后,沙漏已完成它的历史使命,而卡尔森却把它作为一种古董来生产销售。

本来,沙漏作为玩具,趣味性不多,孩子们自然不大喜欢它,因此销量很少。但卡尔森一时找不到其他比较适合的工作,只能继续干他的老本行。沙漏的需求越来越少,卡尔森最后只得停产。但他并不气馁,他完全相信自己能够战胜眼前的困难,于是他决定先好好休息,轻松一下,他便每天都找些娱乐,看看棒球赛,读读书,听听音乐,或者领着妻子、孩子外出旅游。但他的头脑一刻也没有停止开拓的思考。机会终于来了,一天,卡尔森翻看一本讲赛马的书,书上写道:"马匹在现代社会里失去了它运输的功能,但是又以高娱乐价值的面目出现。"在这不引人注目的两行字里,卡尔森好像听到了上帝的声音,高兴得跳了起来。他想:"赛马骑用的马匹比运货的马匹值钱。是啊!我应该找出沙漏的新用途!"

就这样,从书中偶得的灵感,使卡尔森精神重新振奋起来,把心思

做个有自信
抗挫能力强的男孩

又全都放到他的沙漏上。经过几天苦苦的思索，一个构思浮现在他的脑海：做个限时5分钟的沙漏，在5分钟内，沙漏里的沙子就会完全落到下面来，把它装在电话机旁，这样打长途电话时就不会超过5分钟，电话费就可以有效地控制了。

想好了后，他就开始动手制作。这个东西设计上非常简单，把沙漏的两端嵌上一个精致的小木板，再接上一条铜链，然后用螺丝钉钉在电话机旁就行了。不打电话时还可以作为装饰品，看它点点滴滴落下来，虽是微不足道的小玩意，却能调剂一下现代人紧张的生活。

担心电话费支出的人很多，卡尔森的新沙漏可以有效地控制通话时间，售价又非常便宜。因此一上市，销路就很不错，平均每个月能售出5万个。这项创新使原本没有前途的沙漏转瞬间成为对生活有益的用品，销量成倍地增加，面临倒闭的小作坊很快变成一个大企业。卡尔森也从一个即将破产的小业主摇身一变，成了腰缠万贯的富豪。卡尔森成功了，赚了大钱，而且是轻轻松松，没费多大力气。可是如果他不是一个心态积极的人，就不会取得这样的成功。

可见，决定一个人成功的因素不只是他的能力，还要看他是否能够始终乐观地看待自己周围的事物，看他在身处逆境时是否依然能够积极乐观地寻找改变逆境的办法。

一位成功学专家说过，你不可以改变一件已经变糟的事情，但你可以选择快乐地对待它，这样，无论你遭遇什么，你都能够在其中发现乐趣。

彼得拿着刚买的一支牛奶冰淇淋，一边走一边吃，感到十分快乐。忽然一不小心，整支冰淇淋掉在了地上，和泥沙混在一起。

彼得愣愣地待在那里，一句话也说不出来，只是睁大了眼睛看着地上的冰淇淋。

这时，有个老太太走过来，对彼得说："好吧，既然你碰到这样坏的遭遇，脱下鞋子，我给你看一件有意思的事情!"

老太太说："用脚踩冰淇淋，重重地踩，看冰淇淋从你脚趾缝隙中冒出来。"彼得照着她的话去做。

老太太高兴地笑："我敢打赌，这里没有一个孩子尝过脚踩冰淇淋的滋味! 现在跑回家去，把这有趣的经验告诉你妈妈。"

接着,老太太说:"要记住!不管遭遇什么,你总可以在其中找到乐趣!"

这件事,使彼得很受启发,他很快学会了这种处世原则。

不久后的一天午后,一场大雨在地面上形成了坑坑洼洼的小水坑。彼得的妈妈带着他,小心翼翼地避开人行道上的积水。不料,一辆计程车从身边疾驶而过,将两人的身上溅满了水。

彼得的母亲很生气,旁边的彼得却兴奋地对妈妈说:"遇水则发,我们要发了。"

正在生气的母亲听到这样可爱的童言稚语,也不禁莞尔一笑,两人快快乐乐地踩着积水回家了。

如果你不满意自己的现状,想力求改变它,那么首先应该改变的是你自己,如果你有了积极的心态,能够积极乐观地改善自己的环境和命运,那么你周围所有的问题都会迎刃而解。

在心里开出快乐的花朵

布雷丝说过,真正的快乐是内在的,它只有在人类的心灵里才能被发现。人是自己心灵的主宰,把负面的情绪从心中扫去,把快乐的阳光迎进来,这样的人生才会有美好的色彩。

有一天,天堂里的上帝和天使们召开了一个会议。上帝说:"我要人类在付出一番努力之后才能找到快乐,我们把人生快乐的秘密藏在什么地方比较好呢?"

有一位天使说:"把它藏在高山上,这样人类肯定很难发现,非得付出很多努力不可。"

做个有自信
抗挫能力强的男孩

上帝听了摇摇头。

另一位天使说:"把它藏在大海深处,人们一定发现不了。"

上帝听了还是摇摇头。

又有一位天使说:"我看哪,还是把快乐的秘密藏在人类的心中比较好,因为人们总是向外去寻找自己的快乐,而从来没有人会想到在自己身上去挖掘这快乐的秘密。"

上帝对这个答案非常满意。从此,这快乐的秘密就藏在了每个人的心中。心理学家指出,每个人都具备使自己快乐的资源,像谦虚、合作精神、积极的态度,还有爱心,这些特质几乎都可以在每个人的身上找到,只是许多人没有把这些"快乐的资源"运用好而已。

快乐之根就在我们身上,快乐的秘密就在我们心中,每个人都可以通过改变自己的思想来改变自己的生活。

玛丽的生活一直非常忙乱,在亚利桑那大学学风琴,在城里开了一所语言学校,还在她所住的沙漠柳牧场上教音乐欣赏的课程。她参加了许多大宴小酌、舞会或在星光下骑马。有一天早上她整个垮了,她的心脏病发作。"你得躺在床上静养一年。"医生对她说。医生居然没有鼓励她,让她相信她还能够健壮起来。

在床上躺一年,做一个废人,也许还会死掉。她简直吓坏了,不知道为什么她会碰到这样的事情。可是她还是遵照医生的话躺在床上。她的一个邻居鲁道夫先生,是位艺术家。他对玛丽说:"你现在觉得要在床上躺一年是一大悲剧,可是事实上不会的。你在思想上的成长,会比你这大半辈子以来多得多。"她平静了下来,开始想充实新的价值观念。她看过很多能启发人思想的书。有一天她听到一个无线电新闻评论员说:"你只能谈你知道的事情。"这一类的话她以前不知道听过多少次,可是现在才真正深入她心里。她决心只想那些她希望能赖以生活的思想——快乐而健康的思想。每天早上一起来,她就强迫自己想一些她应该感激涕零的事情:她没有痛苦,有一个很可爱的小女儿。她的眼睛看得见,耳朵听得到收音机里播着的优美音乐,有时间看书,吃得很好,有很好的朋友。她非常高兴,每天来看她的人多到使医生挂上一个牌子说,她房里每次只许有一个探病的客人,而且只许在某几个钟点里。

从那时候开始，到现在已经有9年了，她过着丰富又很幸福的生活。她非常感激能在床上度过那一年，那是她在亚利桑那州所度过的最有价值、也是最快乐的一年。她现在还保持着当年养成的那种每天早上算算自己有多少得意事的习惯，这是她最珍贵的财产。她觉得很惭愧，因为一直到她担心自己会死去之前，才真正学会怎样生活。

玛丽所学到的这一课正是撒姆耳·约翰博士在200多年前所学到的。"养成快乐的习惯，比每年赚10万英镑更值钱。"

要养成一个快乐的习惯，我们应当努力培养自己乐观的品格，为自己营造追求快乐的环境。

（1）让自己获得更多的友谊。你要创造条件让自己建立起良好的人际关系，学会怎样进行愉快融洽的人际交往。

（2）让自己行使更多的自主权。把握生活中的各种机会，自己决定选择什么不选择什么。

（3）调整好心态。当陷入痛苦或忧虑之中时，可以采取听音乐、阅读、骑自行车或与朋友交谈等方法，让自己从失望中振作起来，尽快恢复愉快的心情。

（4）控制自己的物质占有欲。欲壑难填，当一个人物质占有欲太强，就极有可能"欲火焚身"，因此，应正确对待自己的物质追求，控制自己的物质占有欲。

（5）培养广泛的兴趣和爱好。为自己多寻求、开发良好的兴趣和爱好，积极参加各种有益的活动，就能使自己快乐起来。

除了要养成乐观的习惯之外，我们还应当学会用积极的情绪来代替消极的情绪。心灵上的"杂草"要以"庄稼"来覆盖，那什么是这种庄稼呢？那就是快乐。著名音乐家鲁宾斯坦也曾经遭遇过失败的打击，甚至他还曾经自杀过，幸好没有成功。事后，他反问自己："为什么我要结束生命？"本来人出生时就是一无所有，没有金钱，没有朋友，也没有亲人，什么都没有，就是赤裸裸地来，而再次失去这些，那又有什么好可惜的，得失本无常，何不给自己一片快乐的天空呢？

要不要快乐是自己决定的：生病时可以快乐，穷的时候可以快乐，甚至死的时候也可以快乐，自己为什么要被外在环境所主导呢？从自我

做个有自信
抗挫能力强的男孩

追问那一刻开始,要让自己活得快乐,就算没有钱或是永远被人瞧不起,还是要保持快乐。

快乐绝对不是有钱人、聪明人、权势人的权利,也许我们很穷、也不聪明、地位更不高,但这并不妨碍我们体验"自己能拥有的快乐"。生命是乐、生活是乐、生气是乐,贫穷也是乐,一切随缘而乐,但看自己能否体验、享受任何时刻所面对的乐趣。只要你愿意,快乐唾手可得;只要你愿意,生活中任何地方、任何时间都有快乐。

人生之路不会是一路平坦,一定会有坎坷。人生低潮、不如意、有变化的时候,你也可以把它看成另一种快乐的埋藏处,有变化生活才有美丽,只要你愿意,快乐就会永远伴随你。把消极的情绪从心中消除出去,为心灵播下快乐的种子,这样你的人生才会充满快乐。

做一个心中有希望的男孩

成功学大师拿破仑·希尔说:"没有任何东西能够换取希望对于人的价值。当面对失败的时候,当面对重大灾难的时候,我们都应该将人生寄托于希望,希望能够使我们淡忘自己的痛苦,为我们汲取继续走向成功的力量。"

在一个偏僻的村落里,有一位历尽沧桑的老人。由于命运的安排,她几乎经历了一个女人所能遭遇的一切不幸。然而她却用一颗满盛着希望的心灵演绎了一个幸福美丽的人生。18岁时,她嫁给了邻村的一个生意人,可刚结婚不久,丈夫外出做生意,便一去不返。有人说他死在了响马的枪下,有人说他是病死他乡了,还有传说他被一家有钱人招了养老女婿。当时,她已经怀上了孩子。

丈夫不见踪影几年以后，村里人都劝她改嫁。没有了男人，孩子又小，这寡居生活到什么时候是个头？她没有走。她说丈夫生死不明，也许在很远的地方做了大生意，没准哪一天发了大财就回来了。她被这个念头支撑着，带着儿子顽强地生活着。她甚至把家里整理得更加井井有条。她想，假如丈夫发了大财回来，不能让他觉得家里这么窝囊寒酸。

这样过去了十几年，在她儿子17岁的那一年，一支部队从村里经过，她的儿子跟部队走了。儿子说，他到外面去寻找父亲。

不料儿子走后又是音信全无。有人告诉她说儿子在一次战役中战死了，她不信，一个大活人怎么能说死就死呢？她甚至想，儿子不仅没有死，还做了军官，等打完仗，天下太平了，就会衣锦还乡。她还想，也许儿子已经娶了媳妇，给她生了孙子，回来的时候是一家人了。

尽管儿子依然杳无音信，但这个想象给了她无穷的希望。她是一个小脚女人，不能下田种地，她就做绣花线的小生意，勤奋地奔走四乡，积累钱财。但她要挣些钱把房子翻盖了，等丈夫和儿子回来的时候住。

有一年她得了大病，医生已经判了她死刑，但她最后竟奇迹般地活了过来，她说，她不能死，她死了，儿子回来到哪里找家呢？

这位老人一直在村里健康地生活着，过了百岁的年龄，她依然还做着她的绣花线生意，她天天算着，她的儿子生了孙子，她的孙子也该生孩子了。这样想着的时候，她那布满皱褶与沧桑的脸上，即刻会变成像绣花线一样绚烂多彩的花朵。

希望在任何时候都是一种支撑生命的力量。如果我们不放弃心中的希望，那么苦难都会被我们克服。第二次世界大战时期，在纳粹集中营里，一个叫安的犹太女孩写过这样一首诗：

这些天我一定要节省，虽然我没有钱可节省

我一定要节省健康和力量，足够支持我很长时间

我一定要节省我的神经、我的思想、我的心灵和我精神的火

我一定要节省流下的泪水

我需要它们安慰我

我一定要节省忍耐，在这些风暴肆虐的日子

在我的生命里我有那么多需要

做个有自信
抗挫能力强的男孩

情感的温暖和一颗善良的心

这些东西我都缺少

这些我一定要节省

这一切，上帝的礼物，我希望保存

我将多么悲伤

倘若我很快就失去了它们

即使在随时都可能死去的时候，安仍然热爱着生命。她节省泪水，节省精神之火，用稚嫩的文字给自己弱小的灵魂取暖，用坚韧的希望照亮黑暗的角落。

很多人在绝望中死去，而这个当时只有 12 岁的小女孩安，终于等到了二战结束，看见了新生的曙光。

希望是什么？是引爆生命潜能的导火索，是激发生命激情的催化剂。每天给自己一个希望，我们将活得生机勃勃、激昂澎湃，哪里还有时间叹息、悲哀，将生命浪费在一些无聊的小事上呢？

每天给自己一个希望，我们就能够充满士气地面对自己的生活，而不是将时间花费在无尽的悲哀和苦闷上，生命有限但希望无限，每天给自己一个希望，我们就能够拥有一个丰富多彩的人生。

有一位医生医术精湛，生活幸福美满，但不幸的是，在某一天，身体一向很健康的他却被诊断患有癌症。这对他可谓当头一棒。他一度情绪低落。最终他不但接受了这个事实，而且他的心态也为之一变，变得更宽容、更谦和、更懂得珍惜所拥有的一切。在勤奋工作之余，他从没有放弃与病魔搏斗。就这样，他平安度过了好几个年头。有人惊讶于他的事迹，究竟是什么神奇的力量在支撑着他。这位医生笑盈盈地答道："是希望，几乎每天早晨，我都给自己一个希望，希望我能多救治一个病人，希望我的笑容能温暖每个人。"这位医生不但医术高明，做人的境界也很崇高。

希望来自于一颗乐观豁达的心，心怀希望的人，无论自己面临多么恶劣的环境，都能够对未来充满希望。

在美国有一所小学，据统计，该校毕业生在当地警察局的犯罪记录很低，这是为什么？一位研究者通过对该校毕业生的问卷调查，得到了一个奇怪的答案——因为该校的学生都知道铅笔有多少种用途。

在这所学校，新生入学后接受的第一堂课就是：一支铅笔有多少种用途。在课堂上，孩子们明白了铅笔不仅有写字这种最普通的用途，必要时还能用来做尺子画线；作为礼品送人表示友爱；当作商品出售获得利润；笔芯磨成粉后可做润滑粉；演出时也可临时用于化妆；削下的木屑可以做成装饰画；一支铅笔按相等的比例锯成若干份，可以做成一副象棋，可以当作玩具车的轮子；在野外探险时，铅笔抽掉芯还能被当成吸管喝石缝中的泉水；在遇到坏人时，削尖的铅笔还能当作自卫的武器……

通过这一课，学生们懂得了：拥有眼睛、鼻子、耳朵、大脑和手脚的人更是有无数种用途，并且任何一种用途都足以使一个人生存下去。这种教育的结果是，从这所学校毕业的学生，无论他们的处境如何，都生活得非常快乐，因为他们永远对未来充满希望。

一支小小的铅笔有无数种用途，它可以用来画线，做礼品，做润滑粉，甚至还可以用来自卫。同样，我们身体的每一个部分比如眼睛和耳朵也有许多用途，任何一种用途都可让我们生存下去。明白了这个道理，无论处境如何，我们都可以保持积极乐观的心态。

用积极的心理暗示给自己鼓劲

约翰·伍登在自己40年的教练生涯中，他所带领的高中和大学球队获胜的概率在80%以上，在全美12年的篮球年赛当中，他所带领的球队曾替加州大学洛杉矶分校赢得10次全国总冠军。如此辉煌的成绩，使伍登成为大家公认的有史以来最称职的篮球教练之一。

做个有自信
抗挫能力强的男孩

曾经有记者问他:"伍登教练,请问你如何保持这种积极的心态?"

伍登很愉快地回答:"每天我在睡觉以前,都会提起精神告诉自己:我今天的表现非常好,而且明天的表现会更好。"

"就只有这么简短的一句话吗?"记者有些不敢相信。

伍登惊讶地问道:"简短的一句话?这句话我可是坚持了20年,重点和简短与否没关系,关键是在于你有没有持续去做,如果无法持之以恒,就算是长篇大论也没有帮助。"

伍登教练不仅在工作中时刻保持积极的心态,在生活中他也是一个积极乐观的人。例如有一次他与朋友开车到市中心,面对拥挤的车潮,朋友感到不满,继而频频抱怨,但伍登却欣喜地说:"这里真是个热闹的城市。"

朋友好奇地问:"为什么你的想法总是异于常人?"

伍登回答说:"一点都不奇怪,我是用心里所想的事情来看待,不管是悲是喜,我的生活中永远都充满机会,这些机会的出现不会因为我的悲或喜而改变,只要不断地让自己保持积极的心态,我就可以掌握机会,激发更多的潜在力量。"

积极的心态能够催人上进,激发人潜在的力量。时刻鼓励自己,给自己积极的暗示,有助于我们走出困境,保持积极进取的精神。

有两个人到外地打工,一个去上海,一个去北京。可是在候车厅等车时又都改变了主意。因为邻座的人议论说,上海人精明,外地人问路都收费;北京人质朴,见吃不上饭的人,不仅给馒头,还送旧衣服。去上海的人想,还是北京好,挣不到钱也饿不死,幸亏车还没到,不然真掉进了火坑。

去北京的人想,还是上海好,给人带路都能挣钱,还有什么不能挣钱的?我幸亏还没上车,不然真失去一次致富的机会。

于是,他们在退票处相遇了,互相换了票。原来要去北京的得到了上海的票,去上海的得到了北京的票。

去北京的人发现,北京果然好。他初到北京一个月什么也没干,竟然没有饿着。不仅银行里的纯净水可以白喝,而且大商场里欢迎品尝的点心也可以白吃。

去上海的人发现，上海果然是个可以发财的城市，干什么都可以挣钱。带路可以赚钱，开厕所可以赚钱，弄盆凉水让人洗脸可以赚钱。只要想点办法，再花点力气都可以赚钱。凭着乡下人对泥土的感情和认识，第二天，他在建筑工地装了10包含有沙子和叶子的土，以"花盆土"的名义，向不见泥土而爱花的上海人兜售。当天他在城郊间往返数次，就净赚了50元钱。一年后，凭着"花盆土"，他竟然在大上海拥有了一间小小的门面。

在常年的走街串巷中，他又有了一个新的发现：一些商店楼面亮丽而招牌较黑，一打听才知道清洁公司只负责洗楼而不洗招牌。他立即抓住这一空当，买了梯子、水桶和抹布，办起一个小型清洁公司，专门负责擦洗招牌。如今他的公司已有200多个业务员，业务也由上海发展到杭州和南京，自己做起了老板。

不久前，他坐火车去北京考察清洁市场。在北京车站，当他要把喝空了的饮料罐丢进垃圾桶时，一个捡破烂的人把手伸了过来，向他要饮料罐。就在递罐时，两人都愣住了，因为5年前，他们曾经换过一次票。

积极心态导向成功的人生，消极心态只能给人带来失败和沮丧。心理学家认为，任何人都能拥有积极的心态，乐观的精神。天生悲观或者正深陷消极情绪的人，通过学习以及自我调控也能拥有乐观积极的心态。首先，你要学会控制情绪反应。留意并积累生活和工作中的各种经验，尽量使它们都能带给你正面情绪。你还可以有意识地结交心态积极乐观的人，像他们一样养成从任何事中寻找事物积极因素的习惯，直到它成为你的本能。

思维方式也是有惯性的，也许开始时，你需要勉强自己才能做到乐观。但当这种思考方式养成习惯时，你就能自然而然地变成一个积极开朗的人，总能看到事情光明的一面。

乐观的人，凡事都会往好处想，他们的生活也会因此而充满了快乐和希望。悲观的人看不到生活中积极和光明的一面，他们的生活也因为自己这些消极的想法而变得黯淡无光。

中国有一位著名的国画画家俞仲林擅长画牡丹。

有一次某人慕名买了一幅他亲手所绘的牡丹，回去以后，很高兴地挂在客厅。

此人的一位朋友看到了，大呼不吉利，因为这朵花没有画全，缺了一部分，而牡丹代表富贵，缺了一角，岂不是"富贵不全"吗？

此人一看也大为吃惊，认为牡丹缺了一角总是不妥，拿回去预备请俞仲林重画一幅。俞氏听了他的理由，灵机一动，告诉这个买主，牡丹代表富贵，所以缺了一角，不就是"富贵无边"吗？

那人听了俞氏的解释，高高兴兴地捧着画回去了。

同样一件事情，角度不同、看法不同，就会产生不同的认知。让我们凡事多往好处想，以至于少生烦恼、苦闷，而多有喜乐、平安。

幸与不幸其实只是想法上的问题。一般来说，感到幸福的人，通常都以一种乐观的态度来面对事物。相对的，感到不幸的人通常都抱着悲观的态度。事情往往还没有发生，他们就会在脑海中预想坏的结果。

看得宽，很多事情都"不要紧"

一天，一位老教授在王丽的班上说："我有句三字箴言要奉送各位，它对你们的学习和生活都会大有帮助，而且可使人心境平和，这3个字就是'不要紧'。"

王丽领会到了那句三字箴言所蕴含的智慧，于是便在笔记簿上端端正正地写下了"不要紧"3个大字。她决定不让挫折感和失望破坏自己平和的心境。

后来，她的心态遭受考验。她爱上了英俊潇洒的李刚，他对她很要紧，王丽确信他是自己的白马王子。

可是有一天晚上，李刚却温柔婉转地对王丽说，他只把她当作普通朋友。王丽以他为中心构想的世界当时就土崩瓦解了。那天夜里王丽在卧室里哭泣时，觉得记事簿上的"不要紧"那几个字看来很荒唐。"要紧得很，"她喃喃地说，"我爱他，没有他我就不能活。"

但第二日早上王丽醒来再看到这3个字之后，就开始分析自己的情况：到底有多要紧？李刚很要紧，自己很要紧，我们的快乐也很要紧。但自己会希望和一个不爱自己的人结婚吗？

日子一天天过去了，王丽发现没有李刚，自己也可以生活。王丽觉得自己仍然能快乐，将来肯定会有另一个人进入自己的生活，即使没有，她仍然能快乐。

几年后，一个更适合王丽的人真的来了。在兴奋地筹备婚礼的时候，她把"不要紧"这3个字抛到九霄云外。她不再需要这3个字了，她觉得以后将永远快乐，她的生命中不会再有挫折和失望了。

然而，有一天，丈夫和王丽却得到了一个坏消息：他们曾经投资做生意的所有积蓄，全部赔掉了。

丈夫把信念给王丽听了之后，她看到他双手扶着额头。她感到一阵凄酸，胃像扭作一团似的难受。王丽又想起那句三字箴言："不要紧。"她心里想："真的，这一次可真的是要紧！"

可是就在这时候，儿子用力敲打他的积木的声音转移了王丽的注意力。儿子看见妈妈看着他，就停止了敲击，对她笑着，那副笑容真是无价之宝。王丽把视线越过他的头望出窗外，在院子外边，王丽看到了生机盎然的花园和晴朗的天空。她觉得自己的胃顿时舒展，心情也恢复了。于是她对丈夫说："一切都会好起来的，损失的只是金钱。实在'不要紧'。"生活中有很多突发的变故，会给我们的心灵带来巨大的压力，很多人会因为这些压力而变得一蹶不振，甚至会因此而失去生活的勇气。事实上，很多问题并不像我们想象得那么严重，面对这些人生的狂风暴雨，如果我们能够尝试着对自己说"不要紧"，时刻保持积极的心态，那么这些人生困难最终都将过去。

有一天，唐娜接到国防部的电报，说她的侄儿——她最爱的一个人，在战场上失踪了。

做个有自信
抗挫能力强的男孩

唐娜的心一下子就悬了起来，原本开朗达观的她变得焦虑不安，茶饭不思。过了不久，她又接到了阵亡通知书。接到通知书的那一刻，她觉得自己的整个世界都塌陷了。

在此之前，唐娜一直觉得命运对自己很好。她说："伟大的上帝赐给我一份喜欢的工作，又让我顺利地抚养大了相依为命的侄儿。在我看来，我侄儿代表着年轻人美好的一切。我觉得我以前的努力，现在都应该有很好的收获……"

然而，现在却来了这样一份电报，她的整个世界都被粉碎了，她觉得再也没有什么值得让自己活下去的了，她找不到继续生存下去的借口。她开始忽视她的工作，忽视她的朋友，她抛开了生活的一切，对这个世界既冷淡又怨恨。"为什么我最爱的侄儿会死？为什么这么个好孩子刚刚开始他的生活时就离开了这个世界？为什么他会死在战场上？"她觉得自己没有办法接受这个事实。她悲伤过度，决定放弃工作，离开家乡，把自己藏在眼泪和悔恨之中。就在她清理桌子准备辞职的时候，突然看到一封她已经忘了的信——一封她的侄儿生前寄来的信，当时，他的母亲刚刚去世。侄儿在信上说："当然我们都会想念她的，尤其是你。不过我知道你会平静度过的，以你个人对人生的看法，就能让你坚强起来。我永远不会忘记那些你教给我的美丽的真理。不论我在哪里生活，不论我们分离得多么遥远，我永远都会记得你的教导。你教我要微笑面对生活，要像一个男子汉，要承受一切发生的事情。"

唐娜把那封信读了一遍又一遍，觉得侄儿就在自己的身边，正在对自己说话。他好像在对自己说："你为什么不照你教给我的办法去做呢？坚持下去，不论发生什么事情，把你个人的悲伤藏在微笑下面，继续生活下去。"

侄儿的信为唐娜带来了很大的安慰和鼓舞，她不再对周围的一切充满敌视，不再对别人的冷淡无礼，她又像以前那样充满希望地投入工作中去了。她一再对自己说："事情到了这个地步，我没有能力改变它，不过我能够像他所希望的那样继续活下去。"

唐娜把所有的思想和精力都用在工作上，她写信给前方的士兵——别人的儿子们；晚上，她参加成人教育班——要找出新的兴趣，结交新的朋友。她几乎不敢相信发生在自己身上的种种变化。她说:"我不再为已经过去的那些事悲伤,现在我每天的生活都充满了快乐——就像我的侄儿要我做到的那样。"

问题的关键不在于发生了什么事情,而在于我们怎样看待发生在自己身上的事情。

无论发生了什么事情,你都必须接受既定的事实,把个人的悲伤掩藏在微笑下面,平静地继续生活,因为无论发生多么难以承受的事情,随着时间的推移都会变得微不足道,无论多么深的痛苦和挫折,这一切都会成为过去。

把事情往好处想

乐观的人,凡事都会往好处想,他们的生活也会因此而充满了快乐和希望。悲观的人看不到生活中积极和光明的一面,他们的生活也因为自己这些消极的想法而变得暗淡无光。

18岁的英格丽·褒曼梦想成为一名备受瞩目的大明星,这一次,机会来了,她收到了皇家戏剧学校的面试通知。

进入考场后,英格丽·褒曼一丝不苟地表演着精心准备的小品。但无意中朝评判席上的一瞥,使她大失所望。

她看到评判员们在漫不经心地聊天,说笑着,比画着,一点儿也没有在意她的表演。英格丽·褒曼绝望了,甚至连后面的台词也忘掉了。

忽然,她听到一位评委说:"好了好了,谢谢你,小姐!下一个……"

英格丽·褒曼脑海里一片空白,眼前的世界一下子模糊了。

做个有自信

抗挫能力强的男孩

她走到一条河边,想在那里结束自己的生命,但因为河水太脏,臭气熏天,最后动摇了。第二天,她收到了皇家戏剧学校的录取通知书。

若干年后,英格丽·褒曼与那位评委邂逅。

说起当年的情景,那位评委立即瞪大眼睛:"真是天大的误会!那天你一上台,我们就一致认为你被选中了。你是那么自信,我们都很欣赏你的台风。我对另外几个评委说:'好了,别浪费时间了,叫下一个吧。'"

事情往往并不像我们想象得那么糟,有时候我们只需要停下来,弄清事情的真相,就会发现原来是自己过于悲观,把事情想得太坏了。而拥有快乐和成功生活的秘诀就是凡事多往好处想,以一种乐观的态度对待所有生活中已发生或未发生的事情。

丹麦著名的童话大师安徒生写过这样一个故事:

在一个偏僻的乡下住着一对清贫的老夫妇,有一天他们想把家中唯一值点钱的一匹马拉到市场上,去换点更有用的东西。老头牵着马去赶集,他先与人换得一头母牛,又用母牛换了一只羊,再用羊换来一只肥鹅,又把鹅换了母鸡,最后用母鸡换了别人的一大袋烂苹果。在每次交换中,他都想给老伴一个惊喜。

当他扛着大袋子来到一家小酒店歇息时,遇上两个英国人。闲聊中他谈了自己赶集的经过,两个英国人听后哈哈大笑,并且说他回去准得挨老婆子一顿揍。老头子坚称绝对不会,英国人就用一袋金币打赌,三人于是一起回到老头子家中去验证。

老太婆见老头子回来了,非常高兴,她兴奋地听着老头子讲赶集的经过。每听老头子讲到用一种东西换了另一种东西时,她都充满了对老头子的钦佩。

她嘴里不时地说着:"哦,我们有牛奶喝了!"

"羊奶也同样好喝!"

"哦,鹅毛多漂亮!"

"哦,我们有鸡蛋吃了!"

最后听到老头子背回一袋已经开始腐烂的苹果时,她同样不愠不恼,大声说:"我们今晚就可以吃到苹果馅饼了!"

结果，英国人输掉了一袋金币。

生活中难免会遇到一些不如意、不顺心的事情，但我们不应当因此而惋惜或埋怨生活，或让自己沉湎于痛苦之中，而是应当像文中的老太婆一样，笑着面对现实，只有这样，你的生活才会时常有惊喜出现。

小王还是单身汉的时候，和几个朋友一起住在只有七八平方米的小屋里。尽管生活非常不便，但是，他一天到晚总是乐呵呵的。

有人问他："那么多人挤在一起，连转个身都困难，有什么可乐的？"

小王说："朋友们在一起，随时都可以交换思想，交流感情，这难道不是很值得高兴的事吗？"

过了一段时间，朋友们一个个相继成家，先后搬了出去。屋子里只剩下小王一个人，但是他每天仍然很快活。

那人又问："你一个人孤孤单单的，有什么好高兴的？"

"我有很多书啊！一本书就是一个老师。和这么多老师在一起，时时刻刻都可以向它们请教，这怎能不令人高兴呢？"

几年后，小王也成了家，搬进了一座大楼里。这座大楼有7层，他的家在底层。底层在这座楼里环境是最差的，上面老是往下面泼污水、丢死老鼠、破鞋子、臭袜子和杂七杂八的脏东西，那人见他还是一副自得其乐的样子，好奇地问："你住这样的房子，也感到高兴吗？"

"是呀！你不知道住一楼有多少妙处啊！比如，进门就是家，不用爬很高的楼梯；搬东西方便，不必费很大的力气；朋友来访容易，用不着一层楼一层楼去叩门询问……特别让我满意的是，可以在空地上养一丛一丛的花，种一畦一畦的菜，这些乐趣呀，数之不尽啊！"小王情不自禁地说。

过了一年，小王把一层的房间让给了一位朋友，这位朋友家有一个偏瘫的老人，上下楼很不方便。他搬到了楼房的最高层——第七层，可是他每天仍是快快乐乐的。

那人揶揄地问："先生，住七楼是不是也有许多好处呀？"

小王说："是啊，好处可真不少呢！举几个例子吧：每天上下几次，这是很好的锻炼机会，有利于身体健康；光线好，看书写文章不伤眼睛；

没有人在头顶干扰,白天黑夜都非常安静。"

生活中不如意的事很多,如果你总是因为这些事情而担忧的话,那么你永远也不会有快乐的时候。因此,当自己处境不好的时候,不妨想想小王的做法,凡事多往好处想想,或许你就会轻松快乐起来。

不悲观,不让怨气滋生

被自己情绪摆布的人是不可能成为一个有建树的成功人士的。我们的周围就有一些聪明多智的人,要是他不被自己的情绪所支配,他一定可以成就一番大事业。

这样的人心情好时,乐观通达,所从事的事业也会取得显著进展。但一旦"忧郁"或遇有不顺心之事时,他的一切标准都降低了;他悲观失望时,从事的一切事情都会招致失败。他会反对他同伴提出的包括开支在内的每一个建议。他想削减开支,隔绝广告,拒绝帮助。但是,也许就在第二天,如果他的心情好转,则会选择完全相反的道路。他就这样玩跷跷板,或上或下,他是他情绪的牺牲品,他是他变幻莫测性情的奴隶。如果他陷入绝望,如果他沮丧,如果他不抵制他的低落情绪并设法克服它,那么,直到他的浩然之气充分复原到足以摆脱一切障碍,直到他的心态变得积极,直到他重又变得正常、充满生机活力和快乐之前,他都会屈从于这种变化无常性情的影响。

沮丧使人不能做出正确的判断。人愁眉不展时极易干出各种各样的蠢事来。一些人为了筹钱,他们变卖家产,做出了一些极为荒谬的事情。他们之所以要筹钱,因为他们担心,如果手中没有一笔款项,他们在生意上可能会遇到麻烦，而事实上此种担忧纯粹是捕风捉影的缘故。一旦你才穷智尽，不知所措和不知该走向何方时，你就面临危险了，因为你没有心情筹划任何事情，你也无心尽力做好任何事。在你头脑清醒时，你应当早做计划，尽早安排。

当一个人焦虑、怀疑或沮丧时，不可能正确判断，也不可能利用好的观念意识。合理的判断来源于有效运转的头脑，来源于未被扰乱的清晰的思维。当你处于担忧或焦虑状态时，绝不要随意行事。当你思维清晰、头脑清醒时，执行你的计划，贯彻你早已制定的行动路线。人们担忧时，精神涣散，不可能有效地集中注意力。对有效的思维而言，心平气和、镇定自若、情绪稳定、气定神闲是绝对不可少的。

许多人之所以在世上取得骄人成就，一个重要的原因就是，他们在无心决定任何事情的时候，他们担心将来会有麻烦的时候，他们害怕将来会遭受巨大损失的时候，他们担心将来会遭遇金融恐慌的时候——就是在这些不宜做决定的时候，他们绝不草率地在一些重要事情上做出决定。在这种情形下做事，绝不可能将事情办好。智慧是我们在十万火急的情况下所渴盼的东西，智慧仅仅源自于清醒的头脑和冷静、清晰的思维。

有这样一些人，他们头脑通常都很冷静，但是，一旦他们沮丧、郁闷时，一旦他们的头脑阴云密布，糊里糊涂而不能冷静、清晰积极地思维时，他们就会在此种心境下鲁莽从事，干出一些最愚蠢的事情来。

一个人面临麻烦或面临紧急情况之时往往也就是需要他头脑清醒、思维清晰和正确判断的时候。如果在此种情况下，一旦你觉得恐惧或忧虑缠身时，你绝对不可以决定重大事情。但是你应该立即中止这种状态，你应当以相反的思维或心情来整治它。比如想象你已经心平气和、镇定自若。务必控制住自己，使自己的心态平和，然后你才能头脑冷静，明智地把事情办好。在心乱如麻、忧虑、焦躁不安时，绝不要从事一些重要的事情。

在生活中，不要根据你当时面临的那些小小的困难而评估你的未来，使你今天陷入黑暗的阴云明天就会消散。一定要学会用宽广的眼光看待人生，一定要学会正确评价事物。

做个有自信抗挫能力强的男孩

绝大多数人往往是他们自己最顽固的敌人。我们的那些有害的不良想法和不好的情绪，无时无刻不在"破坏"我们的快乐生活。所有事情都取决于我们的勇气，取决于我们对自己的信心，取决于我们是否有一个乐观和满怀憧憬的信念。然而，每当遇有不顺心之事时，每当情绪低落或经历不愉快之事时，每当遇到损失或不幸时，我们总是让这些令人泄气的想法和怀疑、忧虑、沮丧情绪，腐蚀我们的头脑，使我们也许经过数年的努力才获得的工作成果毁于一旦。我们只得重新开始。我们大多数人的工作就像井底之蛙。我们向上爬，仅仅只为往后退，因此，就这样失去了我们曾经努力得到的一切。

我们何时才能懂得这些毫无用处的、极具破坏性的想法乃是我们的大敌呢？烧毁一座历经数年才建起来的房子仅仅需要几分钟。仅仅只需一笔就能毁掉画家画了数年才画出来的一幅画。同样，愤怒、嫉妒、悲伤、忧郁、担忧这些极具破坏力的情感也能毁掉我们画了数年的人生大画卷。

人并非注定要成为他情感的奴隶或他喜怒无常心情的牺牲品，在关于人是否能履行他作为人的义务或人是否能执行他的人生计划这样的问题上，人也并非必须要求教于他的情感。人类生来就要主宰、统治，生来就要成为他自己和他环境的主人。

对一个思维受到过良好训练的人来说，完全能迅速地驱散他心头最浓密的"忧郁"阴云。

思维的艺术在于学会清除思想的敌人，在于学会清除那些使我们不幸福的敌人，在于学会清除那些阻碍我们成功的敌人。学会专注于真、善、美的事物而非假、恶、丑的事物，学会专注于和谐而非混乱不堪的事物，学会专注于健康而非疾病等，这真是一件了不起的事情，要做到这些，并不总是一件容易的事，但对每个人来说，则是可能做到的事。它只需一点思维的艺术，这种思维的艺术能使人形成正确思维的习惯。

如果你断然拒绝这些剥夺你幸福的忧伤和沮丧，如果你因为明了忧伤和沮丧乘虚而入而紧守自己的门户，将它们拒之门外，那么，忧伤、沮丧将会离你远远的。

要使生命没有黑暗，最好的办法就是使生命充满阳光；要避免混乱，就得追求和谐；要使头脑戒绝错误，就得使头脑充满真知；要远离邪恶，就得多多思索美好可爱的事物；要摆脱一切讨厌和不健康的东西，就必须得深思一切怡人和有益健康的事情。不同的思想不可能同时占据一个头脑。

我们应当尽早养成抹掉我们头脑里一切讨厌的、不健康的、与死有关的思想。我们应当从我们的思想长廊里抹去一切混乱的印象，代之以和谐、使人振奋、提神醒脑的东西。

多看生活中的光明面

性格乐观的人，无忧无虑，乐观大方，还有点儿大大咧咧。他们是"快乐天使"，从不知道忧愁为何物。即使在最不利的情况下，他们也能平静面对，保持一种十分乐观的、积极的心态。

这种类型的人好比森林里快乐的鸟，整天欢笑、歌唱，散发出一种令人心动的气息。无论他们走到哪里，都会在周围掀起一股活泼向上的热潮，他们总是以一种愉快的口吻与别人谈话，常常向别人伸出热情有力的双手；他们远远地就向人们打招呼，于是人们也举手向他们打招呼；他们向人们微笑，人们也不由自主地报之以友好的微笑；别人烦恼的时候，他们会给别人寻找快乐的事情，于是别人也跟着一起快乐。总之，他们从来不掩饰自己，也不压抑自己，一切都是那么自然、那么无拘无束，人们都喜欢与他们在一起。

英国作家萨克雷有句名言："生活是一面镜子，你对它笑，它就对你笑；你对它哭，它也对你哭。"如果我们心情豁达、乐观，我们就能够

做个有自信
抗挫能力强的男孩

看到生活中光明的一面，即使在漆黑的夜晚，我们也知道星星仍在闪烁。一个心境健康的人，就会思想高洁、行为正派，就能自觉而坚决地摒弃肮脏的想法，不与邪恶者为伍。我们既可能坚持错误、执迷不悟，也可能相反，这都取决于我们自己。这个世界是我们自己创造的，因此，它属于我们每一个人，而真正拥有这个世界的人，是那些热爱生活、拥有快乐的人。也就是说，那些真正拥有快乐的人才会真正拥有这个世界。

性格对于一个人的生活有着极为重要的影响。性格好的人总能看到生活中好的东西，对这种人来说，根本就不存在什么令人伤心欲绝的痛苦，因为他们即便在灾难和痛苦之中也能找到心灵的慰藉，正如在最黑暗的天空中心灵总能或多或少地看见一丝亮光一样。尽管天上看不到太阳，重重乌云布满了天空，但他们还是知道太阳仍在乌云上，太阳的光线终究会照到大地上来。

这种使人愉悦的性格不会遭人嫉妒。具有这种性格的人，他们的眼里总是闪烁着愉快的光芒，他们总显得欢快、达观、朝气蓬勃。他们的心中总是充满阳光。当然，他们也会有精神痛苦、心烦意乱的时候，但他们不同于别人的就是他们总是愉快地接受这种痛苦，没有抱怨，没有忧伤，更不会为此而浪费自己宝贵的精力，而是拾起生命道路上的花朵，奋勇前行。

具有乐观、豁达性格的人，无论在什么时候，他们都感到光明、美丽和快乐的生活就在身边。他们眼睛里流露出来的光彩使整个世界都溢彩流光。在这种光彩之下，寒冷会变成温暖，痛苦会变成舒适。这种性格使智慧更加熠熠生辉，使美丽更加迷人灿烂。那种生性忧郁、悲观的人，永远看不到生活中的七彩阳光，春日的鲜花在他们的眼里也顿时失去了娇艳，黎明的鸟鸣变成了令人烦躁的噪音，无限美好的蓝天、五彩纷呈的大地都像灰色的布幔。在他们眼里，创造仅仅是令人厌倦的、没有生命和没有灵魂的苍茫空白。

尽管愉快的性格主要是天生的，但正如其他生活习惯一样，这种性格也可以通过训练和培养来获得或得到加强。我们每个人都可能充分地享受生活，也可能根本就无法懂得生活的乐趣，这在很大程度上取决于我们从生活中提炼出来的是快乐还是痛苦。我们究竟是经常看到生活中光明的一面还是黑暗的一面，这在很大程度上决定着我们对生活的态度。任何人的生活都是两面的，问题在于我们自己怎样去审视生活。我们完全可以运用自己的意志力量来做出正确的选择，养成乐观、快乐的性格，而不是相反。乐观、豁达的性格有助于我们看到生活中光明的一面，即使在最黑暗的时候也能看到光明。

聪明的人往往是处在一些烦恼的环境中，而且自己能够寻找快乐。因烦恼本身是一种对已成事实的盲目的、无用的怨恨和抱憾，除了给自己心灵一种自我折磨外，没有任何积极的意义。为了不让烦恼缠身，最有效的方法是正视现实，摒弃那些引起你烦恼不安的幻想。世界上不存在你完全满意的工作、配偶和娱乐场地，不要为寻找尽善尽美的道路而挣扎。实际上，并不是所有在生活中遭受磨难的人，精神上都会烦恼不堪。相信很多人对生活的磨难，不幸的遭遇，往往是付之一笑，看得很淡；倒是那些平时生活安逸平静、轻松舒适的人，稍微遇到不如意的事情，便会大惊小怪起来，引起深深的烦恼。这说明，情绪上的烦恼与生活中的不幸并没有必然的联系。生活中常碰到的一些不如意的事情，这仅仅是可能引起烦恼的外部原因之一，烦恼情绪的真正病源，应当从烦恼者的内心去寻找。大部分终日烦恼的人，实际上并不是遭到了多大的个人不幸，而是在自己的内心素质和对生活的认识上，存在着某种缺陷。因此，当受到烦恼情绪袭扰的时候，就应当问一问自己为什么会烦恼，从内在素质方面找一找烦恼的原因，学会从心理上去适应你周围的环境。

不管你生活中有哪些不幸和挫折，你都应以欢悦的态度微笑着对待生活。人与人之间只有很小的差异，但这种很小的差异却往往造成了巨大的差异！很小的差异就是所具备的心态是积极的还是消极的，巨大的差异就是成功与失败。

生活中，失败平庸者多，主要是心态有问题。遇到困难，他们总是挑选容易的倒退之路。"我不行了，我还是退缩吧。"结果陷入失败的深渊。成功者遇到困难，仍然保持积极的心态，用"我要！我能！""一定有办法"等积极的意念鼓励自己，于是便能想尽办法，不断前进，直至成功。

积极的心态和乐观的性格是可以培养的。为了培养积极的心态和乐

做个有自信
抗挫能力强的男孩

观的性格，你可以从以下几方面努力。

(1) 经常清除消极思想。

在我们的日常生活中，我们必须每日清除心里的莠草。要常常怀抱乐观，如果你光看到自己生命中的灰暗面，强调各种可能的困难，那你就把自己置于消极的心态中。你应该尽快清除无用的消极杂草，回到积极的心态中去。

(2) 远离思想消极的人。

你周围的人并不完全一样，有的是消极的，但有的是积极的。有的是不得已而工作，而有的是胸怀大志，为进步而工作。有的同事贬低领导所说的一切、所做的一切，有的则能客观地看问题，而且充分认识到那些居于要职的领导人过去一定是优秀的人才。

在我们的周围，总有那么一些小人，他们意识到自己的无能，因而千方百计地想成为你前进道路上的绊脚石，阻碍你前进，许多有识之士，因争取创造更大效益，生产更多产品而受到冷嘲热讽，甚至受到威胁。让我们正视这些小人！他们有的出于嫉妒想让你难堪，原因是你想进步。

远离这些思想消极的小人，多与思想积极的成功人士交流，你会因此而更加积极有为！

(3) 使用自我暗示的语句。

在生活中，要有意识地改变你的习惯用语。

不要说"我真累坏了"，而要说"忙了一天，现在心情真轻松"。不要说"他们怎么不想想办法？"而要说"我知道我将怎么办"。

不要在团体中抱怨不休，而要试着去赞扬团体中的某个人。

不要说"为什么偏偏找上我，上帝？"而要说"上帝，考验我吧！"不要说"这个世界乱七八糟"，而要说"我要先把自己家里弄好"。

积极心态的自动提示语是不固定的，只要是能激励我们积极思考、积极行动的词语，都可以作为自动提示语。

如果我们经常使用自我激发性的语句，并融入自己的身心，就可以保持积极心态而抑制消极心态，形成强大的动力，达到成功的目的。

(4) 强化你的积极态度。

心态积极起来后，还需要用一些方法来使它得到强化，否则，积极心态很不容易得到长时间的保持。下面将介绍一些强化积极态度的方法。

①制定一些明确目标。清楚地写下你的目标，达到目标的计划，以及为了达到目标你所愿意付出的。因强烈欲望作为达到目标的后盾，使欲望变得狂热，让它成为你脑子中最重要的一件事。

②立即执行你的计划。正确而且坚定地照着计划去做。

（5）经常听愉快、鼓舞人的音乐。

看看与你的职业及家庭生活有关的当地新闻。在开车上学或上班途中，听听电台的音乐或自己的音乐带。如果可能的话，和一位积极心态者共进早餐或午餐。晚上不要坐在电视机前，要把时间用来和你所爱的人谈谈天。

不管我们生活中有哪些不幸和挫折，我们都应以欢悦的态度微笑着对待生活。下面介绍几条原则，只要我们反复地认真试行，就可能减轻或者消除自己的烦恼。

（1）要朝好的方向想。有时，人们变得焦躁不安是由于碰到自己所无法控制的局面。此时，我们应承认现实，然后设法创造条件，使之向着有利的方向转化。此外，还可以把思路转向别的什么事上，诸如回忆一段令人愉快的往事。

（2）不要把眼睛盯在"伤心"上。如果某些烦恼的事已经发生，我们就应正视它，并努力寻找解决的办法。如果这件事已经过去，那就抛弃它，不要把它留在记忆里，尤其是别人对我们的不友好态度，千万不要念念不忘，更不要说："我总是被人曲解和欺负。"当然，有些不顺心的事，适当地向亲人或朋友吐露，可以减轻烦恼造成的压力，这样心情会好受一些。

（3）放弃不切合实际的希望。做事情总要按实际情况循序渐进，不要总想一口吃个胖子。有人为金钱、权力、荣誉奋斗，可是，这类东西一个人获得越多，他的欲望也就会越大。这是一种无止境的追求。一个人发财、出名似乎是一下子的事情，而实际上并不是这样。因此，我们应在怀着远大抱负和理想的同时，随时树立短期目标，一步步地实现我们的理想。

（4）要意识到自己是幸福的。有些想不开的人，在烦恼袭来时，总

做个有自信
抗挫能力强的男孩

觉得自己是天底下最不幸的人，谁都比自己强。其实，事情并不完全是这样，也许我们在某方面是不幸的，在其他方面依然是很幸运的。

如上帝把某人塑造成矮子，但却给他一个十分聪颖的大脑。请记住一句风趣的话："我在遇到没有双足的人之前，一直为自己没有鞋而感到不幸。"生活就是这样捉弄人，但又充满着幽默之味，想到这些，我们也许会感到轻松和愉快。

第九章
面对困难男孩要有认真的态度

自己的成熟过程也是一个勇于面对困难、克服困难、解决困难的过程，即便现在我也不认为自己就什么都不怕，都能解决，而是能客观地分析自己，分析所面临的困难，通过分析找到困难的解决方法。现实生活中有很多困难是我力所不能及的，如何面对？必须以一种客观的态度、认真的态度去面对失败，人的一生是要经历无数的困难和失败，只有面对它，承担它，并去寻找解决的方法，才能最终克服它，解决它。

做个有自信
抗挫能力强的男孩

认真就是努力做到更好

罗丹是一位闻名于世的雕塑家。有一天，罗丹在他的工作室向一位来访者解释为什么自这位参观者上次来参观到现在，他都一直忙于这一个雕塑的创作，而迄今还有一部分仍未完成。罗丹一边用手指着雕塑一边认真地说："这个地方，我仍需要再润色一下，让它看起来更加光彩夺目，这样整个面部的表情会因为光彩的增加而更柔和。当然在它的衬托下，"他又用手指了一下说，"那块肌肉也会显得强健有力。然后呢，"他顿了一下说，"嘴唇会更富有表情。当然，全身会因为以上的种种而显得更加有力度。"

那位来访者听了罗丹的介绍，疑惑不解地说："您所说的相对于这座雕塑像来说，好像都是些琐碎之处，在整个雕像中并不是那么引人注目！"

罗丹回答道："也许如此，但是你一定要知道，也正是你所说的这些琐碎的、不引人注目的细小之处才使整个作品趋于完美呀！而对一件作品来说，完美的细小之处可不是件小事情呀！"

那些凡是能够在事业上取得卓越成就的人大都像罗丹一样认真地对待自己要做的事情，他们做事精益求精、尽善尽美。事实证明，一个人只有抱着精益求精的态度去做事，才能把事情做到尽善尽美。

前美国国务卿基辛格博士，在诸事繁忙之时，仍然坚持让自己的下属不断地培养对细节关注的习惯。当他的助理呈递一份计划给他，数天之后，该助理问他对其计划的意见时，基辛格和善地问道："这是不是你所能做的最佳计划？"

"嗯……"助理犹疑地回答，"我相信再做些改进的话，一定会更好。"基辛格立刻把那个计划退还给他。

努力了两周之后，助理又呈上了自己的成果。几天后，基辛格请该助理到他办公室去，问道："这的确是你所能拟订的最好计划了吗？"

助理后退了一步，喃喃地说："也许还有一两点可以再改进一下……也许需要再多说明一下……"

助理随后走出了办公室，腋下夹着那份计划，他下定决心要拟出一份任何人——包括亨利·基辛格都必须承认的"完美"计划。

这位助理日夜工作，有时甚至就睡在办公室里，3周之后，计划终于完成了！他很得意地跨着大步走入基辛格的办公室，将该计划呈交给国务卿。

当听到那熟悉的问题"这的确是你能做到的最最完美的计划了吗"时，他激动地说："是的，国务卿先生！"

"很好。"基辛格说，"这样的话，我有必要好好地读一读了！"

基辛格虽然没有直接告诉他的助理应该做什么，然而却通过这种严格的要求来训练自己的下属怎样完成一份合格的计划书。

青少年做事情多数都像例子中的那名下属一样，浅尝辄止，往往在事情还没有臻于完美的时候便匆匆了事，结果自然是错漏百出，不尽如人意。俗话说"慢工出细活"，要做好一件事情，就必须认真细致地做好每一个细节，追求每一个细节的完美，这样才能将事情做到尽善尽美。

1886年，为了纪念自由精神强烈的美利坚合众国成立，法国政府送给美国一座雕刻历时10年、高约46米的自由女神像。女神的外貌设计源于雕塑家的母亲，高举火炬的右手则以雕塑家妻子的手臂为蓝本。这座自由女神像象征着美国人民的自由精神。直至今日，这座雕像依然是美国最具代表性的景观之一，而且随着时代的发展，自由女神像历尽沧桑，它几乎已经成为全球所有为自由而奋斗的人心目中神圣的向往。

人们怀着这种神圣的向往，从四面八方涌来，为的就是一睹自由女神的风采。在雕像耸立于美国自由广场的100多年以后，有一位画家和朋友一起乘坐一架私人小飞机飞到了距离地面约100米的高空，画家和他的朋友已经清楚地看到了自由女神像头部的所有细节，一缕缕飘逸而韧性十足的头发，丰富的脸部表情，额头、鼻翼两侧还有耳廓边的每一个线条，以及坚定地盯着前方、充满火热激情的眼睛……所有的一切都被雕塑家表现得栩栩如生。这位画家素以对作品无比挑剔和苛刻著称，但是看到眼前美轮美奂的自由女神像，他也不由得赞叹，简直是巧夺天工。

做个有自信
抗挫能力强的男孩

在1886年之前，飞机还没有被发明制造出来，而雕塑家却尽其所能地完成雕像的每一个部分，丝毫没有忽略其中的任何一个细节。

在一个多世纪以前，这位雕塑家用自己的双手一刀一锉地刻出每一个完美的细节，即使是最细微、最不可能为人所注意的部位也没有丝毫马虎，他甚至不考虑自己精心雕刻的某些细节可能人们永远都不会看到。但他始终没有放松对自己的要求，他在巨大的自由女神像上一刀一刀地刻着，在他眼中只有手中的刀锉和刀锉下的完美细节。也正是因为雕塑家鬼斧神工的雕刻技术，以及他对于完美细节的不懈追求，巨大的自由女神像才以近乎完美的形象展现在人们面前，同时展现在人们眼前的还有雕塑家的精巧技艺及其通过每一个细节向人们传递的自由精神。

这位自由女神像的雕塑者就是弗雷德里克·奥古斯塔·巴托尔迪。他的名字将和自由女神像一样流传千古，他向人们传递的自由精神将会被千万代的人所铭记。

弗雷德里克的雕刻为我们带来这样的启示：只有认真才能够将事情做到尽善尽美。青少年要成就一番事业，就必须养成这种做事认真、精益求精的习惯。

纳迪亚·科马内奇是第一个在奥运会上赢得满分的体操选手，她在1976年蒙特利尔奥运会上完美无瑕的表现，令全世界为之疯狂。

在接受记者采访的时候，纳迪亚·科马内奇谈到她为自己所设定的标准以及如何维持这样的高标准时说："我总是告诉自己'我能够做得更好'，不断驱策自己更上一层楼。要拿下奥运金牌，就不能过正常人的生活，要比其他人更努力才行。对我而言，做个正常人意味着过得很无聊，一点儿意思也没有。我有自创的人生哲学：'别指望一帆风顺的生命历程，而是应该期盼成为坚强的人。'"

只要你肯坚持，事情总能够做得更好。青少年应当把"我能够做得更好"当成自己的座右铭，不断激励自己朝着更高的目标去努力，这样才能够更快地走向成功。

不做"差不多"先生

所罗门国王曾经说过："万事皆因小事起，你轻视它，它一定会让你吃大亏的。"西谚有着"魔鬼藏于细节"的说法，这些话都在强调这样一个事实：细节决定成败。一个人要想有所作为，就必须注重细节，不能在小处出差错。生活中有很多由于忽视小事而导致重大损失的例子。

有一次，乌鲁木齐市粮食局的一家下属挂面厂花巨资从日本引进一条挂面生产线，作为附带合同，之后又花18万元从日本购进1000卷重10吨的塑料包装袋。而塑料包装袋的袋面图案由挂面厂请人设计。当样品设计好后，经挂面厂与新疆维吾尔自治区经贸机械进出口公司的人员审查，交付日方印刷。几个月后当这批塑料袋漂洋过海运抵乌鲁木齐时，细心的人们发现有点不对劲，再仔细看一下，全傻了眼，原来每个塑料袋的袋面图案上的"乌"字全部多了一点，变成了"鸟"字，乌鲁木齐变成了"鸟鲁木齐"。后来经多方调查，发现原来是挂面厂的设计人员一时马虎，把设计样本打印错了，而进出口公司的人员检查时也一时大意没有发现。也就是这一点之差使价值78万元的塑料袋变成了一堆废品，给公司带来了严重的损失，相关人员都受到了严厉的处分。

试想，如果设计人员细心一点、谨慎一点，进出口公司的审查人员再认真一点，多检查一次，又怎么会让这18万元付之东流呢？

2004年2月15日，吉林市中百商厦发生特大火灾，造成54人死亡、70人受伤，直接经济损失400余万元。然而，这么一起严重的事故，其直接原因竟然是一个烟头：一位员工到仓库内放包装箱时，不慎将吸剩下的烟头掉落在地上，随意踩了两脚，在并未确认烟头是否被踩灭的情况下匆匆离开了仓库。当日11时左右，烟头将仓库内物品引燃。

而此时，中百商厦当日保卫科工作人员却违反单位规章制度，擅自离开值班室，未对消防监控室进行监控，没能及时发现起火并报警，延

做个有自信
抗挫能力强的男孩

误了抢险时机。同时，他们得知火情后，违反消防安全管理的有关规定和本单位制订的灭火和应急疏散方案中规定的紧急通知浴池和舞厅人员疏散要求，未能及时有效地组织群众疏散，致使顾客及浴池和舞厅人员在发生火灾后未能及时逃生，造成特别严重的后果。

一个烟头，54条人命！

事情就是这么简单，简单得令人难以承受。

虽然政府已对这起特大火灾的处理落下帷幕，但火灾刻在人们心中的印记、留给社会的思考却远未结束。表面看来，是一个小小的烟头引燃了这场人间惨剧，但是寻找其根源，夺去54条人命的，不是现实中忽明忽暗的烟头，而是有关人员马虎轻率的工作作风，这才是导致悲剧最直接的原因。

建筑一座大楼，如果因为马虎、不严格而发生计算上的错误，整个大楼就要倒塌；炼钢如果马虎，在化学成分上有点错误，就要出废钢；在艺术工作上如果马虎，一个动作、一个唱腔、一个笔画都不严格要求，那就不可能演好戏、画好画；在财务会计工作上，错一个小数点，就会乱成"一锅粥"；在社会科学上不严格，就会因错误的分析而得出错误的结论。而要使火箭和宇宙飞船上天，不要说不能有 0.01 的误差，连 0.001 的误差都不能有。马虎、不严格，哪怕有再大的本领也很难取得成功。

生活中，"差不多"是很多人的口头禅。它是很多人做事马虎轻率的直接原因。"差不多"是一种看似聪明实际糊涂的做事态度，小则影响一个人的成败，大则关系到整个民族的兴衰。学者胡适先生在著名的《差不多先生传》中对这种"差不多精神"做了生动的刻画，下面的内容就节选自这篇文章：

差不多先生的相貌和你我都差不多。他有一双眼睛，但看得不很清楚；有两只耳朵，但听得不很分明；有鼻子和嘴，但他对于气味和口味都不很讲究；他的脑子也不小，但他的记性却不很精明，他的思想也不很细密。他常常说："凡事只要差不多就好了，何必太精明呢？"

他小的时候，妈妈叫他去买红糖，他却买了白糖回来，妈妈骂他，他摇摇头道："红糖白糖不是差不多吗？"

他在学堂的时候，先生问他："直隶省的西边是哪一个省？"他说是陕西。先生说："错了。是山西，不是陕西。"他说："陕西同山西不是差不多吗？"

后来他在一个钱铺里做伙计，他也会写，也会算，只是总不精细，十字常常写成千字，千字常常写成十字。掌柜的生气了，常常骂他，他只是笑嘻嘻地说："千字比十字只多一小撇，不是差不多吗？"

有一天，他为了一件要紧的事，要搭火车到上海去。他从从容容地走到火车站，结果迟了两分钟。火车已在两分钟前开走了。他白瞪着眼，望着远远的火车上的煤烟，摇摇头道："只好明天再走了，今天走同明天走，也差不多。可是火车公司，未免也太认真了，8点50分开同8点52分开，不是差不多吗？"他一面说，一面慢慢地走回家，心里不是很明白为什么火车不肯等他两分钟。

有一天，他忽然得了急病，赶快叫家人去请东街的汪大夫。家人急急忙忙地跑去，一时寻不着东街汪大夫，却把西街的牛医王大夫请来了。差不多先生病在床上，知道寻错了人，但病急了，身上痛苦，心里着急，等不得了，心里想道："好在王大夫同汪大夫也差不多，让他试试看吧。"于是这位牛医王大夫走近床前，用医牛的法子给差不多先生治病。不到一刻钟，差不多先生就一命呜呼了。

差不多先生差不多要死的时候，一口气断断续续地说道："活人同死人也差……差……差……不多……凡事只要……差……差……不……就……好了……何……何……必……太……太认真呢？"他说完这句格言，方才绝气。

这篇著名的文章可谓是道尽了"差不多"思想的危害。青少年在做事和学习上的不严格要求，并不是一日两日就见危害的，所以也往往为有些人所忽视。但是，"差之毫厘，谬之千里"。开始差不多，天长日久，积少成多，几年、十年、几十年以后，学习上马虎、不严格的人，比起那些严格要求的人来就差得多了。这是我们应该切记的。

粗心马虎、做事差不多就行的习惯是可以改变的。下面就是几种改掉马虎习惯的方法，可以帮你去掉"差不多"先生的"头衔"。

（1）集中精力，重视眼前。

把注意力集中在我们的现实世界中，不要太多地追悔过去，不要沉

做个有自信
抗挫能力强的男孩

溺于冥想未来，而应全力以赴把握眼前，重视当下的学习和生活。

（2）排除干扰，稳定情绪。

每个人的心理能量都是有限的，如果被过多的杂务干扰，心绪烦乱，情绪不稳，我们就容易涣散注意力，就很难做到全神贯注。要真正做到细心谨慎，必然要处理好自身的各种心理困惑，保持一颗平静的心，正所谓"宁静而致远"。

（3）赋予自己责任，切实用心。

任何事情，都是事在人为。同样一件事，能够敢负责任、切实用心，就可能成就一篇杰作；如果毫不在乎，不当回事，就可能竹篮打水一场空。只要能够负起责任，油然而生一种神圣的责任感和使命感，就有可能激发我们全部的智慧，调动我们无穷的潜力。因此从这个意义上说，细心很大程度上依赖于责任心。

（4）培养兴趣。

我们深知，一旦自己对于某事有了浓厚兴趣，常能乐此不疲、流连忘返，也就能够精心钻研、细心考量。如果缺乏兴趣，就容易心猿意马、朝三暮四，难以做到持久的静心、细心，更不可能保持足够的耐心。

我们理应认识到自身优势，做自己想做又能做的事情，然后将潜力发挥到极致，这样才能真正维持住持久的细心。

养成认真做事的风格

毛泽东曾经说过，世界上怕就怕"认真"二字，青少年要想取得杰出的成就，就必须养成认真的做事风格。

周恩来位居国务院总理之职，官不可谓不大，而他强调的却是"关照小事，成就大事"。他一贯要求身边的工作人员尽可能地考虑到事情的每一个细节，最反感"大概""可能""也许"的做法和言语。有一次，在北京饭店举办的涉外宴会上，他问："今晚的点心是什么馅的？"一位工作人员答道："大概是三鲜馅吧。"周恩来总理马上追问："什么叫大概？究竟是'是'，还是'不是'？如果有吃海鲜过敏的客人，出了问题谁负责？"

周恩来总理这种一丝不苟的精神，不仅赢得了中国人民的爱戴，而且赢得了国际友人的尊敬。美国前总统尼克松说："对周恩来来说，'任何大事都应从小事入手'。他虽然亲自照料每一棵树，也能够看到整个森林。"尼克松回忆道："在到北京访问的第二天，我们谈到要去参观长城。周恩来离开了一会儿，通知有关部门清扫通往长城道路上的积雪。"

在日本，河豚被奉为"国粹"，河豚肉质细腻，味道极佳，但这种鱼的味道虽美，毒性却极强，处理稍有不慎就有可能致人死命。在中国，每年中毒、死亡者都达上千人，但同样是吃河豚，在日本却鲜有中毒、死亡的事情发生。

日本的河豚加工程序是十分严格的，一名上岗的河豚厨师至少要接受两年的严格培训，考试合格以后才能领取执照，开张营业。在实际操作中，每条河豚的加工去毒需要经过几十道工序，一名熟练的厨师也要花20分钟才能完成。但在中国，加工河豚就像做普通菜一样，加工过程随随便便，烹饪过程也没有太多的工序。

加工河豚为什么需要30道工序而不是29道？我们不得而知，我们知道的是日本人很少有人因吃河豚而中毒，原因就出在工序上，经过30道加工工序后，河豚肉不仅味道鲜美，而且卫生无毒害，但粗糙对待工序只会导致严重的后果。从这一点来说，到位的做事风格，一定是经过严格的程序化的做事风格，一定是一板一眼、认真的做事风格。

只有认真才能够将事情做好。青少年要有所成就，就应当学会认真：王杰是某知名大学的高才生，在某市的外贸公司从事销售业务已好几年。出于对个人"价值实现"问题的考虑，他打算到正在高薪招聘业务员的兴隆贸易公司工作。

因为他这次做外贸从事的具体业务是"做山野菜"，招聘者就考他的

做个有自信
抗挫能力强的男孩

业务常识:"山野菜中,蕨菜出口主要是针对日本,以前销路非常好,可是近几年,日本却不要了。为什么?"

"因为菜的质量不好。"

主考官看了看他,摇摇头。

条件非常好的王杰最后没有被录用。后来王杰查到了原因。蕨菜采集的最佳时间只有 10 天左右,在这期间非常鲜嫩好吃,早了不熟,晚了就老了。采好后,要摊开放在地里晾晒 1 天,第二天翻过来再晾晒 1 天,把水分晒干菜晾透,然后再将其成把捆好装箱。等食用时放在凉水里浸泡一下就可以了。

可是当地农民为了多采多卖,把蕨菜采回来,来不及放在地上用阳光晾晒,而是放在炕上,点火加热,这样只用 2 小时就烘干了。这样加工处理的蕨菜,外表上和阳光晾晒的没有区别,可是食用时,不管放在水里怎么泡,都像老树根一样,又老又硬,根本咬不动。这就是蕨菜质量不好的真正原因。日方发现这个问题后,几次提出警告,急功近利的农民就是不改。结果,人家就再也不从我国进口蕨菜了!

一件不起眼的小事,可以决定一项商界活动的成败和一个企业的存亡,青少年只有养成认真细致的做事风格,才能够在未来的竞争中脱颖而出,做出一番大事业。

李娟是北京广播学院的一名毕业生,1990 年,她从播音系毕业。作为播音系的学生,能够到中央电视台工作,是最好的出路。李娟在中央电视台实习,而且希望到这工作,可到中央电视台实习的不只她一个人:北京广播学院到中央电视台 20 多公里,每天早晨,她 5 点多起床,6 点多第一拨离开学校。在赶着往城里上班的人群中,她是其中一个。顶着星星最晚回去的,也是李娟。

很快,台里便安排李娟播体育新闻了。

那是 4 月份的一天,风挺大。录了像,晚上 6 点多就可以走了,忽然,小娟想起一个字:镐。那个时候韩国下棋的小伙子李昌镐还不是很有名。"镐"有两个读音,一是"gao",一是"hao"。李娟想,这个字有两个读音,就问老同志,这个字怎么读?老同志很果断地说:"李昌镐 gao,李昌镐 gao!"实习生就跟着来吧,李娟就念:"李昌镐 gao……"

回到学院，李娟还在琢磨这事儿。买饭的时候，跟同学磋商，同学说，应该念"hao"！李娟说，我也觉得应该念"hao"！回到宿舍查字典，地名的时候应该念"hao"，但没有注明人名的时候应该念什么。她还是拿不准，又给一个老师打电话，老师说：念"hao"，没错！

坏了，念"gao"了，这怎么办？播音嘛，白字、别字、错字，一定要杜绝！上学的时候，都把一些播音员念白字、错字的经历当笑话讲呀。李娟想，念错字让人当笑话讲也就罢了，正实习的时候，出这么大一个错，这还得了！

饭也不吃了，往回赶。风呜呜地刮着。赶到电视台，已经是晚上9点50分了。李娟顾不上休息就来到三层的播音室，把录像带取出来，找到播音员，把"gao"改读成了"hao"，还不放心，一直看着播完，才放心地走了。

在电梯间，李娟碰到了杨台长。

电梯间里就两个人。李娟知道这是杨台长，就主动打了招呼："杨台长，您好！"

"啊，小姑娘，怎么这么晚才走？"

李娟有点不好意思了，她低声回答说："有一个字念错了，我回来改一下。"

杨台长说："你住在哪里啊？"

"住广院。"

"啊，很辛苦啊！"

"没办法，念错了字，就要回来改。"

"好好好，小姑娘工作很认真。"

到了大门口，杨台长上了专车，李娟挤上了公共汽车。

最后，在中央电视台实习的5个学生中，只留下了李娟一个。

只有认真才能够把事情做好。然而我们要养成一丝不苟的习惯，并不是容易的，它需要下一番艰苦的功夫，日积月累，逐渐在实践中形成。严格，不但是一个培养好习惯的过程，其中还包括着一个和坏习惯做斗争、改变坏习惯的过程。

要严格必须要艰苦。有些人为什么不愿意严格，为什么害怕严格？除

做个有自信抗挫能力强的男孩

了习惯以外，说穿了，最主要的原因就是怕艰苦。因为马马虎虎、敷衍了事，当然要轻松得多，而每事都严格要求，却必须付出艰苦的劳动。比如马克思的名著《法兰西内战》，就遗留下的手稿看，前后共修改过3次，初稿共3章22节，连"片断"一章算上，共4章27节，约6万字；第二稿被压缩为7节，连"片断"算上，共8节，约3.3万字；第三稿即正式发表的稿子共4节，约3.7万字。前后三稿，不仅字数不同，结构、内容也有很大的改变。从这三稿的变化中，我们可以看出马克思对创作有多么严格的要求，而每一次手稿的变化、增删，又要付出多么巨大艰苦的劳动，所以，要真正解决怕严格的问题，必须从解决怕艰苦的问题下手。下面我们为你列出一些培养认真习惯的方法，供青少年朋友们参考。

（1）形成做事后自我检查的习惯。

有些人做完作业后，常常由爸爸妈妈或其他长辈给检查出来，一一指正。这种方法对克服马虎的毛病不但没有好处，还可能导致依赖心理而更加马虎。正确的做法是自己检查、验证做事的效果。特别要培养一次做对的习惯。

（2）自己制定惩罚马虎的措施。

比如，由于马虎，作业或考试出了问题，取消某项外出游玩的计划，取消一次看电视或电影的娱乐活动；也可以罚自己背诵两段有关认真、不马虎的格言、名言、谚语，或者学讲一个有关的故事。

（3）进行"细活儿"训练。

学习、生活中有许多"细活儿"，不认真绝对做不好。对于自己的马虎，通过干"细活儿"，可以克服掉。例如，写正楷字、画工笔画、缝衣服扣子、淘米、挑沙子、择洗蔬菜、计算水电费、动脑筋游戏等等。有目的地去选这类事情干，经常训练，就会越来越细心。

做人做事是老生常谈的话题。千百年来，关于如何做人和做事，我们的民族积累了丰富的知识。"恭则不侮，宽则得众，信则人任焉，敏则有功，惠则足以使人""业精于勤荒于嬉，行成于思毁于随"，古训很多。

不轻视重要的小事

古人云："不积跬步，无以至千里；不积小流，无以成江海。"说的就是"要想成大事必须认真从小事做起"的道理。天下大事，必做于细；天下难事，必做于易。青少年要成就一番伟业，就必须从身边最容易的事情入手，认真做好每一件事。做好小事才能够成就大事。

海尔的总裁张瑞敏说："把每一件简单的事做好就是不简单，把每一件平凡的事做好就是不平凡。"

一心渴望伟大，伟大却了无踪影；甘于平淡，认真做好每一件小事，伟大却不期而至。这就是小事的魅力。

日本国民中一直传颂着一则动人的故事：多年以前，一个妙龄少女来到东京帝国酒店当服务生。这是她的第一份工作，她将从这里迈出人生的第一步。为此她暗下决心：一定要好好干，干出成绩来！

可她万万没有想到，上司安排她这个漂亮姑娘去刷洗厕所！

对于刷洗厕所这样的工作，除非万不得已，一般人都不会主动承受，更何况是一个天性喜爱洁净的少女呢？她能干得了吗？

开始，她虽然不停地暗下决心，鼓勇气去尝试、去适应，但是，真真正正用自己白皙的小手拿着抹布伸进马桶里时，视觉和嗅觉上的反应还是侵袭而来，让她感到恶心，胃里立即翻江倒海，想呕吐又吐不出来，实在太难受了！而老板对工作质量的要求是：必须把马桶抹洗得光洁如新！

她当然明白光洁如新是什么含义，蝶口道这样高标准的质量要求对自己意味着什么。她为此而痛苦，陷入了困惑与苦恼之中。她也想过退却，想过辞职另谋职业，但是她又不忍心自己人生面临的第一课就以失败告终。她认为那是非常丢人的事情，她真的不甘心就这样败下阵来。她想起了自己刚来的时候曾经下过的决心：人生第一步一定要走好！可

做个有自信
抗挫能力强的男孩

是，即使她憋足了气要干好工作，还是适应不了这样的工作环境。

就在这时，一位令她感激万分的前辈站到了她面前，用自己的行为排除了她心头的苦恼和困惑。他并没有对她反复说教，而是非常认真仔细地为这位姑娘做示范。他一遍一遍地抹洗着马桶，直到抹得光洁如新。然后他从马桶里舀了一杯水，一饮而尽。

这告诉了她一个极为朴实的道理：光洁如新的要点在于新，新的东西就一点也不脏，新容器里的水是完全可以饮用的。反过来，只有马桶里的水达到了可以喝的程度，才算是把马桶抹得光洁如新了。而这一点已经被证明是完全可以做到的。

就这样，这个日本小姑娘从前辈的关怀、鼓励中获得了战胜困难的勇气和信心。她激动得不能自持，从身体到灵魂都震颤不已。她从目瞪口呆到热泪盈眶，从如梦初醒到恍然大悟，从痛下决心到付诸行动，就算今后一辈子洗厕所，也要做一名全日本最出色的洗厕人。这位少女就是后来成为日本邮政大臣的野田圣子。

野田圣子的成功告诉我们这样一个道理：一个人只有对小事认真，才能够对大事认真，踏踏实实地做好每一件小事，你才能够更快地走向成功。众所周知，日本尼西奇股份公司以生产的尿垫而与松下电器、丰田汽车等世界名牌产品一样著名。尼西奇股份公司原来是一个经营橡胶制品的小厂，订货不多，濒临破产的边缘，然而，高质量的尿垫却使它起死回生。如今，他们的年销售额为 70 亿日元，产品不仅占领了国内市场，而且行销世界 70 多个国家和地区。它们的经商理念是"只要市场需要，小商品同样能做成大生意"。

19 世纪的英国物理学家瑞利正是从日常生活中的一次端茶的小事中受到启发，而获得一种求算摩擦系数的倾斜方法，他因此而获得了意外的成功。

在我们的生活中，许多青少年年轻气盛，自恃学识高，不屑做平凡的工作、平凡的小事，在他们心中，想的净是"伟大"的事业，而这些事业终将只有"想"的份。不管哪项伟大的事业，都必须从小事、平凡的事中总结经验，从小事中起步。

明朝万历年间，中原北方的女真为患。皇帝为了要抗御强敌，决心整修万里长城。当时号称天下第一关的山海关，却早已年久失修，其中"天下第一关"的题字中的"一"字，已经脱落多时。万历皇帝募集各地书法名家，希望恢复山海关的本来面貌。各地名士闻讯，纷纷前来挥毫，但是依旧没有一人的字能够表达天下第一关的原味。皇帝于是再下昭告，只要能够中选的，就能够获得重赏。经过严格的筛选，最后中选的，竟是山海关旁一家客栈的店小二，真是跌破大家的眼镜。

在题字当天，会场被挤得水泄不通，官家也早就备妥了笔墨纸砚，等候店小二前来挥毫。只见主角抬头看着山海关的牌楼，舍弃了狼毫大笔不用，拿起一块抹布往砚台里一蘸，大喝一声："一！"十分干净利落，立刻出现绝妙的一字。旁观者莫不给予惊叹的掌声。有人好奇地问他成功的秘诀。他被问之后，久久无法回答，后来勉强答道："其实，我想不出有什么秘诀，我只是在这里当了 30 年的店小二，每当我在擦桌子时，我就望着牌楼上的'一'字，一挥一擦，就这样而已。"

原来这位店小二，他的工作地点，正好面对山海关的城门，每当他弯下腰，拿起抹布清理桌上的油污之际，刚好这个视角，正对准"天下第一关"的"一"字。因此，他不由自主地天天看、天天擦，数十年如一日，久而久之，就熟能生巧、巧而精通，这就是他能够把这个"一"字临摹到炉火纯青、惟妙惟肖的原因。

其实，这个有趣的故事，正是反映了一个颠扑不破的道理：练习造就完美，熟练才能精通，再小的事情做到极致就能成就大事。大家也许还记得达·芬奇画蛋的故事吧，为了把一个蛋画圆，达·芬奇成百上千次地不停地画圈圈。

任何事情都是这样：把小事做好，对小事认真才能对大事认真。

做个有自信
抗挫能力强的男孩

细节处方见缜密心思

一个认真仔细的人做事会非常注重细节，这是一种值得推崇的性格习惯。

一个电影好看，需要注意细节；一个人要想成功，需要注意细节；一个企业若想发展，也需要注意细节。人生固然要有大模样的远景构思，但人生更富价值和意义的却在于生活的平淡细节中。生活是充满细节的。正是这些细节才使得生活血肉丰满、栩栩如生，才使得生活丰富多彩、魅力无限。否则，生活一定是一片空白或者显得单调乏味。

多数人的多数情况只能面对一些具体的事、琐碎的事、单调的事，也许过于平淡，也许显得鸡毛蒜皮，但这就是生活，是成就大事的不可缺少的基础。认为小事可以忽略、细节不影响大局的想法，其实是一种错误的观念，可能使一个人的事业功亏一篑。

就像有一首名为《钉子》的小诗中写道的：

丢失一个钉子，坏了一只蹄铁；

坏了一只蹄铁，折了一匹战马；

折了一匹战马，伤了一位骑士；

伤了一位骑士，输了一场战斗；

输了一场战斗，亡了一个国家。

不久前，《细节决定成败》一书成了最畅销的热点图书之一。书中指出：

"中国人想做大事的人太多，而愿把小事做完美的人太少。"一个做事不追求完美的人，是不可能成功的，而要做事完美，就必须注重细节。我们要有理想，要有干大事的雄心，但一定要从小事做起，有把小事做细致的韧劲。因为，把小事做好，不仅仅是一种工作态度，而且小事中往往隐藏着成功的机会。

日本狮王牙刷公司的员工加藤信三为了赶去上班，急忙刷牙时，竟致牙龈出血。他为此而感到恼火，上班的路上仍是一肚子不舒服。但在心头火气平息下去以后，他便和几个要好的伙伴提及此事，并相约一同设法解决刷牙容易伤及牙龈的问题。

他们想了不少解决刷牙造成牙龈出血的办法，如将牙刷毛改为柔软的毛、刷牙前先用热水把牙刷泡软、多用些牙膏、放慢刷牙速度等，但效果都不太理想。于是，他们进一步仔细检查牙刷毛，在放大镜底下，发现刷毛顶端并不是尖的，而是四方形的。加藤信三想："把它改成圆形的不就行了！"于是他们着手改进牙刷。

加藤信三经过实验取得成效后，正式向公司提出了这一项改变牙刷毛形状的建议，公司很乐意改进自己的产品，欣然把全部牙刷毛的顶端改成圆形。改进后的狮王牌牙刷在广告媒介的作用下，销路极好，连续畅销 10 余年之久，销售量占全国同类产品的 30%~40%，加藤信三也由职员晋升为科长，十几年后成为公司的董事长。

不会做小事的人，也做不出大事。牙刷不好用，在我们看来都是司空见惯的事情，但很少有人想办法去解决这个问题，所以机遇就不属于我们。而加藤信三既发现了问题，又设法解决问题，结果他由此获得了机会。所以，牙刷不好问题对他来说，就是一个机遇。这是注重和追究细节给人带来机遇的一个案例。

有一句大家耳熟能详的话，叫"魔鬼藏于细节"。为什么细节会成为魔鬼的栖身之地呢？因为人们在工作和生活当中，经常会忽略了细节的存在，从而让魔鬼有机可乘。

一位管理学家指出，在市场竞争日益激烈残酷的今天，任何细微的东西都可能成为"成大事"或者"乱大谋"的决定性因素。

把每一件简单的事做好就是不简单，把每一件平凡的事做好就是不平凡。

无论在生活中还是工作中，愿意把小事做细的人才能最终脱颖而出。我们不缺少雄韬伟略的战略家，缺少的是精益求精的执行者；我们不缺少各类管理规章制度，缺少的是对规章条款不折不扣的遵守者。我们必须改变心浮气躁、浅尝辄止的毛病，提倡一丝不苟、注重细节的作风，

做个有自信抗挫能力强的男孩

把大事做细,把小事做好。

一个伟大的人,往往在渺小微细处表现出他的伟大。成功人士往往极其认真仔细,并且特别喜好在细节上练功夫。在约翰·肯尼迪总统眼里,似乎任何细枝末节都具有特别重要的意义。在其就职典礼的检阅仪式中,肯尼迪注意到海岸警卫队士官生中没有一个黑人,便当场派人进行调查;他在就任总统后的第一个春天发现白宫返青的草坪上长出了蟋蟀草,便亲自告诉园丁把它除掉;他发现美国陆军特种部队取消了绿色贝雷帽,便下达命令予以恢复;尤其使人感到意外的是,肯尼迪在就任总统后不久举行的一次记者招待会上,竟然胸有成竹地回答了关于美国从古巴进口 1200 万美元糖的问题,而这件事只是在此 4 天前有关部门一份报告的末尾部分才第一次提到过。

身为总统,肯尼迪巨细都抓的风格非但没有为美国人指责,反倒更加丰满了自己的形象。

同肯尼迪相比,美国的许多位总统似乎都不逊色。其中,富兰克林·罗斯福总统是凭借惊人的记忆力来记住诸多细枝末节的。第二次世界大战中,有一条船在苏格兰附近突然沉没,沉没的原因是鱼雷袭击还是触礁,一直没有结论。罗斯福则认为触礁的可能性更大,为了支持这种立论,他滔滔不绝地背诵出当地海岸涨潮的具体高度以及礁石在水下的确切深度和位置。这一招令许多人暗中折服。罗斯福更拿手的绝活是进行这样一种表演:他叫客人在一张只有符号标志而没有说明文字的美国地图上随意画一条线,他都能够按顺序说出这条线上有哪几个县。

林顿·约翰逊总统也曾在细枝末节上做过出色的表演。有一次,约翰逊刚刚在国会参众两院联席会上致完词,一位参议员便走上去向他表示祝贺。约翰逊说:"对,大家鼓了 80 次掌。"这位参议员立刻跑去核对会议记录,竟然查实总统丝毫没有说错,显然,约翰逊在讲演的同时,必定在仔细记数着会场上鼓掌的次数。

关注细节,不仅能够提高我们分析问题、解决问题的能力,还能够拉近我们和别人的距离,密切彼此的关系,因此,我们要养成关注细节的习惯,在生活中我们要学会关注细节。生活中的每一个细节,我们都可以利用它,使我们的人生变得更加辉煌。

对每一个人来说，即使很成功，也不可能时时刻刻轰轰烈烈，大部分的成功都是建立在一点一滴的、日积月累于每一个活动细节之上，即坚定不移地做好每一个细节。任何一件大事的成功都建立在把每一个细节做好的基础上。那么，男孩如何在日常生活中培养关注细节的性格呢？

（1）在每一件小事上下功夫。

有人说：要想比别人更优秀，只有在每一件小事上下功夫。众多的例子很好地在正反两面说明了细节能够表现整体的完美，同样也会影响和破坏整体的完美。

细节在创造成功者与失败者之间究竟有多大差别？人与人之间在智力和体力上的差异并不是想象中那么大。很多小事，一个人能做，另外的人也能做，只是做出来的效果不一样，往往是一些细节上的功夫，决定着完成的质量。看不到细节，或者不把细节当回事的人，对工作缺乏认真的态度，对事情只能是敷衍了事：这种人无法把工作当作一种乐趣，而只是当作一种不得不受的苦役，导致在工作中缺乏工作热情。他们只能永远做别人分配给他们做的工作，甚至即使这样也不能把事情做好。而考虑到细节、注重细节的人，不仅认真对待工作将小事做细，而且注重在做事的细节中找到机会，从而使自己走上成功之路。

对青少年学生来说，认真对待每一次作业，就能够为养成关注细节的习惯奠定良好的基础。

（2）留心才会注意细节。

细节往往不易被发现，需要留心观察，机会也往往隐藏在细节中：当你特别留心把该做到的细节做好，也许就是我们成功的开始。

有些小事情去做了确实非常简单，但可贵处就在于要留心观察，发现细节。

1928年，英国著名细菌学家弗莱明研究葡萄球菌的变异。葡萄球菌是一种圆形小点样的细菌，常常聚集成串，像葡萄一般，因此得名。它是引起人类许多疾病的罪魁。

弗莱明每天用几十个培养皿接种上葡萄球菌，并配制各种养料，调节不同的温度，观察它们在培养过程中的变化，以了解影响细菌变异的种种条件。

做个有自信
抗挫能力强的男孩

一个早晨,弗莱明照例进行观察实验,突然,一种奇怪的现象引起了他的惊异,原来是一种来自灰尘的绿色霉菌落到培养皿里,并且生长繁殖起来了。为了弄出个究竟,他对着亮光仔细观察起来,结果发现在这种绿色霉菌的周围,所有原先生长着的葡萄球菌全部溶化了。这引起了弗莱明极大的兴趣。他小心翼翼地把这种绿色霉菌培养繁殖起来,继续进行观察实验,终于发现了霉菌可以制伏凶恶异常的葡萄球菌的事实。他把这种由青霉菌分泌的杀菌物质,叫"青霉素"。但遗憾的是,当时弗莱明没有办法把青霉素从溶液中提取出来。

直到以后,在弗洛里、钱恩及其他几位科学家的支持下,在1940年,终于首次制出青霉素。

青霉素的发现及研制成功,轰动了整个世界,使许多恶性病再不能肆虐。1945年,弗洛里、弗莱明和钱恩,获得了诺贝尔奖。

弗莱明发现青霉素,是他在观察时没有放过异常现象的结果。如果在观察时不注意这一异常现象,那么,青霉素的发现可能会推迟若干年。

青少年在日常生活中也要留心细节,比如,天气的变化、花草树木随季节的变化、周围人服饰的变化、商场物品摆设的变化……做生活中的留心人,久而久之,就能养成关注细节的良好习惯。

跟粗心大意的毛病说再见

为了培养认真仔细的性格,首先要克服粗心大意的毛病。

孩子粗心,父母头疼,教师头疼,连心理学家也头疼。那么心理学上怎么解释孩子粗心的这种现象呢?形成孩子粗心的因素是多方面的。比如:

（1）感觉因素：有这种因素的孩子对感觉刺激的敏感性较差，注意力又比较容易受到外界的干扰。

（2）知觉习惯的因素：有这种因素的孩子对知觉对象的反应不完整、分辨不精细。

（3）兴趣因素：这种孩子对感兴趣的事情却也是马马虎虎等。

最让父母伤脑筋的是粗心会逐渐变成一种行为方式，最后演变成无论做什么事情都冒冒失失、粗枝大叶的。粗心的孩子特点是动作快、脑子慢，这种孩子做事之前一般不会耐心细心地观察和思考问题，因而事情做完之后常常会漏洞百出。这种现象一般会随着孩子认知能力的提升而有所改善，但是对那些已经形成粗心习惯的孩子，如果不对他进行耐心细心的指导，改变不良习惯，帮助他们形成新的知觉、思维和行为的模式，那么他们就只好当一辈子"粗线条"了。

要想改变孩子粗心大意的毛病，需要家长和孩子的共同努力。

对家长来说，要注意如下几点。

（1）培养孩子的知觉能力和辨别能力。

孩子之所以粗心，就是因为缺乏良好的知觉能力和辨别能力。父母要提升孩子这方面的能力，就必须采取有效的办法。比如向孩子提供"找相同点"和"找不同点"的图画，让孩子去发现图画中各种细节上的变化，培养他们仔细地观察事务和仔细地比较事物的能力，并且要求他们把比较的结果用语言大声地说出来，以便发展敏锐的知觉。

这种活动随时随地都可以进行，哪怕是看到树叶上的一只小虫，也可以让孩子去仔细看看，看清楚虫子身上有几个花斑、几条腿等。

无论什么样的孩子，总是对某些事物要感兴趣一些，如对动物感兴趣，父母可以引导孩子对动物进行观察，充分地了解动物的各种习性，培养孩子对动物的更大兴趣。经过一定的时间，可以改变孩子的注意力。

（2）训练孩子多角度思考问题。

小孩子的思维缺乏可逆性，很难从不同的角度思考同一个问题，因此需要父母进行很具体的指导。比如将两根一样长的棒子前后错开放在孩子面前，问他哪一根长。试验表明，有的孩子说上面的长，有的孩子则认为下面的长。这时，父母可以诱导孩子换一个角度再看这两根棒子。

说上面那根长的孩子是因为他只注意到棒子的左端,当让他同时再看看木棒的右端,他的说法可能就会改变了;说下面那根木棒长的情况则相反,孩子只注意到木棒的右端长短,而忽视了木棒的左端。通过这个例子,就会让孩子学会观察木棒的两端。

(3) 要及时纠正孩子的粗心。

父母发现孩子因粗心而犯错误,应该及时要求他重新更正,去纠正原有的习惯动作,塑造新的动作。这对于克服粗心也是必要的,父母在旁边给予具体指导,如"扶一把",就能防止重复出错。

纠正孩子的粗心,是一件细心的、艰难的、经常反复的工作,需要父母高度的责任心和耐心,不可急躁,更不可责骂。因为被骂得情绪紧张、兴致全无的孩子只会变得更加粗心。

另外,父母应该注意培养孩子的意志力和毅力,经常鼓励孩子克服困难去完成一件事情,养成做一件事情就要坚决完成的习惯。要尽量让孩子明白,无论做什么事情都要有始有终,不能半途而废。

而且父母对孩子不要过度关注,每次只给孩子一种刺激或一项任务,不能四面出击,什么事情都想做,会让孩子形成毛躁的毛病。在家庭里,要与家人协调好,共同帮助孩子有一个安静的环境,尽量减少家中的噪声,如不要把电视的声音开得太大、不要随便干扰孩子等。

对青少年个人来说,为了改变粗心的毛病。具体要注意如下几点。

(1) 首先,要养成认真仔细的习惯。无论做什么事都要讲认真,要细心耐心,比如做作业时字要写得端端正正写,题目要仔仔细细看,问题要认认真真想,做作业先不能讲速度讲数量,而是先要讲效果讲质量。不能把作业看成是老师加给我们的,"要我做",我不得不去完成。要把作业当巩固知识培养自己能力的重要手段。"我要做",有了自觉的认真的态度,仔细的习惯就会很快养成,"粗心"的错误很快就会改掉。有的同学说:"想是这样想了,但做的时候却又糊里糊涂了。"这是因为不严格要求自己的结果。万事起头难,下决心,有一个良好的开端吧。

(2) 其次,要培养自我教育的能力。父母和老师对自己的帮助教育不可能是终生的,人长大后,总是要离开自己的父母和老师的,所以从小培养自我教育的第一步是要了解自己,第二步是自己定出方向,第三步要自我检查。另外，我们还要学会每次作业和测验考试以后，回过头去认认真真进行检查，看看有没有错误和遗漏的地方。检查可以用多种方式。如果时间允许，那么，就从头到尾或从尾到头仔细检查一遍，以便及时改正错误和补足遗漏之处。如果时间不够，可以进行重点检查自己最容易疏忽和经常做错的地方。

（3）准备一本错题集。为了使自己了解哪些地方最容易疏忽，哪些地方经常做错，以便找到规律，就要把每次作业、测验、考试中做错的地方，统统登记下来，并做订正。这样坚持不懈，定期查看整理，一方面，我们可以摸到规律，根据规律进行练习，改正缺点；另一方面，也容易养成严格要求自己、一丝不苟的好作风。

"事在人为" "有志者事竟成" "天下无难事，只怕有心人"，只要能根据上述方法去做，就一定能改正"粗心"的缺点。

培养认真仔细的性格和学习态度，不仅有助于今后进一步学习科学文化知识，而且也是将来立足社会的一项重要资本。为了培养良好的性格，可参考如下建议。

（1）培养做事从容的心态。

如果有同学邀你去踢足球，家长却要求你留下来完成作业再去，效果当然可想而知。此时，与其让自己身在曹营心在汉，还不如先去玩，尽兴之后再从容去写，效果会来得更好些。在平时，要尽量为自己营造轻松的学习氛围，使自己学习不致分心，想方设法把事情做好，而不仅仅是完成。当我们可以静下心来做事的时候，正是我们想做事的时候，才是我们培养兴趣的开始，长时间安心做一件事是我们养成良好性格和习惯的开端。

（2）设计好方案之后再动手去做。

接到一项任务后，很多人往往习惯于立即动手去做，遇到困难才会停下来想一想，此时却发现已经做过的却并不需要。为了避免陷于这种被动局面，要学会先想后做，就是要先想想要做什么，需要什么，应该怎么做，设计好方案之后再动手去做。比如，晚上做完作业整理书包，应该先想想明天需要用到哪些东西，再考虑怎么放置比较合适，然后再装书包。而不是拿着书包见到什么就装什么，这样很容易造成物品的丢失或损坏。

（3）按照步骤一步一步地去做。

想好怎么做之后，关键是要按照步骤一步一步地去做。比如写作文，我们一般都是先写上要求写作的题目，然后想第一句，接着就一句一句往下续，犹如成语接龙，其困难程度可想而知。如果按照步骤先想一想要写什么，是写人、写事、状物还是写景，确定文章的中心，然后根据中心编写提纲，再按照提纲写草稿，最后修改润色。这样按照步骤逐步写下来，从容不迫，写出的文章就会连贯、完整、有条有理了。

（4）通过检查避免错误。

检查是做好事情的最后一关。有时，我们为了追求速度往往会忽略这一步，从而发生了一些本可以避免的错误。比如，做数学题目时，可以抄完一组数字后再对照一遍，以免抄错。除了每一步都检查以外，整个题目完成后也应该检查一遍，看看有没有遗漏的地方，这样做是否恰当，确认无误后方可放心，从而养成做事认真的良好习惯。

很简单，人人都不会把"粗心"看作"无知"。因为粗心不是不会，既然不是不会，就不能算是大毛病，也不算是大问题，当然也就不太值得让人担忧。况且谁都会难免粗心，谁都免不了出错，在这样的自我解脱的意识中，对"粗心"的放纵和宽容也就不难理解了。

认真，但不受思维定式的局限

阻碍我们进步和创新的并不是未知的知识，而是已知的知识，要培养自己的创新能力，我们就应当突破自己的思维定式，学会换一个角度看事物。下面一个小故事形象地说明了思维定式对人判断力的影响。

李凡是一所中学的心理辅导老师。一天，他对某中学的一个特长班学生做了一次智力测试，结果发现这个班的学生得分很高，智商属于"天赋极高"之列。面对这群日益骄傲的少年，刚公布完答案的李老师笑了笑对同学们说："嗨，同学们，我来出一道题考考你们的智力，出一道思考题，看你能不能回答正确？"

教室里安静下来，同学们纷纷表示同意。李老师便开始说思考题："有一位聋哑人，想买几根钉子，就来到五金商店，对售货员做了这样的手势：左手食指立在柜台上，右手握拳做出敲击的样子。售货员见状，给他拿来一把锤子，聋哑人摇摇头。于是售货员就明白了，他想买的是斧子。"李老师接着说，"聋哑人买好钉子，刚走出商店，接着进来一位盲人。这位盲人想买一把剪刀，请问：盲人将会怎样做？"不少同学随口答道："盲人肯定会这样——"他们伸出食指和中指，做出剪刀的形状。听了同学们的回答，李老师开心地笑起来："是吗？这是正确答案吗？盲人想买剪刀，只需要开口说'我买剪刀'就行了，他为什么要做手势呀？"

同学们沉默了，只得承认自己的回答错误。而李老师在考问他们之前就认定他们肯定要答错。如果走不出自己的思维定式，即使有一个很高智商分数也不会拥有高智能，当然更不会培养出创新的品质。

逆向思维是一种打破定式思维的常见方法，同时也是一种很重要的创新思维。

日本丰田汽车公司的创造人丰田喜一郎说过这样的话："如果我取得了一点成功的话，那是因为我对什么问题都倒过来思考。"

火箭本来是以"往上发射"的方式起作用，原苏联工程师米海依尔却倒过来想，终于在 1968 年、研制成功了"往下发射"的钻井火箭。后来他在此基础上与他人合作，又研制出了寒冰层火箭、穿岩石火箭等。人们把这些向下发射的火箭统称为钻地火箭。这些钻地火箭的重量，只有一般起同样作用的钻地机械重量的 1/17，能耗可减少 2/3，效率能提高 5~8 倍。科技界把钻地火箭的发明视为一次"穿地手段"的革命。

原来的破冰船起作用的方式都是由上向下压，后来科学家们倒过来想，研制出了潜水破冰船，这种破冰船将"由上向下压"改为"从下往

做个有自信
抗挫能力强的男孩

上顶",既提高了破冰效率,又减少了动力消耗。

法国微生物学家巴斯德通过研究和实验,证实了细菌可以在高温下被杀死,食物可以煮沸以后保存。英国科学家汤姆逊倒过来思考,推想细菌也可能在低温下被杀死或使其停止活动,食物也可以通过冷却过程加以保存。深入研究后,他终于发明了冷藏新工艺。

打破定式思维是打开创新之门的钥匙。犹太人以善于经商而闻名世界。他们在商业上的成功不仅得益于他们的精明和勤奋,而且还和他们善于打破常规思维的创新品质有关。有一个例子很好地展示了犹太人善于打破常规,积极创新的一面。

有一天,一个犹太人走进纽约的一家银行,来到贷款部,大模大样地坐了下来。

"请问先生有什么事情吗?"贷款部经理一边问,一边打量着来人的穿着:豪华的西服、高级皮鞋、昂贵的手表,还有领带夹子。

"我想借些钱。"

"好啊,你要借多少?"

"1美元。"

"只需要1美元?"

"不错,只借1美元。可以吗?"

"当然可以,只要有担保,再多点也无妨。"

"好吧,这些担保可以吗?"

犹太人说着,从豪华的皮包里取出一堆股票、国债等,放在经理的写字台上。

"总共50万美元,够了吧?"

"当然,当然!不过,你真的只要借1美元吗?"

"是的。"说着,犹太人接过了1美元。

"年息为6%。只要你付出6%的利息,一年后归还,我们就可以把这些股票还给你。"

"谢谢。"

犹太人说完,就准备离开银行。

一直在旁边冷眼观看的分行长,怎么也弄不明白,拥有50万美元的

人,怎么会来银行借1美元。他慌慌张张地追上前去,对犹太人说:

"啊,这位先生……"

"有什么事情吗?"

"我实在弄不清楚,你拥有50万美元,为什么只借1美元呢?你要是想借30万、40万美元的话,我们也会很乐意的……"

"请不必为我操心。只是我来贵行之前,问过了几家金库,他们保险箱的租金都很昂贵。所以嘛,我就准备在贵行寄存这些股票。租金实在太便宜了,一年只需花6美分。"

贵重物品的寄存按常理应放在金库的保险箱里,对许多人来说,这是唯一的选择。但犹太商人没有囿于常理,而是另辟蹊径,找到让证券等锁进银行保险箱的办法。从可靠、保险的角度来看,两者确实是没有多大区别的,除了收费不同。由此可见,创新就在于你能不能从一些常规的思维或者是一些已成定论的事实中跳出来,换个角度来看问题。

很多人不敢打破常规的思维方式,所以他们走不出宿命般的可悲结局;而一旦走出了思维定式,也许可以看到许多别样的人生风景,甚至可以创造新的奇迹。

成功不是命,而是创造性思维的结果。每个人都渴望成功,只有打破常规思维,才能突破常规生活。只要积极思考,发挥创新思维,你就能在平凡的生活中找到成功之路,成功实现梦想。

第十章
立即行动是男孩跨越障碍的法宝

行动在任何时候都不会晚。或许在这之前我们错失了一些好的机会、条件,或者因为自己错误的行为产生了一些不好的后果,但是,在一切以前的事态已经成为事实的情况下,我们只有一条路,那就是行动。除此之外,就只能是放弃和失败。

行动让计划变成现实

只有行动才能让计划变成现实。一张地图,无论多么翔实,比例多么精确,也永远不可能带着主人周游列国;严明的法规条文,无论多么神圣,永远不可能防止罪恶的滋生;凝结智慧的宝典,永远不可能缔造财富。只有行动才能使地图、法规、宝典、梦想、计划、目标具有现实意义。

安妮是一个可爱的小姑娘,可是她有一个坏习惯,那就是她每做一件事时,总是爱让计划停留在口头上,而不是马上行动。

安妮住在同一个村子里的詹姆森先生有一家水果店,里面出售本地产的草莓。一天,詹姆森先生对安妮说:"你想挣点钱吗?"

"当然想,"她回答,"我一直想有一双新鞋,可家里买不起。"

"好的,安妮。"詹姆森先生说,"隔壁卡尔森太太家的牧场里有很多长势很好的黑草莓,他们允许所有人去摘。你去摘了以后把它们都卖给我,1夸脱我给你13美分。"

安妮听到可以挣钱,非常高兴。于是她迅速跑回家,拿上一个篮子,准备马上就去摘草莓。

这时,她不由自主地想到,要先算一下采5夸脱草莓可以挣多少钱比较好。于是她拿出一支笔和一块小木板,计算结果是65美分。

"要是能采12夸脱呢?"她计算着,"那我又能赚多少呢?上帝呀!"她得出答案,"我能得到1美元56美分呢!"

安妮接着算下去,要是她采了50、100、200夸脱,詹姆森先生会给她多少钱。她将时间花费在这些计算上,一下子已经到了中午吃饭的时间,她只得下午再去采草莓了。

安妮吃过午饭后,急急忙忙地拿起篮子向牧场赶去。而许多男孩子在午饭前就到了那儿,他们快把好的草莓摘光了。可怜的小安妮最终只

做个有自信
抗挫能力强的男孩

采到了 1 夸脱草莓。

回家的途中，安妮想起了老师常说的话："办事得尽早着手，干完后再去想。因为 1 个实干者胜过 100 个空想家。"

只有行动才能让计划变成现实。成功在于计划，更在于行动。目标再伟大，如果不去落实，永远只能是空想。

在一次行动力研习会上，培训师做了一个活动。他说："现在我请各位一起来做一个游戏，大家必须用心投入，并且采取行动。"他从钱包里掏出一张面值 100 元的人民币，他说："现在有谁愿意拿 50 元来换这张 100 元人民币。"他说了几次，都没有人行动，最后终于有一个人跑向讲台，但仍然用一种怀疑的眼光看着老师和那一张人民币，不敢行动。那位培训师提醒说："要配合，要参与，要行动。"那个人才采取行动，终于换回了那 100 元。那位勇敢参与者立刻赚了 50 元。

最后，培训师说："凡事马上行动，立刻行动，你的人生才会不一样。"有这么一个笑话，也说明了行动力对于成功的重要性。

有一个郁郁不得志的年轻人每隔三两天就到教堂祈祷，而且他的祷告词几乎每次都相同。

"上帝啊，请念在我多年来敬畏您的分上，让我中一次彩票吧！阿门。"

几天后，他又垂头丧气地回到教堂，同样跪着祈祷："上帝啊，为何不让我中彩票？我愿意更谦卑地来服侍您，求您让我中一次彩票吧！阿门。"

到了最后一次，他跪着重复他的祈祷："我的上帝，为何您不垂听我的祈求？让我中彩票吧！只要一次，让我解决所有困难，我愿奉献终身，专心侍奉您——"

就在这时，圣坛上空发出一阵宏伟庄严的声音："我一直垂听你的祷告。可是——最起码，你也该先去买一张彩票吧！"

再美好的梦想，离开了行动，就会变成空想；再完美的计划，离开了行动，也会失去意义。青少年朋友要实现自己的理想，就应当注重行动，在行动中实现自己的梦想。

在行动中让梦想成真

约翰是一名年轻的乞丐。有一次,他整整一天都没有讨到吃的东西,到了傍晚,饥困交加的他靠在街道旁的一阶石梯上迷迷糊糊地睡着了。

睡梦中,约翰得到了一大笔金钱,他用这笔金钱开办了几家大公司,购置了一所带花园的别墅,娶了一位身材修长、美丽善良的姑娘。这位姑娘为他生了3个健壮的儿子。3个儿子长大之后,一个成了杰出的科学家,一个当上了国会议员,最小的儿子则成了一位将军。不久,儿子们都娶妻了,给他添了几位活泼可爱的孙子。

他后来成了世界级富豪,日子过得舒坦极了,他常常带着妻子和孙子们登上市内最高的观光塔,心满意足地观赏着城市的美景。一天,当他抱着最小的一位孙子正在塔顶观看晚霞的时候,不知怎么,一下子从塔顶上摔了下来……

他一下子醒了过来,睁开眼睛一看,自己仍然躺在冰冷的石板上,刚刚发生的一切都只是在梦中。只有怀中抱着的一件破棉袄仿佛在提醒他,现在最需要的是找点填肚子的东西。

这是一个关于梦想的故事。故事中的约翰做了一场根本不可能实现的、虚幻的、甜蜜的美梦,他梦里的东西太美妙了,可惜梦想不能当饭吃,他仍然面临着生存的危机。

这个故事告诉我们,梦想固然可以带给我们希望和动力,但只有矢志不移地为自己的梦想而奋斗,为自己的梦想洒下辛勤的汗水,我们的梦想才会成为现实。

西晋时期,统治者十分腐败,皇族内部为了争权夺利,钩心斗角,甚至不惜兵戎相见。长期的争战,给人民带来极大的灾难,边境的国防力量也大大削弱了,不少地方都被外族侵占了,国家眼看就要灭亡了。

当时祖逖和刘琨都在司州(今河南洛阳一带)做地方小官,两个人

做个有自信
抗挫能力强的男孩

都心怀大志，性格豪爽，因此成为志同道合的好朋友。他们不愿像别人一样醉生梦死地虚度光阴，而是每天聚在一起互相学习。白天，他们在一起钻研文韬武略；晚间，他们谈论国家的发展形势。每天清晨，天刚蒙蒙亮，他们就起床了，两人一起舞刀弄剑，苦习武功。在多年的学习及生活中，两人建立了深情厚谊。

一天晚上，两人又聚在一起谈心，说到朝政的腐败，还说到不少地方的饥荒，更谈论到关西匈奴等族起兵犯境的事，两人都对国家所面临的危险局势十分担忧。这天夜里，他们一直谈到很晚才入睡。

半夜时分，祖逖就被荒野中雄鸡发出的啼鸣声惊醒了。根据当地流传的迷信说法，半夜鸡啼是一种不祥之兆。此时此刻，祖逖并没有想到自己，而是想到了国家的前途和民族的命运，想着想着，不由得心潮涌动，一时间思绪万千，再难入睡。

于是，他伸手把睡在身旁的刘琨叫醒："听到没有！有鸡在叫！这绝不是什么不祥的声音，而是提醒我们振作起来的号角啊！"刘琨听了，点了点头，觉得很有道理，于是二人摸黑来到了后院，各自寻到自己的兵器，一个使刀，一个挥剑，虎虎生威地操练了起来。也就是在那时，祖逖在心中立下了雄心大志，一定要把失去的国土重新夺回来。从此以后，二人每天晚上只要听到鸡叫，就立刻起来习功练武，从未间断过，这就是成语"闻鸡起舞"的由来。

中原最终被外族给侵占了，可是祖逖恢复中原的雄心壮志一刻也没有改变，他一直在努力着。终于，在公元513年，他成功地集结了一大批主要由民间力量组成的队伍，并上书朝廷，主动请命北伐。由于他指挥有方，他率领的部队一路北上打了很多胜仗，恢复了江北的大片国土，立下了旷世奇功，得到了百姓的爱戴和拥护。

祖逖之所以能立下盖世奇功，是因为他心中有梦想、有壮志，并且有持之以恒地为梦想而奋斗的毅力。

梦想是一个人成功的动力。但是梦想必须加上切实的行动才会有意义。对于"梦想"，人们有各种不同的看法。有人认为健全的人应面对现实，不应耽于幻想。也有人觉得，爱做梦的人，根本不适合在现实社会中生存。

事实上，只要能够坚持不懈地为自己的梦想而奋斗，拥有梦想并不是一件坏事。

记住，一旦有了梦想，就必须拥有实现梦想的坚强意志和决心。如果像前文中的乞丐一样有梦想而没有努力，有愿望而不能拿出力量来实行，愿望永远也不会实现。

梦里的东西最美，现实的东西最真，只有通过艰苦的工作、不断的努力，才能将梦想变成现实。

青少年容易耽于梦想，缺乏行动。那么，如何才能把自己心中的梦想化为行动，成为促使自己走向成功的潜在力量呢？

（1）正视现实。

现实当然不比想象来得令人满足，但现实是现实，并非想象可以比拟。想象的东西只有落实到现实才有意义。如果一个人能正视现实，那么，当想象不能实现时，他也不会因此而灰心，而会继续向着自己的目标，向着成功不断地迈进。

（2）学会比较。

比较，就是同别人或同以前的自己进行比较。只有不断地比较，才能发现真正的自己与世界，才能正确看待眼前的现实。

（3）当空想实在不可抑制时，就去努力实现它。

既然是空想，当然不能实现。但是，当你为了这个空想去做了，虽然不能实现这个空想，你的行动本身仍会给你带来成功。这种成功，虽然比空想的来得小，但一定比现实的来得大。

（4）成功来自踏踏实实的努力，而非想入非非。

一步一个脚印地努力，这样的要求，虽说早已是陈词滥调，可是，真理虽然朴素，却总能放出光芒。

在现实社会中，没有梦想，美国人到现在恐怕还激荡在大西洋海岸的一角!没有梦想，人类恐怕现在还只能跷着脚仰望天上的飞鸟……

做个有自信抗挫能力强的男孩

坚定的行动还靠目标指引

目标是一个人成功路上的里程碑。目标能给你一个看得见的靶子，当你一步一个脚印去实现这些目标时，就会有成就感，就会更加信心百倍，向高峰挺进。

成功学专家拿破仑·希尔说过，不甘做平庸之辈的人，必须要有一个明确的追求目标，这样才能调动起自己的智慧和精力，全力以赴为自己的目标而行动。

目标是一种持久的热望，是一种深藏于心底的潜意识。它能长时间调动你的创造激情，调动你的心力。你一旦想到这种强烈的愿望，就会产生一种原子能般的动力，就会有一种钢铸的精神支柱；一想到它，你就会为之奋力拼搏，就会忘我地投入行动。

弗拉伦兹·恰克是第一个横渡英吉利海峡的女性。1952 年 7 月 4 日，在浓雾中，她走下加利福尼亚以西 57 千米的卡塔标纳岛，向加州游去，她要成为第一个横渡这个海峡的女人。雾很大，甚至瞧不见领航的船只。海水冻得她浑身都麻木了，海中还有鲨鱼，时时在威胁着她。

15 小时过去了，她感到自己不能再游了，她要放弃了。

她的母亲和教练在另一条船上。他们都告诉她离海岸很近了，叫她不要放弃，但朝加州海岸望去，她发现，除了浓雾外什么也看不到。

过了一会儿，在她的坚持下，人们把她拉上了船。

到了岸上，她渐渐觉得暖和多了。这时，她才发现，人们拉她上船的地点，离加州海岸只有 800 米左右。

一时间，她感到了失败的打击。

后来，她不无懊悔地对记者说："说实在的，我不是为自己找借口，如果当时我看见陆地，也许我能坚持下来。"

其实，令她半途而废的不是疲劳，也不是寒冷，而是她在浓雾中看不到目标。弗拉伦兹·恰克小姐一生中就只有这一次没有坚持到底。

两个月后,她终于成功地游过了同一个海峡。

目标是一个人行动的动力,现实生活中,我们发现那些最终获得成功的人始终会将目光集中在他们的目标上,他们常常在向目标奋进的过程中运用想象提醒自己目标所在。

奥林匹克运动会十项全能金牌获得者詹姆斯·卡特为了实现自己的目标,用运动器械装备了整个寓所,以便每天提醒他去实现自己的目标。他将十项全能每个项目的器械放在他不训练时也不得不看到的地方,跨高栏是他最差的一项,他就将一个栏放在起居室的正中央,每天必须跨越 **30** 次;他的门把手是个铅球;杠铃就放在室外廊檐下;撑竿跳高用的竿子和标枪在沙发后竖立着;壁橱里放着他的运动制服、棉织套服和跑鞋。詹姆斯说这种不寻常的陈设在他准备奥运会夺冠的过程中,帮助他改善了他的竞技状态。

已故网球名将阿瑟·艾虎早年也有类似的经验。

艾虎是打破网球界人种限制的唯一特例,在他之前,网球界一直是白人的天下。艾虎在他的生命后期,全力与艾滋病对抗,以唤起人们对这个世纪病毒更大的重视与关切。

他的一生可说是一连串设定并达到目标的过程。艾虎早年在网球场上就开始了这种模式,他学会了如何赢得成就感,一次只订立一个目标。

艾虎一生都坚持这样的信念:"每次你订立一个目标,然后完成那个目标,这样你就可以在目标的激励下不断前进。"

艾虎一生都以这种方式过日子。他订立一个目标,一旦达到那个目标,他就再订立一个新的目标。为什么呢?他解释道:"我相信,自信能改变一个人。自信也能扩散到生活中很多不同的层面,使你不但对自己的专长更有自信,而且还会对很多其他的事提高信心。相信自己也能做到,大可运用在其他工作或另外一组目标上。"

艾虎就是运用这种订立目标的方法,登上了网球王座。他说:"我早年的几位教练常订立清楚明确的目标,这正是我愿意遵循的。这些目标不见得一定要像赢得巡回赛这么重大,而是将一些有待克服的困难、需要努力与做计划的事订立为目标。如果能达到这个目标,一定会有某种收获。不过我要再强调,不是只有赢得巡回赛才可以作为目标,往往

做个有自信
抗挫能力强的男孩

一些小目标渐渐一个个地达到后，我自己都会意外地发现：嘿！我距离得大奖已经越来越接近了。"

艾虎一直以这种方式参加高难度的比赛。他说："参加巡回赛，总想能进入复赛。比赛时，总希望漏接的反手球不超过某个数字。或者是必须锻炼体力到一定的程度，气候太热时，才不至于很快就感到疲倦。这一类的小目标，可以帮助你将成为世界第一或赢得巡回赛这类的远大目标分解开来，变得更容易。"

因发现 DNA 结构而荣获诺贝尔奖的美国科学家莫里斯·威尔金斯说道："癌症的种类实在太多了，我正设法治愈某些癌症。当然我们希望能治愈的越多越好。但是，你一定要把治疗某类癌症这一目标分解成很多短期内可以完成的中程目标。明天就治愈结肠癌不能算是中程目标。我们目前的目标只是先认识这个病症。这个过程还牵涉很多不同的步骤。没有人愿意身陷挫折之中。每次实现一个小目标，将会是你快乐的源泉。"

用目标激励行动，你就会发现自己在完成了一个又一个目标之后，正一步步地走向成功，而不是总耽于空想或者疏于行动。

做好行动前的准备

第二次世界大战期间，具有决定性意义的诺曼底登陆是非常成功的。为什么那么成功呢？原来美英联军在登陆之前做了充分的准备。他们演练了很多次，他们不断演练，演练登陆的方向、地点、时间以及一切登陆需要做的事情。最后真正登陆的时候，已经胜算在握，登陆的时间与计划的时间只相差几秒钟。这就是准备的力量。

　　古人说得好,有备无患。只有充分准备才能换来最好的结果。一个人准备工作做得越充分,成功的可能性就越大。我们常说:养兵千日,用兵一时。这也是一种准备哲学。

　　飞人迈克尔·乔丹是美国篮坛有史以来最顶尖的球员,被称为篮球之神。他具备所有成为篮球王的特质和条件,他打任何一场篮球比赛,胜算都是很大的。但是,他在参加任何一场重要的赛事之前,都会练习,练习投篮,练习基本动作。他是球队练习最刻苦的人,他是把准备工作做得最充分的人。

　　在吸引了几乎全世界人眼球的拳坛世纪之战中,当时正如日中天的泰森根本没有把已年近40岁的霍利菲尔德放在眼里,自负地认为可以毫不费力地击败对手。同时,几乎所有的媒体也都认为泰森将是最后的胜利者。美国博彩公司开出的是22赔1泰森胜的悬殊赔率,人们也都将大把的赌注押在了泰森身上。

　　在这种情况下,自认已经稳操胜券的泰森对赛前的准备工作——观看对手的录像,预测可能出现的情况及应对措施,保证自己充足的睡眠和科学的饮食方面都敷衍了事。

　　但是,比赛开始后,泰森惊讶地发现,自己竟然找不到对手的破绽,而对方的攻击却往往能突破自己的漏洞。于是,气急败坏的泰森做出了一个令全世界都感到震惊的举动:一口咬掉了霍利菲尔德的半只耳朵!

　　世纪大战的最后结局当然是泰森成了一位可耻的输家,还被内华达州体育委员会罚款600万美元。

　　泰森输在准备不足。当霍利菲尔德认真研究比赛录像,分析他的技术特点和漏洞时,泰森却将教练准备的资料扔在了一边;当对手在比赛前拼命热身,提前进入搏击状态时,他却和朋友在一起狂欢。虽然泰森的实力确实比对手高出一筹,年龄上也占尽了优势,但他最后却一败涂地。

　　霍利菲尔德的成功和泰森的失败重要的一点在于准备。是的,每一个差错往往因准备不足,每一个成功又往往因准备充分。

　　当然,在这种一战定胜负的比赛中,偶然性确实占了很大的比重。

做个有自信

抗挫能力强的男孩

这个时候，比的并不是谁的实力最强，而是谁犯的错误最少。只有真正地重视准备，扎实地把准备工作都做到位，才能从根本上保证你不犯或少犯错误。葡萄牙波尔图足球队的主教练、被称为"上帝第二"的穆里尼奥说过一句很著名的话："当准备的习惯成为你身体的一部分，它就会永远在那里，并帮助你取得令人惊讶的胜利。"

穆里尼奥曾担任葡萄牙球队波尔图的主教练，率领球队征战欧洲冠军联赛时，几乎没有人相信他们能杀入决赛，更别提夺取冠军了。但结果却使所有人都大跌眼镜，这个从队员到主教练都无名的俱乐部，竟然得到了欧洲足球的最高荣誉。

确实，波尔图的队员们和皇马、米兰等大牌球队的球星相比，无论名气上还是实力上都相差悬殊；当时的穆里尼奥和卡佩罗、马加特、扎切罗尼等知名教练相比，也不可同日而语。但穆里尼奥却有一个胜利的武器：对准备工作超乎寻常地重视。他几乎观看了所有对手最近的每一场比赛，可以说，所有对手的技术特点、战术风格、最近的状态……他都了如指掌甚至对比赛当天的天气、场地草皮的状况，他都进行了详细的了解并制定了相应的对策。结果在决赛当天，他使用的队员、阵形、战术打法都直指对方的软肋，就像他夺冠后所说的那样："如果大家知道我们为了取得胜利而研究了多少场比赛，准备了多少资料，筹划了多少方案，就会认为这个冠军我们当之无愧。"

当时，有相当多的人认为穆里尼奥的成功只是运气好，再加上那些大牌球队在对无名球队时缺少重视和兴奋感，才让他捡到了一个冠军。其实，穆里尼奥的胜利是必然的，因为他的准备工作比任何人都充分，正是因为对准备超乎寻常地重视，才使他站到了欧洲足球之巅。

功成名就的穆里尼奥在夺冠的第二年来到英超球队切尔西，这里汇集了很多世界级的大牌球员。当穆里尼奥和这些队员第一次见面的时候，他所做的第一件事是打开随身携带的笔记本电脑，开始如数家珍地介绍这些球员：从技术风格、进球数、身高体重，甚至详细到哪些是左脚打进的、哪些是右脚打进的，都了如指掌。穆里尼奥的这一举动一下子就震住了这些球星。不过，这只是开始，令他们更没有想到的是，主教练这种近乎完美的准备工作会使他们在后面的比赛中取得一个又一个胜利。

在穆里尼奥的带领下,切尔西队不管是在国内联赛还是在欧洲冠军联赛,都取得了一连串的胜利。穆里尼奥出名了,但他在赢得别人尊重的同时,又被许多对手厌恶。喜欢他的人称他为"上帝第二",讨厌他的人却称呼他"魔鬼"。

现在,不管是欣赏他还是厌恶他的人,都开始研究穆里尼奥,他们总结了很多条,比如,善于用人、阵形选择合理、自信等。遗憾的是,却很少有人领会到穆里尼奥成功的真正原因——充分的准备。

我们大家几乎每天都生活在准备之中,所以,反而对它的重要性视而不见。提起准备,也许有人会说:"准备没有什么了不起。"但就是这不起眼的准备,却能造就神奇的成功;反之,也能造成痛苦的失败。

不在想象中放大困难

所有的困难都是纸老虎,你越是怕它,它就越强大;你如果积极想办法,努力地去解决,那些看起来很难解决的问题就会迎刃而解。

琳达是一位中年妇女,自从她嫁到现在所在的这座农场,那块石头就已经在这里了。石头的位置刚好位于后院的屋角,而且是一块形状怪异、颜色灰暗的怪石。它的直径大约1米,从屋角的草地里突出将近2厘米。如果不小心,随时都有可能被它绊倒。

有一次,当琳达使用割草机清除后院的杂草时,不小心碰到了石头,割草机高速运转的刀片就这样被碰断了。因为常常造成不便,所以琳达对丈夫说:"能不能想个办法,把这块石头挖走呢?"

"不可能挖起来的。"丈夫这么回答,琳达的公公也表示同意。

做个有自信
抗挫能力强的男孩

"这个石头埋得很深。"公公对琳达说，"从我小时候，这块石头就在这里了，从来没有人尝试把它挖起来。"

石头就这样继续留在后院里。年复一年，琳达的孩子们出生，然后成家，接着是琳达的公公去世，到最后，琳达的丈夫也去世了。

在丈夫的葬礼过后，琳达开始打起精神清理房子，这个时候她看见了那块石头，因为它的关系，周围的草坪始终无法生长良好。

于是琳达拿出了铁铲和手推车，准备花上一整天的时间挖走这块石头。没想到才过了十几分钟，石头就已经开始松开，而且一会儿工夫就被琳达给挖出来了。

原来，这颗石头只不过几十厘米深而已，于是，那块原本每一代都认定没办法移动的石头，就这样简单地被移走了。

如果琳达没有亲自动手去做，关于这块石头难以移动的"神话"，或许也就这么继续流传下去了。

困难到底是不是困难，必须动手去做才会知道。如果你只是在一旁空想，那么这个世界对你而言，将会是个被重重"困难"包围的可怕环境，而你，永远也无法破除困难，往前再进一步！

很多人成功靠的就是这种勇于行动、不被想象中的困难吓倒的精神。日本冈山市有栋非常漂亮气派的 5 层钢筋水泥大楼。这栋大楼就是条井正雄所拥有的冈山大饭店。然而，谁也没想到，这位条井当年身无分文却盖起了这栋大楼。

条井以前是一个银行的贷款股长，一直负责办理饭店旅馆业的贷款工作。10 年的工作，使他学到了丰富的旅馆经营知识，这时心里自然也产生了经营旅馆的欲望。为了求得更完整的方案，他实地做过精密的调查，调查结果是来冈山市的旅客，有 97% 是为商务而来的。然后，他又在公路边站了 3 个月，调查汽车来往情况。然而，当时冈山市的旅馆却没有一家拥有像样的停车场设施。他想，将来新盖的饭店，必须具有商业风格，而又附设广阔的停车场，以此来吸引旅客。他又花费 1 年时间，制成几张十分阔气的饭店设计图纸和一份经营计划书。抱着试试看的心情，他来到冈山市最大的建筑公司碰运气。一位主管看了条井的设计后，问他：

"你准备了多少资金来盖这栋大楼?"

"我一分钱也没有,我想,先请你们帮我盖这栋大楼,至于建筑费,等我开业之后,分期付给你们。"条井泰然自若地回答。

"你简直是在白日做梦,真是太天真了,请你把这个设计图拿回去吧!"

"这几张图纸和计划书是我花了两年的时间做成的,我认为很完整。请你们详细研究,我以后再来讨教!"条井不敢多言,把设计图丢在那里,调头就走。

半个月后,奇迹发生了,这个建筑公司约他去面谈。该公司的董事和经理济济一堂,从上午 8 点到下午 4 点,一个接一个向他提各式各样的问题,那种场面真是令人惊心动魄。然而,难以令人相信的事终于发生了,建筑公司决定花 2 亿日元替这位身无分文的先生盖饭店。

1 年后,饭店落成了,条井成了老板。

方法总比困难多。所有的困难在智慧和行动面前都会变得不值一提。

1968 年春,罗伯·舒乐博士立志在加州用玻璃建造一座水晶大教堂,他向著名的设计师菲力普·强生表达了自己的构想:

"我要的不是一座普通的教堂,我要在人间建造一座伊甸园。"

强生问他的预算,舒乐博士坚定而坦率地说:"我现在一分钱也没有,所以 100 万美元与 400 万美元的预算对我来说没有区别。重要的是,这座教堂本身要具有足够的魅力来吸引人们捐款。"

教堂最终的预算为 700 万美元。700 万美元对当时的舒乐博士来说是一个不仅超出了能力范围也超出了理解范围的数字。

当天夜里,舒乐博士拿出一页白纸,在最上面写上"700 万美元",然后又写下了 10 行字:

(1) 寻找 1 笔 700 万美元的捐款。
(2) 寻找 7 笔 100 万美元的捐款。
(3) 寻找 14 笔 50 万美元的捐款。
(4) 寻找 28 笔 25 万美元的捐款。
(5) 寻找 70 笔 10 万美元的捐款。
(6) 寻找 100 笔 7 万美元的捐款。
(7) 寻找 140 笔 5 万美元的捐款。

做个有自信
抗挫能力强的男孩

（8）寻找280笔5.5万美元的捐款。

（9）寻找700笔5万美元的捐款。

（10）卖掉1万扇窗户，每扇700美元。

60天后，舒乐博士用水晶大教堂奇特而美妙的模型打动了富商约翰·可林，他捐出了第一笔100万美元。

第65天，一位倾听了舒乐博士演讲的农民夫妻，捐出第一笔1000美元。

90天时，一位被舒乐博士孜孜以求精神所感动的陌生人，在生日的当天寄给舒乐博士一张100万美元的银行本票。

8个月后，一名捐款者对舒乐博士说："如果你的诚意和努力能筹到600万美元，剩下的100万美元由我来支付。"

第二年，舒乐博士以每扇500美元的价格请求美国人订购水晶大教堂的窗户，付款办法为每月50美元，10个月分期付清。6个月内，1万多扇窗户全部售出。

1980年9月，历时12年，可容纳1万多人的水晶大教堂竣工。这成为世界建筑史上的奇迹和经典，也成为世界各地前往加州的人必去瞻仰的胜景。

水晶大教堂最终造价为2000万美元，全部是舒乐博士一点一滴筹集而来的。

许多困难乍一看起来像大山一样不可撼动，然而我们本着从零开始，点点滴滴去实现的决心，有效地将问题分解成许多板块，那么，再大的困难也阻止不了我们行动的步伐，所有的困难都会被我们顺利解决。

不拖延，今日事今日毕

拖延是无谓的耽搁，不仅无助于问题的解决，而且还会让问题变得越来越糟。那些遇事拖延的人只会让自己处处陷入被动，即便是机会到了他们面前，他们也抓不住。

有一位猎人，带着他的袋子、弹药、猎枪和猎狗出发了。虽然人人劝他在出门之前把弹药装进枪筒里，他还是带着空枪走了。

"废话，"他嚷道，"以前我没有去过吗？而且不见得我出生以来，天空中就只有一只麻雀啊！我真正到达那里，得一个钟头，哪怕我要装100回子弹，也有的是时间。"

仿佛命运女神在嘲笑他的想法似的，他还没有走过开垦地，就发现一大群野鸭密密地浮在水面上，我们的乡村猎人一枪就能打中六七只，毫无疑问，够他吃上一个礼拜的，如果他出发时就在枪筒内装好了子弹的话。如今他匆匆忙忙地装着子弹，可是野鸭发出一声鸣叫，一齐飞起来了，高高地在树林上方排成长长的一列，很快就飞得看不见了。

他徒然穿过曲折狭窄的小径，在树林里奔跑搜索。树林是个荒凉的地方，他连一只麻雀也没有见到。糟糕的是，一桩不幸又惹起了另一桩不幸：

一声霹雳，大雨倾盆。浑身都是雨水，袋子里空空如也，猎人只好拖着疲乏的脚步走回家去了。

我们在一生中，总有种种的憧憬、种种的理想、种种的计划。假使能够将一切憧憬都抓住，将一切理想都实现，将一切计划都执行，那么事业上的成就，不知要怎样地宏大；我们的生命，不知要怎样地伟大。然而我们却总是惯于拖延，一拖再拖，有理想不能实现，有计划不去执行，终于坐视种种憧憬、理想、计划幻灭并消逝。

梦想和成功并不遥远。如果下定决心立刻去做，就会使你心中最热望的梦想实现。王牌保险销售员查尔斯正是如此。

做个有自信
抗挫能力强的男孩

查尔斯是一个打猎爱好者，他最喜欢的生活是带着钓鱼竿和猎枪步行 25 千米到森林里，过几天以后再回来，筋疲力尽、满身污泥，却快乐无比。

这类嗜好唯一不便的是，他是个保险推销员，打猎、钓鱼太花时间。有一天，当他依依不舍地离开心爱的鲈鱼湖，准备打道回府时，突发异想：在这荒山野地里会不会也有居民需要保险？那他不就可以在户外逍遥的同时工作了吗？结果他发现果真有这种人：他们是阿拉斯加铁路公司的员工。他们散居在沿线 50 里各段路轨的附近。他可不可以沿铁路向这些铁路工作人员、猎人和淘金者卖保险呢？

查尔斯就在想到这个主意的当天开始积极计划。他向一个旅行社打听清楚以后，就开始整理行装。他不肯停下来让恐惧乘虚而入，自己吓自己会使以后的主意变得荒唐，以为它可能失败。他也不左思右想找借口，他只是搭上船直接前往阿拉斯加。

查尔斯沿着铁路沿线开始了他的工作。很快他就成为那些与世隔绝的家庭最欢迎的人，不只因为没有人愿意跟他们打交道，他却前来卖保险，还因为他代表了外面的世界。不但如此，他还学会理发，替当地人免费服务。他还无师自通地学会了烹饪，由于那些单身汉吃厌了罐头食品和腌肉，他的手艺自然使他变成了最受欢迎的贵客。同时，他也正在做自己最想做的事，徜徉于山野之间，打猎、钓鱼，过着自己想要的生活。

在人寿保险事业里，对一年卖出 100 万元以上的人设有光荣的特别头衔，叫作"百万圆桌"。在查尔斯的故事中，最不平常而使人惊讶的是：在他把突发的一念付诸行动以后，在动身前往阿拉斯加的荒原以后，在沿线走过没人愿意前来的铁路以后，他一年之内就做成了百万元的生意，因而赢得"圆桌"上的一席地位。假使他在突发奇想时，对于做事的秘诀有半点迟疑，这一切都不可能发生。

今日之事今日毕。今日有今日的事，明日有明日的事。今日的计划，今日的事情，今日就要去做，一定不要拖延到明日，因为明日还有新的计划和新的事情。

清代钱泳写了一则《明日歌》，内容为：

明日复明日，明日何其多!

我生待明日，万事成蹉跎。

世人皆被明日累，春去秋来老将至。

朝看水东流，暮看日西坠。

百年明日能几何？请君听我《明日歌》。

明代文嘉有一则《今日歌》，内容为：

今日复今日，今日何其少!

今日又不为，此事何时了？

人生百年几今日，今日不为真可惜!

若言姑待明朝至，明朝又有明朝事。

为君聊赋《今日诗》，努力请从今日始。

那些在事业上成功的杰出人士总能够克服一般人都会具有的拖延的毛病，就是因为他们明确地知道时间的易逝、可贵，所以，对于时间，他们总是像对待生命那样珍惜。

维克多·雨果是19世纪法国著名作家。有一回，他为了创作一部新作品，紧张地投入工作中，可是，外面不断有人来邀他去赴宴，出于礼节，他不得不去，为此浪费了好多时间。最后，他想出了一个绝妙的办法，把自己的头发剪去一半，又把胡子剪掉，再把剪子扔到窗外。这样，他就不好出去会客，不得不留在家里。于是他专心致志地埋头创作，把又一部巨著奉献给人们。他把这种办法称之为"合理的方式"。

拖延是每个人都会有的坏习惯，那些杰出人士为了打败拖延这个敌人，往往会给自己制订一张严密而又紧凑的工作计划表，然后坚决地去执行它。

人们问富兰克林："你怎么能做那么多的事呢？""您看看我的时间表就知道了。"他的作息时间表是什么样子呢？5点起床，规划一天事务，并且自问："我这一天要做些什么事？"上午8点至11点，下午2点至5点，工作。中午12点至1点，阅读，吃午饭。晚6点至9点，吃晚饭、谈话、娱乐，考查一天的工作，并自问："我今天做了什么事？"

朋友劝富兰克林说："天天如此，是不是过于……""你热爱生命吗？"富兰克林摆摆手，打断朋友的话，"那么别浪费时间，因为时间是

做个有自信

抗挫能力强的男孩

组成生命的材料。"

平庸的人总是有着计划而不去执行，而优秀的人总是知道：做以前留下来的事情，会是一件多么不愉快而要让人觉得困难丛生的事情。

拖延的习惯往往会妨碍人们做事，会打消一个人做事的热忱，消灭人的创造力。杰出的作家、翻译家林语堂先生对这个问题有一个非常艺术化的比拟。

有一天，一个神奇美妙的影像，突然闪电一般地袭入一位艺术家的心胸。但是他不想立刻提起画笔，将那不朽的影像形成在画布上；这个影像占领了他全部的心灵，然而他总是不跑进画室，埋首挥毫；最后，这幅神奇的图画，渐渐地在心灵上淡去了！

塞万提斯说："取道于'等一会儿'之街，人将走入'永不'之室！"说的正是这个道理。

命运无常，良机难再。那些卓越人士的成功就在于，每当有某种天才的、美妙的设想出现在心里的时候，他们绝不会拖延，而是抓住机会，动手去做。

只有行动起来才能跨越障碍

不论做什么事情，都必须拼命去做，如果半途而废，还不如不做。最重要的是把全副精神集中在自己的目标上。当你决定是否去做某一件事情时，它要么一定有去做的价值，要么就是没有去做的价值。所以，一旦决定了去做之后，就要集中精神去做。在这方面，姚明无疑就是我们学习的最好榜样。

1994年不到14岁的姚明进入上海青年队。在当时，他是新队员中技术最差的一个，队友们不愿意把球传给他，因为他手里的球老是轻易就被人截走。除了身高，当时的姚明根本没有什么别的优势，而且他的心肺功能、肌肉力量都不是很强，在球场内练习蛙跳显得十分吃力。教练陆智强说："姚明不会打球，甚至连跑都不会。"还有一个问题是，姚明长得太快，身高过高，不够强壮，肌肉发达程度大大低于普通人，另外他还严重缺钙，骨骼不够强壮……

针对这一情况，科研人员为姚明特地制订了一套方案，循序渐进地增强姚明的骨密度和骨肉质量。姚明在配合实施这套强身方案的同时，也在教练的指导下，加强了体能的训练。对于训练，姚明从不马虎，也特别能吃苦，因为他知道想要在篮球场上实现自己进入国家队的梦想，必须下功夫去做。

三年过去了，姚明有了极大的提高。这时他有了新目标：进入国家队与自己的偶像王治郅一起打球。1997年10月，姚明参加全国八运会男篮比赛。战山东队、战河北队……姚明一鸣惊人，虽然他还明显稚嫩。在与浙江队的比赛中，姚明在防守对方高大的中锋时，竟然15次摔倒在地。

接下来的CBA第二个赛季，姚明加入上海东方大鲨鱼队。到1998年春赛季结束，姚明所在球队获得第五名，而他自己则以45个盖帽的技术统计，排在自己的偶像王治郅之后。1998年3月20日，中国篮协公布了由广大球迷和新闻记者评选出的1997—1998赛季CBA全明星队名单，姚明榜上有名。4月，传来喜讯：姚明入选国家男篮集训队，备战曼谷亚运会。

虽然在几个月后，国家体育总局公布的代表团名单中姚明只是一个"候补队员"而无缘国家队，但是姚明知道离自己的梦想不远了，经历看到梦想从眼前飞走的感觉之后，他感到自己真正地长大了。这也激励着他更加努力地去实现自己的梦想。

很多人都有过这样的经验，刚定好目标时颇有磨刀霍霍的干劲，可是过了三个星期后就没劲了，更别提实现目标的自信了。实际上，制定目标相对容易，难的是付诸行动。制定目标可以坐下来用脑子去想、用笔去写，实现目标却需要扎扎实实的行动，只有行动才能化目标为现实。

很多人都制定了自己的人生目标，但制定了目标之后，便把目标束之高阁，没有投入实际行动中去，到头来仍然是一事无成。

在初中的语文课本中，有一个关于蜀鄙二僧的故事：蜀之鄙有二僧，

做个有自信
抗挫能力强的男孩

其一贫，其一富。贫者语于富者曰："吾欲之南海，何如？"富者曰："子何恃而往？"曰："吾一瓶一钵足矣。"富者曰："吾数年来欲买舟而下，犹未能也。子何恃而往？"越明年，贫者自南海还，以告富者。富者有惭色。

蜀地的这两个僧人，都有到南海的目标。富裕的僧人准备了数年，想买条船去南海，然而他空有目标，但却不付出行动，几年过去了，结果还是"犹未能也"。而那个贫苦的僧人却明白这样的道理：不去行动，目标永远也实现不了。于是尽管他只有一瓶一钵，但经过努力他终于到达了南海。制定目标是为了达到目标，目标制定好之后，就要付诸行动去实现它。如果不化目标为行动，那么所制定的目标就失去了意义。

总之，为实现自己的目标，我们必须像姚明那样，尽一切努力，这样大多数人多会达到自己的目标，即使没有取得巨大成就，我们的人生也没有遗憾。

方法与策略：

确定自己的目标后，就不能有一丝一毫的犹豫，而要坚决地投入行动。观望、徘徊或者畏缩都会使你延误时间，以致使计划化为泡影。那么怎样才能把目标化为行动呢？

把目标转化为行动，你不妨尝试以下步骤。

1.将四个已经拖延很久但须马上开始的行动写下来。

2.没有开始行动的若干原因写下三条。

3.写出你拖延那四个行动而觉得快乐的理由。

4.写出如果你不马上改变所造成的后果。

5.写下那四个行动后的所有快乐。

光阴易逝，不容蹉跎，你在人生中真正能抓住的时间就是现在，就是今天，所以一旦你的目标确立了你就要行动起来。

在这个世界上，想成功没有别的途径，只有行动才是达到目标的唯一途径。立即行动的能力和善于安排行动计划的能力对个人成功都是非常重要的。缺少这种能力，纵使你的目标再好，最终也难以达成。

第十一章 冷静自制是男孩应当有的心理素质

自制力是人非常重要的素质。自制首先是自知,知道自己现在最重要的和适合做的事情,踏实为此努力,并放弃一些爱好和幻想。其次是自控,遇到不痛快的人或事,要明白世界不仅仅属于我,冷静控制火气,找到可行办法。

自制让自己更快强大起来

一个人要成就大的事业，就不能随心所欲、感情用事，对自己的言行应有所克制，这样才能使自己的错误、缺点得到改正，不致铸成大错。高尔基说："哪怕是对自己的一点小小的克制，也会使人变得强而有力。"德国诗人歌德说："谁若游戏人生，他就一事无成，不能主宰自己，永远是一个奴隶。"一个人要想成为能够主宰自己命运的强者，成就一番事业，就必须对自己有所约束、有所克制。

自制对于一个人的成长进步，有着十分重要的意义和作用。每个人都应当树立自我管理意识，在心中培养自我管理意识的紧迫感。这种紧迫感不能是别人强加的，必须是自己切身感觉到的。首先，这种紧迫感来自个人成长和发展的强烈渴望。有了这样的愿望，人们才能形成如何有效地管理自己的思想、言论和行动的意识，才能自觉地去管理自己。反之，一个人自己没有成长和发展自己的愿望，当然不会产生如何管理自己的意识。其次，这种紧迫感来自对社会现实的深刻认识。当今的社会，管理正在作为一门科学迅速应用于人们生活的各个领域，整个社会的经济管理、政治管理、思想管理、法律管理、道德文化管理等正在走向科学化，越来越多的人已经开始把管理科学运用于人生过程中。

人的自制能力和自我管理能力并不是天生的，它和人的其他能力一样，都是后天开发出来的，每个人的自我管理能力都是可以不断提高的。那么，青少年怎样才能不断提高自己的自我管理能力呢？

（1）正确认识自己。

正确认识自己是多方面的，包括生理机理、心理素质、智能特点、行为特点等等。但从个人修养角度，则主要在于个体应客观地、全面地、正确地认识和评价自己，为做好自律打下良好的基础。这就是所谓的"自知者明"。不能自识、自知，就无从自律，行动中就会因盲动而招致失败。只有首先自识，才能自觉按客观规律严于律己，在行动中获得成功。

(2) 多多反省自身。

自我反省、自我监督、自我检点。它是在自识前提下进行的。通过自省，发现自己思想深处存在的种种问题，及时加以纠正和克服。

(3) 做好自我批评。

自我批评是自我的进一步发展与深化，也是自省的结果付诸行动的过程。自我批评历来是成就大业者自我教育、自我改造、开诚布公承认错误和公开改正自己错误的最好武器。凡是在修养上卓有成效者，都是严于自我解剖、勇于自我批评的人。

人们盲目对待人生的时代正在宣告结束，人生正在朝着科学化的方向前进。科学化的人生需要科学的自我管理。人们如果能清醒地看到这一点，就会产生一种觉悟，即自己不科学地管理自己，就会失去人生的主动权，就会被别人远远地抛在后面。有了这种觉悟，就会主动地发展自己。

做情绪的主人

有自制力不仅仅是人的一种美德，在一个人成就事业的过程中，自制力也是一项决定成败的关键素质。

有人说：一个人要想在事业上取得成功，务必戒奢克俭，节制欲望，只有有所放弃，才能有所获得。自制不仅仅是在物质上克制欲望，对一个想要取得成功的人来说，精神上的自制力也是非常重要的。衣食住行

做个有自信
抗挫能力强的男孩

毕竟是身外之物，不少人都能自制，甚至是尽善尽美地克制，但精神上的、意志力上的自制却非人人都能做到。

想要成功必须使消极的情绪得到有效的控制，否则，人的生活质量、工作成效和事业成就将无法保证。米开朗琪罗曾说："被约束的才是美的。"对情绪来说也是如此，一个人的情绪如果不能得到有效的调控，那么，人就有可能成为情绪的奴隶，成为情绪的牺牲品。

芬妮是一个脾气暴躁、容易出现情绪波动的女孩，经常因为小事和别人吵架，她的人际关系因此愈来愈紧张，结果男友也难以忍受她的坏脾气，和她分手了。终于有一天，她觉得自己已经处于崩溃边缘。

她打电话向她的一个朋友詹森求救。詹森向她保证："芬妮，我知道现在对你来说是有点糟，可是只要经过适当的指引，一切就会好转。"

"你现在的第一件事是让自己安静下来，好好地享受一下宁静的生活。"

听了詹森的话，芬妮开始试着放弃先前忙碌的生活，好好地放松一下自己，给自己休了一个长假。当她已经稳定了一段时间之后，詹森又建议道："在你发脾气之前，不妨想想，究竟是哪一点触动了你？"

"你可以拥有两种思考，一种是让每件事情都在脑海里剧烈地翻搅，另一种则是顺其自然，让思想自己去决定。"说着，詹森拿出了两个透明的刻度瓶，然后分别装了一半刻度的清水，随后又拿出了两个塑料袋。芬妮打开来，发现分别是白色和蓝色的玻璃球。詹森说："当你生气的时候，就把一颗蓝色的玻璃球放到左边的刻度瓶里；当你克制住自己的时候，就把一颗白色的玻璃球放到右边的刻度瓶里。最关键的是，现在，你该学会控制自己的情绪，如果你不试着控制自己的情绪，你会继续把你的生活搞得一团糟。"

此后的一段时间内，芬妮一直照着詹森的建议去做。后来，在詹森的一次造访中，两个人把两个瓶中的玻璃球都捞了出来。他们同时发现，那个放蓝色玻璃球的水变成了蓝色。原来，这些蓝色玻璃球是詹森把水性蓝色涂料染到白色玻璃球上做成的，这些玻璃球放到水中后，蓝色染料溶解到水中，水就呈现了蓝色。詹森借机对芬妮说："你看，原来的清水投入'坏脾气'后，也被污染了。你的言语举止，是会感染别人的，就像玻璃球一样。当心情不好的时候，要控制自己。否则，坏脾气一旦投射到别人身上的时候，就会对别人造成伤害，再也不能回复到以前。所以一定要控制好自己的言行。"

芬妮后来发现，当按照詹森的建议去做时，人真的不会那么混沌了，事情也容易理出头绪。在此之前，她的心里早已容不下任何新的想法和三思而后行的念头，已经形成了一种忧虑的习性，这些让她恐惧慌乱而情绪化。

当詹森再次追访的时候，两个人又惊喜地发现，那个放白色玻璃球的刻度瓶竟然溢出水来——看来芬妮对自己的克制成效不小。慢慢地，芬妮已学会把自己当成一个思想的旁观者，来看清自己的意念。一旦有了不好的想法就很快发现，想法失控的时候就及时制止。这样持续了一年，她逐渐能够信任自己并且静观其变，生活也步入常轨，并重新得到了一位优秀男士的爱，美好在她的生活中渐渐展现。

任凭坏情绪摆布的人往往是生活的弱者，当你要发脾气的时候，应该做的第一件事就是尽量让自己安静和放松下来，想一想目前出现了什么情况，而不是顺其自然让脾气发作，被情绪牵着走。

有一天，陆军部长斯坦顿怒气冲冲地来到林肯那里，抱怨一位少校公开指责他偏袒下属。林肯建议斯坦顿立即写一封信回敬那位少校。

"可以狠狠地骂他一顿。"林肯说。

斯坦顿立刻写了一封措辞激烈的信，然后拿给总统看。

"对了，对了。"林肯高声叫好，"要的就是这个！好好教训他一顿，真写绝了，斯坦顿。"但是当斯坦顿把信叠好装进信封里时，林肯却叫住他，问道："你要干什么？"

"寄出去呀。"斯坦顿有些摸不着头脑了。

"不要胡闹。"林肯大声说，"这封信不能发，快把它扔到炉子里去。凡是生气时写的信，我都是这么处理的。这封信写得好，写的时候你已经解了气，现在感觉好多了吧，那么就请你把它烧掉，再写第二封信吧。"

和别人生气的时候，要注意合理控制自己的情绪，既不要把自己的愤怒压抑在心底，也不要直接将愤怒发泄给别人，而要找出一个缓解愤怒情绪的合理步骤，让自己的情绪缓一缓，等自己的内心平静了再做决定。

做个有自信 抗挫能力强的男孩

除了愤怒情绪之外，忧郁、失望、苦闷等消极情绪也是阻碍我们走向成功的重要因素。一个人要取得成功，就要学会合理地控制自己的消极情绪。

一个人成功的最大障碍不是来自外界，而是自身，除了力不能及的事情做不好之外，自身能做的事不做或做不好，那就是自身的问题，是自制力的问题。

如果你能够恰当地掌握好情绪，那么将在别人心目中留下"沉稳、可信赖"的形象，你的人生也必定会因此而受益匪浅。

驾驭好自己的情绪，增强自控能力，是取得成功的一个重要因素，也是成功人生的重要法则之一。

养成冷静处事的习惯

强生并没有十分过人的才华，也没有做出什么惊天动地的大事，却成了全美国人心中最优秀的青少年楷模之一。这究竟是为什么呢？

18岁的约翰·强生是一位美国高中学生。他住在北达科他州的一个农场。1992年1月11日，他独自在父亲的农场里干活。当他在操作机器时，不慎在冰上滑倒了，他的衣袖绞在机器里，两只手臂被机器切断。

强生忍着剧痛跑了400米来到一座房子里。他用牙齿打开门闩，爬到了电话机旁边，但是无法拨电话号码。于是，他用嘴咬住一支铅笔，一下一下地拨动，终于要通了他表兄的电话，他表兄马上通知了附近有关部门。

明尼阿波利斯州的一所医院为强生进行了断肢再植手术。他住了一个半月的医院，便回到北达科他州自己的家里。过了一段时间，他已能微微抬起手臂,并能够回到学校上课了。他的全家和朋友为他感到自豪。

美国人为什么喜欢强生呢?有的说,他聪明,用铅笔打电话,还会用嘴打开门。有的说,他喜欢干活,我们喜欢勤劳的人。还有的说,他身体真棒,一定曾努力锻炼身体,不然早没命了。

一位学者概括了这些人的回答,人们除了佩服他的勇气和忍耐力外,还有一种遇事冷静沉着的精神。他一个人在农场操作机器,出了事后,冷静沉着,顽强自救,所以他是好样的。

强生的冷静还体现在这样一个细节:他把断臂放在浴盆里,为了不让血白白流走。当救护人员赶到时,他被抬上担架。临行前,他冷静地告诉医生:

"不要忘了把我的手带上。"

一个人在关键的时候,在危难之中能够保持冷静,不仅是一种可贵的品质,而且也是战胜困难、避免危险的重要条件。

第二次世界大战期间,法国有一位普通的家庭主妇,她的丈夫雷诺在马其诺防线被德军攻陷后,当了德国人的俘虏,她的身边只留下两个幼小的儿女——12岁的雅克和10岁的杰奎琳。为把德国强盗赶出自己的祖国,母子三人参加了当时的秘密情报工作。

一天晚上,屋里闯进了3个德国军官,其中一个是本地区情报部的官员。他们坐下后,一个少校军官对着一张揉皱的纸就着暗淡的灯光吃力地阅读起来。这时,那个情报部的中尉顺手拿过藏有情报的蜡烛点燃,放到长官面前。情况变得危急起来,雷诺夫人很清楚,当蜡烛燃到铁管就会自动熄灭,同时也意味着他们一家三口的生命将告结束。她看着两个脸色苍白的儿女,急忙从厨房中取出一盏油灯放在桌上。"瞧,先生们,这盏灯亮些。"说着轻轻地把蜡烛吹熄,一场危机似乎过去了。但是,轻松没有持续多久,那个中尉又把冒着青烟的烛芯重新点燃,"晚上这么黑,多点支小蜡烛也好嘛。"他说。烛光接着发出微弱的光。此时此刻,它仿佛成为这房里最可怕的东西。雷诺夫人的心提到了嗓子眼,她似乎感到德军那几双恶狼般的眼睛都盯在越来越短的蜡烛上。一旦这个情报中转站暴露,后果不堪设想。

这时候,小儿子雅克慢慢地站起:"天真冷,我到柴房去搬些柴来

做个有自信
抗挫能力强的男孩

生火吧。"说着伸手端起烛台朝门口走去,房子顿时暗下来。中尉快步赶上前,厉声喝道:"你不用灯就不行吗?"一把把烛台夺回。

时间一分一秒地过去。突然,小女儿杰奎琳娇声对德国人说道:"司令官先生,天晚了,楼上黑,我可以拿一盏灯上楼睡觉吗?"少校瞧了瞧这个可爱的小姑娘,一把拉她到身边,用亲切的声音说:"当然可以。我家也有一个像你这样年纪的小女儿。来,我给你讲讲我的路易莎好吗?"杰奎琳仰起小脸,高兴地说:"那太好了!不过,司令官先生,今晚我的头很痛,我想睡觉了,下次您再给我讲好吗?""当然可以,小姑娘。"杰奎琳镇定地把烛台端起来,向几位军官道过晚安,上楼去了。正当她踏上最后一级阶梯时,蜡烛熄灭了。

冷静沉着,临危不乱,才能够化险为夷,力挽狂澜。面对生活中的压力和危险,青少年要从容不迫,沉着应对,保持一颗冷静的头脑,控制好自己,才能控制意外的局面。

从养成好习惯开始

习惯是一个人成功或者失败的分水岭。好习惯是一个人通向成功的保证,而染上了恶习或者坏习惯,就等于向失败敞开了一扇大门。

约翰·尼卡许很小的时候就梦想要成为一名歌手。上大学时,他买到了自己有生以来第一把吉他。他开始自学弹吉他,并练习唱歌,他甚至自己创作了一些歌曲。毕业后,他开始努力工作以实现当一名歌手的夙愿,可他没能马上成功。没人请他唱歌,就连电台唱片音乐节目广播员的职位他也没能得到。他只得靠挨户推销各种生活用品维持生计,不过他还是坚持练唱。他组织了一个小型的歌唱小组，在各个教堂、小镇上巡回演出，为歌迷们演唱。最后，他灌制的一张唱片奠定了他音乐工作的基础。他吸引了两万名以上的歌迷，金钱、荣誉、在全国电视屏幕上露面——所有这一切都属于他了。他对自己坚信不疑，这使他获得成功。

很快，尼卡许面临了他人生中的第二次考验。经过几年的巡回演出，他被那些狂热的歌迷拖垮了，晚上须服安眠药才能入睡，而且还要吃些"兴奋剂"来维持第二天的精神状态。他开始沾染上一些恶习——酗酒、服用催眠镇静药和刺激兴奋性药物。他的恶习日渐严重，以致对自己失去了控制能力。他不是出现在舞台上而是更多地出现在监狱里了。

一天早晨，当他从佐治亚州的一所监狱刑满出狱时，一位行政司法长官对他说："约翰·尼卡许，我今天要把你的钱和麻醉药都还给你，因为你比别人更明白你有充分的自由选择自己想干的事。看，这就是你的钱和药片，你现在就把这些药片扔掉吧，否则，你就去麻醉自己、毁灭自己，你选择吧！"

尼卡许选择了重新开始。他又一次对自己的能力做出了肯定，深信自己能再次成功。他回到纳什维利，并找到他的私人医生。医生不太相信他，认为他很难改掉吃麻醉药的坏毛病，医生告诉他"戒毒瘾比找上帝还难"。

然而尼卡许并没有因为医生的话而放弃自己的想法。他知道"上帝"就在他心中，他决心"找到上帝"，尽管在别人看来几乎不可能。他开始了第二次奋斗。他把自己锁在卧室里闭门不出，一心一意要根绝毒瘾，为此他忍受了巨大的痛苦，经常做噩梦。后来在回忆这段往事时，他说，他总是昏昏沉沉，好像身体里有许多玻璃球在膨胀，突然一声爆响，只觉得全身布满了玻璃碎片。当时摆在他面前的，一边是麻醉药的引诱，另一边是他奋斗目标的召唤，结果他的信念占了上风。9个星期以后，他又恢复到原来的样子了，睡觉不再做噩梦。他努力实现自己的计划。几个月后，他重返舞台，再次引吭高歌。他不停息地奋斗，终于又一次成为超级歌星。

约翰·尼卡许曾经在自己的歌唱事业上取得过成功，成为众人喜爱的歌星。然而由于染上了吸毒的恶习，几乎葬送了自己一生的事业。破除

做个有自信
抗挫能力强的男孩

恶习的要诀是以良好习惯代之。这样的改变往往在 1 个月内就可完成。办法如下：

(1) 选择正确的时间。

事不宜迟，想改变习惯而又一再地拖延，就会更加害怕失败。在较为轻松的日子，所下的决心即使面临考验也较易应付，因此选择的月份应没有亲朋好友来你家小住，也没有太多限期完成的事情要办。不要选择年底之前，年底要准备过节，不免忙碌紧张，那种压力只会使恶习加深，令人故态复萌。

(2) 运用意愿力而非意志力。

习惯所以形成，是因为潜意识把这种行为跟愉快、慰藉或满足联系起来。潜意识不属于理性思考的范畴，而是情绪活动的中心。"这种习惯会毁掉你的一生。"理智这样说，潜意识却不理会，它"害怕"放弃一种一向令它得到安慰的习惯。

运用理智对抗潜意识，简直难以制胜。因此，要戒掉恶习，意志力不及意愿力有效。

(3) 用好习惯替代坏习惯。

另外培养一种新的好习惯，那么破除坏习惯就会容易得多。

有两种好习惯特别有助于戒除大部分的坏习惯。第一种是采用一个有营养和调节得宜的食谱。情绪不稳定使人更依赖坏习惯所带来的慰藉，防止因不良饮食习惯而造成的血糖时升时降，有助于稳定情绪。

第二种是经常做运动。这不仅能促进身体健康，也会刺激脑啡——脑内一种天然类吗啡化学物质的产生。近年科学研究指出，慢跑的人所以感受到自然产生的"奔跑快感"，全是脑啡的作用。

(4) 化整为零，分阶段进行。

一旦决定改变习惯，就拟定当月的目标，要切合实际，善于利用目标的"吸引力"。如果目标太大，就把它化整为零。

达到一个小目标时不妨自我奖励一下，借以加强目标的吸引力。

(5) 不要气馁。

成功值得奖励，但失败也不必惩罚。在改变习惯的时间内如果偶有失误，不要引咎自责或放弃。一次失误不见得是故态复萌。

一些心理和行为学家认为，重拾坏习惯的强烈愿望如果不能达到，终会成为破坏力量。然而只要转移注意力，即使是几分钟，那种愿望也会消散，而自制力则会因此加强。

平心静气是上策

也许你做事很冲动。计划还未制订好，你就开始行动了。等到做了一半，出现了许多意料之外的新情况，你才发现有许多因素当初没考虑到，于是你只好回过头来重新决策。这时，你已做了不少无用功，浪费了大量的人力物力。你后悔了，但后悔又有什么用呢？

在人际交往中亦是如此，你很少想一下你的言行举止是否得体，你常常很随便地做出令客人们惊讶的举动。比方说，在宴会上，你感到全身发热，于是毫不在意地松开了你的领结；你去音乐厅听演奏交响乐，一曲刚完，你便迫不及待地捧着一束鲜花冲上舞台。当你做出此类举动的时候，你从未想过别人会怎么看你，从未想过它所造成的影响。

其实你也知道那不该做，但每次总是先去做，然后才去思考。你有点鲁莽，容易受感情的支配。

那么，我们该如何培养耐心，克服急躁情绪呢？很简单，只要你确定人生的目标，专注于你的目标，直到你充满旺盛的企图心，那么你所有的思想、行动及意念都会朝着那个方向前进。具体可按下面几项指导原则去做。

（1）遇到困难的时候，不要惊慌。平心静气地分析情况，设想已出现的困难可能造成的最坏结果。

做个有自信
抗挫能力强的男孩

（2）在对可能出现的最坏后果有了充分估计之后，则应做好勇敢地把它承担下来的思想准备。

当你仔细分析了可能造成的最坏结果，并准备心甘情愿地把它承担下来之后，你的心理状态就会立即发生神奇的变化！你会感到轻松，内心非常平静。

（3）待心情平静之后，即应把全部时间和精力用到工作上，以尽量设法排除最坏的后果。

惊慌只会破坏我们集中思维的能力，我们的思想会因为惊慌而不能专心致志，我们也会因此而丧失当机立断的能力。但如果我们冷静下来，强迫自己正视现实，准备承担最坏的后果，那么就可以打消一切模糊不清的念头，使我们有可能集中思想考虑问题。

只要我们能冷静地接受最坏的情况，那么我们就没有任何东西可以再失去的了。这自然就意味着我们只会赢得一切。

（4）辅之以其他方式的调节。人拥有一颗潜力无比巨大的大脑，思考型的人无疑是充分地利用了他们的这一资源。不过，如果能够辅之以其他方式的调节，也许会收到事半功倍的效果。爱因斯坦是典型的思考型人物，但他同时酷爱音乐，他认为音乐对他的帮助是巨大的。伟大的相对论的产生不仅要求有严密的逻辑推理能力，更要求有丰富的想象力和直观思维能力，而音乐在对想象力和直观思维能力的培养中担当了非常重要的角色。

（5）不要沉湎于会降低你的身体和精神效率的活动。比如说吸烟过多，如果不能武断地说会影响你的健康，至少也可以说会影响你呼吸系统的正常运行。科学研究证明吸烟的害处远远不止呼吸系统。

饮酒过量也会降低你身体的忍耐力，饮酒过量会降低你清晰思考的能力，也会降低大脑发挥正常作用的能力，最终会导致体力和脑力的剧烈恶化，而且会越来越严重。几乎没有哪个喝酒过量的人会成为成功的管理人员或者赢得了高超的驾驭能力。事实上，有不少已经获得了成功的人由于嗜酒成癖，最后反受其害，从他们占据很高的领导或负责人的地位上跌落下来。

当你身体的忍耐力、你的健康，乃至你的生活都失去常态的时候，你的大脑就不可能进行正常的思维和发挥正常的作用,不管这种失常是由于饮酒、吸毒,或者是由其他一些原因造成的。你不妨尝试一下,看看在你觉得身体不适之时,或者说喝了酒之后,能否做出一个正确而又及时的决策。

(6)培养体育锻炼的习惯,增强你的体质。对于一个成天忙于怎样赚钱的人员,进行体育运动,似乎是最合适不过的了。不管是什么类型的体育锻炼,只要你能持之以恒,都会增强你的体质,而且运用超负荷的原则还可以增加你的忍耐力。

超负荷的原则早已被实践所证明,肌肉的发达与改善是根据你增加给肌肉的压力需要而定的,如果你期望不断地改善,随着能力的不断增加,给肌肉的这种压力需要也必须不断地增加。

(7)通过不断地强迫你自己去做一些紧张的脑力劳动来考验你的精神忍耐力。

有时,当你疲劳至极,而且你的精力也已到了殆尽的地步时,你还要强迫自己工作,这是唯一一条学会在极大压力下还能继续进行工作的方法。学会这个也得运用超负荷的原则。

人不能心浮气躁,静不下心来做事,将一事无成。苟况在《劝学》中说,蚯蚓没有锐利的爪牙、强壮的筋骨,但却能够吃到地面上的黄土,往下能喝到地底的黄泉水,原因是它用心专一。螃蟹有六只脚和两个大钳子,它不靠蛇鳝的洞穴,就没有寄居的地方,原因就在于它浮躁而不专心。

做个有自信抗挫能力强的男孩

懂得制怒

在日常生活中，男孩儿怎样才能调节、控制自己的情绪，使自己少发火或不发火呢？

我国自古就有一套制怒的方法。如有的主张忍耐，进行自我克制；有的主张静居寡欲，与世无争，怒气自然不生；还有的则提倡由不满而发怒，转而发愤，在逆境中艰苦奋斗。许多有为的人都在制怒上下过工夫。如林则徐，他深知自己有易怒的毛病，无论在哪里做官，总在书房的墙上挂起"制怒"的条幅，时时提醒自己，每有怒气上升时，便强自按捺下来。

在我们的现实生活中，控制自己情绪的最根本方法还是要加强思想修养、锻炼自制力。同时，正确认识客观世界，学会正视现实也是制怒所必需的。什么是正视现实呢？

（1）宽容你不喜欢的人。要懂得别人不会永远像你所希望的那样说话行事，世界就是如此，这一现实永远不会改变。所以，每当你因为自己不喜欢某人某事而动怒时，你实际上是在感情上自己折磨自己。而当你接受了上述现实，你就能对世事采取更为宽容的态度了。

（2）积极接纳不同的观点。人在生活中会遇到大量不同于你、反对你的意见，这也是现实，是你为"生活"付出的代价。因此要准备好：你的每一种情感、每一个观点、每一句话或每一件事都可能会遇到不同于你或反对你的意见。无论你主观意愿如何，与你不同的观点、做法总是有的。预先估计到这一点，就可以摆脱低沉情绪的干扰，具有了"不起火"的良好的心理基础。

（3）不渴求别人的理解。在生活中，我们还要接受这样的现实：许多人将永远不理解你。不要为此而愤愤不平，其实，你也会不理解许多与你很接近的人，而且也没有必要完全理解他们。他们与你有所不同是正常的。总之，认为别人要是和你一样、要是不反对你、要是能理解你，你就不动怒了，这种想法是一种不现实的错误的推理。

同时为了控制自己的情绪,还需掌握一些制怒的具体方法。下面介绍几条方法,当你要发怒时想到它,也许会有些用处。

(1)转移注意。当你遇到某种不平的事,越想越气,不如丢开它,转而找些开心的事做做。如出去走走,看电视电影,听音乐,找本有趣的书刊读读。当然,这种办法是临时措施,不是根本之法,但却能立刻收到效果。

(2)试着推迟动怒的时间。如果你在某一具体情况下总是动怒,那就先让自己推迟几秒钟,比如说,推迟15秒钟再发火,下一次推迟30秒,然后不断延长间隔时间。一旦你意识到可以推迟动怒,你便学会了自我控制。推迟愤怒也就是控制愤怒。高尔基说得好,哪怕是对自己有一点小小克制,也会使人变得坚强起来。经过多次实践,积小胜为大胜,你会发现自己不那么容易动怒了。

(3)尽量降低发火的程度。如果你实在愤怒,怎么也控制不了自己的心绪,觉得非马上把火发出来不可时,建议你先采取一些"应急"措施,如默数一到十、A到Z,或是把舌头在嘴里绕几圈等。总之,尽量使自己将要说出的话火药味儿少些。但这毕竟是下策了。

(4)自我心理安抚。如果有人向你挑衅,你肯定感觉有点激动或者血往上涌,但你要控制自己不要发火,这时你要对自己说:"现在我有点激动,好像有点儿惊慌失措,但我知道怎样控制自己。这一点有什么可争议的。不要把事情看得那么严重,这虽然让人气愤,但我有自信。放松、冷静做两三次深呼吸,舒适地放松,我感到很平静。"

当你已经被卷入冲突时,你要想办法使自己平静下来,你要对自己说:"冷静、放松、冷静。只要保持冷静,我就能控制自己。想一想我要从中获得什么。我没必要显示我多么厉害。没有什么事值得我必须发火。不要因此而使自己陷入更大的麻烦中,找一找事情积极的一面,考虑一下事情最坏的后果,不要急于下结论。他竟然如此表现,实在是可耻。有谁的脾气像他那么坏,他可真不幸。不要怀疑自己,他讲的对我毫无意义。我正在非常有效地控制这个局面,局势是可控制的。"

当你遭到对方的打击,要被激怒时,你要对自己说:"我现在的肌肉已经开始紧张了。现在应该放松,慢一点儿,慢一点儿,惊慌失措只

做个有自信
抗挫能力强的男孩

能帮倒忙。如此生气毫无价值，我要把他当成一个可笑的家伙。我当然也有急躁和发怒的权利。但是，还是要忍耐一下。现在应该做几次深呼吸。不要乱，问题要一个一个去考虑。也许，他真的想激怒我，好，就让他彻底失望吧。我不应该指望人人都按照我所想的那样去做。放松一点儿，不要逞能。"事件过去后，你要进行一下自我评价，来点儿自我奖赏，别忘了，对自己说："这件事，我处理得非常好，棒极了。原来，事情并不像我想象得那么难，虽然情况可能会变得更糟，但我还是解决得很好。虽然我有可能更加失态，但我没有那样。我不必要发怒，也可以很好地解决和处理这件事。我的自尊心可能受到了伤害，但如果我不把它看得那么严重，将会更好。我比以前做得要好多了。"

你一定发现了，以上是控制愤怒的四个阶段中自己对自己说的话。你要记住，最好能把它们背下来。

(5) 做"动怒记录"。记下你发火的时间、地点和事情经过。要求自己如实地记录当时的心理活动。坚持这样做，你就会发现，记录动怒行为本身将促使你少动怒。

请记住培根的一句话："无论你怎样地表示愤怒，都不要做出任何无法挽回的事来。"

第十二章
不依赖的男孩能够独立自主

独立能够掌握自己的命运,依赖则相当于让别人主宰自己的命运。独立的人能够自理生活和工作,依赖别人的人就只会永远地依靠他人。

做个有自信
抗挫能力强的男孩

自立是站稳脚跟的开始

自立是生存的开始。如果一个人总是依靠别人的搀扶才能够行走，总是要靠别人的指点才能够行动，那么这个人一旦失去了别人的帮助，就没有独立生存下去的能力。

一群小狐狸稍稍长大后，狐狸妈妈便"逼"它们离开家。曾经很护崽的狐狸妈妈忽然像发了疯似的，就是不让小狐狸们进家，又咬又赶，非要把它们都从家里撵走。最后小狐狸们只好依依不舍地去开始自己的独立生活。多么冷酷的心理断奶！但这又是多么理智的生存教育啊！我们也应该像狐狸妈妈对待小狐狸那样对待自己。

比尔·克林顿7岁的时候，家里在温泉城外买了一个小农场，并且还雇用了一名女佣。比尔的家庭并不富裕，但是雇女佣是霍普人的传统。每当克林顿的母亲到医院去上班，女佣便负责照料克林顿和弟弟罗杰的起居和生活。但克林顿却几乎不用女佣照料，一切都试着自己去做。不仅如此，他还常常主动去照顾弟弟罗杰，陪他玩耍，哄他入睡。母亲回忆说，不是谁要克林顿那样去做，而是克林顿常常抢着去做女佣该做的事情，他自己完全负起了责任。有时令女佣感到非常为难。

女佣玛丽是一名笃信宗教的白人妇女，她对克林顿的优良品行和高度责任心十分赞叹，断定克林顿将来必成大器。她说自己很早就发现克林顿跟别的孩子不同。他对人友善、礼貌，而且有很强的责任心和领导力。学校中的一些小伙伴常常围着他转，他俨然是他们当中的"头"。回到家里，他不用别人督促，便会井井有条地把该干的事情干好。

克林顿之所以能够成为美国总统，有很大一部分原因得益于他在很小的时候就树立了独立自主的精神，凡事都试着自己去做。在西方世界中，青年人较强的自立意识十分值得我们学习。尊重个人价值、个人尊严是自立、自强观念的核心。美国人的自立意识是生活方式中的最根本观念，是信奉个人主义。其含义是相信每个人都具有价值，都应按其本人的意愿和表现来对待和衡量。这种个人主义同自私自利不同，它表现在社会实践中，对个人独立性、创造性、负责精神和个人尊严的尊重。在家庭中，孩子应受到作为个人所应受到的尊重。成年后，他们对自己的生活和前途有选择的权利和自由，从而对自己的遭遇，不论好坏都由自己负责，父母只能起咨询作用，不能为儿女代为安排个人的事宜。成年儿女一般都自立门户，独立生活。

在美国的一些大学生中，尽管父母有钱，也不愿仰仗他们。毕业后找不到合适的工作，用不上专业特长，宁可降格以求，大材小用。目的是要有工作，自己挣钱独立生活。

这些大学生中，自力更生、勤工俭学的占较大比例，"花花公子"式的是少数。学生在学校里"打工"，维护环境卫生等，收取一定报酬。他们并不以干各种杂工为耻，都能尽责做好。因而美国的大学生当临时工的不少，他们养成了劳动习惯，增长了社会知识，还学会了某些技能，也解决了部分学习费用。

曾经有一本名为《20岁的年轻人必须尝试的50件事》的畅销书，书中阐述的一个观点是要求青年"在生活目标上做一个'不孝者'——你的一生不属于你的父母"。鼓吹的就是这种自立于世的意识。

"独立自主"已经成为美国等西方国家青少年教育的"传统"，在这种传统的教育下，这些国家的青年都有较强的自立意识。美国有一位有名的富豪，为自己大学毕业的孩子举办了毕业酒会。他举着一杯100美元的酒，对众人说："我今天真高兴，因为从现在起，他应该落到地面，自己走路了。"

这个富豪之子，只身到了纽约，租了一间小公寓，自己闯荡江湖。23岁的他，再不要父母的呵护，不要父母的供应，而义无反顾地走自己的路，向着成功的阶梯攀登。

自立是青少年准备面向未来的重要素质，也是他们迈向成熟的第一步。在生存的道路上，自立是最开始的准备工作。

李刚是一个朝气蓬勃的男孩，13岁那年去日本留学，深深地体验了

做个有自信
抗挫能力强的男孩

什么才是自立生存。

他一年多来的苦日子一边打工边读书早已成为习惯。学费和生活费都是靠他自己打工赚的。每天上完学校6小时时的课后，就用接下来的8小时去打工：洗盘子、工厂做工、发传单、送外卖、超市收银……

他一天工作8小时，一个星期工作6天。晚上赶完夜工，再去上学，上完学再去超市。学校的出勤率必须保持在90%以上，工作也很辛苦，他一天只能睡7小时，夜工的时候就只能睡2小时。

"在日本我一天工作12小时，到家倒在床上就睡着了，"李刚说，"在日本边打工边读书的这一年多，我才知道'累'字是怎么写的。"

在这段时期，李刚变了很多，最大的变化就是他已经养成了自立生活的习惯，也懂得为自己的行为负责了。他以前上学的时候，昏天黑地地玩，根本就是在混日子，但现在他对生活、对工作、对学习都认真多了。问他去日本最大的收获是什么，他说："对自己现在和未来的生活负责任。"俗话说，"总在窝里的鹰永远也不会飞"，要做到自立自强，有时候就要对自己有一股"狠"劲儿，要逼着自己经历风吹雨打，哪怕冻得牙关紧咬；要扛起最重的担子，哪怕压得气喘吁吁。

王明是一位博士，他对"穷人的孩子早当家"这句话有着深刻的体会。王明幼时的家境不太好，因此，从小的时候，父母就教他洗衣、做饭，当时他很不开心。上初中时，母亲生病住院，父亲忙得不可开交，他就自己照顾自己，有时还能给父母做饭。从那以后，他知道了生活自理对一个青少年的重要。直到最终事业有成，他一直坚持自己的事自己做。

自立是生存的开始。如果我们要在生活中自立，就要养成自理的好习惯，自己能做好的事一定要靠自己的力量做好。因为我们迟早要独自面对这个社会。如果说长辈的呵护是一篓鲜嫩的鱼，那么自理就是一根鱼竿。鱼总有吃完的时候，你只有得到钓鱼的渔竿，才能保证你未来的生活衣食无忧。

然而，在现在的青少年朋友中，具有自理能力的实在太少了。

一位北京某大学的新生，从小就被父母娇生惯养，考取大学后，因缺乏独立生活的能力而被迫离开梦寐以求的学府。

根据中国青少年研究中心"中国城市独生子女人格发展状况调查"

显示，20.4%的青少年明确表示"缺少生活自理能力"，18.3%的青少年"做事依赖别人"，28%的青少年"很少帮助家长干活"。

国内有一位著名的青少年教育专家曾忧心忡忡地说，青少年在父母如此"周到"的服务、如此"严密"的保护中，自理行为大大减少，对成年人依赖性越来越强。很多青少年都将父母的呵护当作"拐杖"，可是却没有想过，一旦离开了"拐杖"，自己就寸步难行。

青少年朋友将来面对的竞争，绝不仅仅是知识和智能的较量，而是综合能力的较量。没有自理的能力，你便会在起跑线上就满盘皆输。因此，从小培养自己的自理能力，是每个杰出青少年必须具备的素质要求。

青少年可以通过以下几种途径培养自己的自理能力。

首先，要养成自理生活的意识。

我们缺乏培养自理能力的意识主要有两方面的原因：一方面是娇惯自己，不愿意让自己"受苦"，怕自己不小心磕着或碰着。另一方面是父母怕麻烦，有些父母说有教孩子做事情的那些时间，自己也就替他做好了。其余的事情包括力所能及的事都不用做，从而剥夺了他们生活自理的机会。当今独生子女缺乏自理能力普遍是由于上述原因。

事实上，这种完全忽略自理能力培养的心态，既害了孩子，也害了父母。因此，强化培养自理能力的意识是很有必要的。

其次，要养成自己动手的习惯。

在训练自理能力的时候，除了训练自己管理自己的日常生活以外，还要特别强调训练自己学做家务。如让你自己做早点、洗袜子、拿牛奶、买东西等。同时，可以要求父母对你提出切合实际的要求并做出具体的技术性指导，即使是洗手帕、洗碗碟或收拾房间也要注意这一点。

最后，要正确地对待自己的错误。

有时候，由于年龄小，认识水平不高，考虑问题不周全，力气小，在做事的过程中，难免会出现一些失误。不要指责自己，更不能惩罚自己，对有失误的地方，要分析原因，找到问题所在，以提高操作的技能和水平。这样，既能保护自己自理生活的自觉性、积极性，培养良好的心理品质，又能逐步走向成熟，不断提高自己的认识水平和自理生活能力。如果你总是做得不好，也切不可性急，更不能灰心沮丧，自我否定。

做个有自信
抗挫能力强的男孩

要以激励为主，肯定自己做得好的方面，在此基础上找出不足之处，从而为下一次避免失误找到方法。这样做，不仅可以锻炼自理能力，而且极大地增强了自信心，将对促进身心发展产生积极作用。

自助者天助之

从前，有一个农夫赶着一辆满载干草的车子走在乡间的路上，没想到却陷进了泥坑里。在乡下的田野上，会有谁来帮这个可怜人的忙呢？这完全是命运之神有意惹人发怒而安排的。

车子陷入泥坑让农夫大为恼火，他骂泥坑，骂马，又骂车子和自己。无奈之中，他只得向举世无双的大力神求救。

"尊敬的大力神，"车夫恳求道，"请你帮帮忙，你的背能扛起天，把我的车从泥坑中推出来对你来说应该是举手之劳。"

刚祈祷完，车夫就听到大力神在云端发话了："神要人们自己先动脑筋、想办法，然后才会给予帮助。你先看看，你的车困在泥坑里究竟是什么原因？为什么会陷入泥坑？拿起锄头铲除车轮周围的泥浆和烂泥，把碍事的石子都砸碎，把车辙填平，你不自己尝试一下怎么行呢？"

过了一会儿，大力神问车夫："你干完了吗？"

"是的，干完了。"车夫说。

"那很好，我来帮助你。"大力神说，"拿起你的鞭子。"

"我拿起来了，这是怎么回事？我的车走得很轻松！大力神赫拉克勒斯，你真行！"

这时大力神发话说："你瞧，你的马车很顺利就离开了泥坑，遇到困难，要先自己动脑筋想办法解决，老天才会帮你一把。"

自助者，天助之。遇到问题，不要抱怨，不要依赖于别人，自己积极地动脑筋，想办法，一切都会迎刃而解的。

自力更生和自己战胜自己能够教会一个人从自身力量中汲取动力。在这种动力的激发下，挫折不仅不会变成不幸和痛苦；相反，通过吃苦耐劳，坚忍不拔地自助实干，挫折和不幸会转化成为一种幸福，它能够唤起人们奋发向上的激情，并为之勇敢地战斗。

约翰·内斯就是一个自立自强的好例子。约翰·内斯出生于1932年。他在出生的时候发过一次高烧，结果导致他患上了大脑神经系统瘫痪，这种紊乱严重影响了他的说话、行走和对肢体的控制。他长大后，人们都认为他肯定在神志上还存在着严重的缺陷和障碍，州福利院将他定为"不适于被雇用的人"。专家们说他永远都不能工作。

约翰能取得成就应当感谢他的妈妈，她一直鼓励约翰做一些力所能及的事情。她一次又一次地对约翰说："你能行，你能够工作，能够独立。"

约翰受到妈妈的鼓励后，开始从事推销员的工作。他从来没有将自己看作是"残疾人"。开始时，他向福勒刷子公司提交了一份工作申请，但该公司拒绝了他，并说，他根本无法完成该公司的业务。几家公司都做出了同样的判断。但约翰坚持了下来，他发誓一定要找到工作，最后怀特金斯公司很不情愿地接受了他，同时也提出了一个条件：约翰必须接受没有人愿意承担的波特兰、奥根地区的业务。虽然条件非常苛刻，但毕竟是个机会，约翰欣然接受了，约翰终于坚定地在自我的道路上迈开了第一步。

1959年，约翰第一次上门推销，反复犹豫了4次，才最终鼓起勇气按响了门铃，开门的人对约翰推销的产品并不感兴趣。接着是第二家、第三家。约翰的生活习惯让他始终把注意力放在寻求更强大的生存技巧上，所以即使顾客对产品不感兴趣，他也不会灰心丧气，而是一遍一遍地去敲开其他人的家门，直到找到对产品感兴趣的顾客。

38年来，他的生活几乎重复着同样的路线，他一直坚定地走着自己的道路。

做个有自信

抗挫能力强的男孩

每天早上,在他工作的路上,约翰会在一个擦鞋摊前停下来,让别人帮他系一下鞋带,因为他的手非常不灵巧,要花很长时间才能系好;然后在一家宾馆门前停下来,宾馆的接待员给他扣上衬衫的扣子,帮他整理好领带,使约翰看上去更好一些。不论刮风,还是下雨,约翰每天都要走16千米,背着沉重的样品包,四处奔波,那只没用的右胳膊蜷缩在身体后面。这样过了3个月,约翰敲遍了这个地区的所有家门。当他做成交易时,顾客会帮助他填写好订单,因为约翰的手几乎拿不住笔。

出门14小时后,约翰会筋疲力尽地回到家中,此时他关节疼痛,而且偏头痛还时常折磨着他。

一年年过去了,约翰负责的地区的家门越来越多地被他打开,他的销售额也渐渐地增加了。24年过去了,他上百万次地敲开了一扇又一扇的门,最终他成了怀特金斯公司在西部地区销售额最高的推销员,成为了销售技巧最好的推销员。

在顽强地自我奋斗的路上,约翰获得了巨大的成就。

1996年夏天,怀特金斯公司在全国建立了连锁机构,现在约翰没有必要上门进行推销,说服人们来购买他的产品了。此时,约翰成了怀特金斯公司的产品形象代表,他是公司历史上最出色的推销员,公司以约翰的形象和事迹向人们展示公司的实力。怀特金斯公司对约翰的勇气和杰出的业绩进行了表彰,他第一个得到了公司主席颁发的杰出贡献奖,后来这个奖项只颁发给那些拥有像约翰·内斯那样杰出成就的人。

在颁奖仪式上,约翰的同事们站起来为他欢呼鼓掌,欢呼和泪水持续了5分钟。怀特金斯公司的总经理告诉他的雇员们:"约翰告诉我们,一个有目标的人,只要全身心地投入追求目标的努力中,那么生活中就没有事情是不可能做到的。"那天晚上约翰·内斯的眼中没有痛苦,只有骄傲和自豪。

约翰·内斯的故事说明这样一个道理,一个人只要相信并充分依靠自己的力量,自立自强,便没有克服不了的困难。世界上真正能拯救自己和帮助自己的人只有自己。

有一次,美孚石油公司董事长洛奇到一家分公司去视察工作,在卫生间里,看到一位小伙子正跪在地上擦洗黑污的水渍,并且每擦一下,就虔诚地叩一下头。洛奇感到很奇怪，问他为何如此？这位小伙子答道："我在感谢一位圣人。"

洛奇问他为何要感谢那位圣人？小伙子说："是他帮助我找到了这份工作，让我终于有了饭吃。"

洛奇笑了，说："我曾经也遇到一位圣人，他使我成了美孚石油公司的董事长，你愿意见他一下吗？"小伙子说："我是个孤儿，从小靠别人养大，我一直都想报答养育过我的人。这位圣人若能使我吃饱之后，还有余钱，我很愿意去拜访他。"

洛奇说："你一定知道，南非有一座高山，叫胡克山。据我所知，那上面住着一位圣人，能为人指点迷津，凡是遇到他的人都会前程似锦。10年前，我到南极登上过那座山，正巧遇上他，并得到他的指点。假如你愿意去拜访，我可以向你的经理说情，准你一个月的假。"

这位年轻的小伙子是个虔诚的教徒，很相信神的帮助，他谢过洛奇后就真的上路了。他风餐露宿，日夜兼程，最后终于到达了自己心中的圣地。然而，他在山顶徘徊了一天，除了自己，什么都没有遇到。

小伙子很失望地回来了。他见到洛奇后说的第一句话是："董事长先生，一路我处处留意，但直至山顶，我发现，除我之外，根本没有什么圣人。"

洛奇说："你说得很对，除你之外，根本没有什么圣人。因为，你自己就是圣人。"

后来，这位小伙子成了美孚石油公司一家分公司的经理，有一次，在接受记者采访时，他向记者讲述了上面的故事，并补充了这么一句话："发现自己的那一天，就是人生成功的开始。任何人只要相信自己，就能够创造奇迹。"

一个人唯一可靠的是自己，除了你自己，没有另外一个人可带给你成功。你发现自己的那一天，就是你人生成功的开始。

做个有自信
抗挫能力强的男孩

自食其力是男孩的尊严

从前,老虎并不像现在这样威风,相反它是所有动物中最弱小的一个。因为捕捉不到动物,常常是饥一顿,饱一顿。

于是,狮王把所有的小动物都召集起来说:"老虎是我们中的一员,我们不能眼睁睁地看着它饿肚子而不管不问。我建议,大家都伸出友谊之手,拉它一把,帮它渡过难关。"

于是,动物们都给老虎送去了好吃的东西,唯有猫什么东西也没有送。

狮王不高兴地对猫说:"大家都为老虎送了东西,你怎么什么都不送呢?"

猫说:"你们送给它的东西虽然很多,但总有一天会吃完的,我要送给它一件永远吃不完的礼物。"

狮王不屑地说:"算了吧,你除能送几只老鼠外,还能送什么呢?"

猫回答说:"以后你会看到的。"

几个月以后,狮王又来到老虎家。好家伙!老虎家里里外外到处都挂着好吃的东西。

狮王问:"这些东西都是猫送的?"

"不,"老虎说,"它送的礼物要比这些东西贵重千万倍!"狮王好奇地问:"那究竟是什么东西?"

老虎说:"它教我练壮了身体,又教我学会了捕食的本领。"

"噢!"狮王从头到尾把老虎打量了一番说,"难怪你那么崇拜它呢,连衣服也和它穿得一模一样!"

再多的好东西都比不上一身本领。要想在社会上立足,就要摆脱依赖他人的想法,不断提高自身的能力,练就一身谋生的好本领。这样才能为自己赢得尊严。

一年冬天,美国加州的一个小镇上来了一群逃难的流亡者。长途的奔波使他们一个个满脸风尘,疲惫不堪。善良好客的当地人家家生火做饭，款待这群逃难者。镇长约翰给一批又一批的流亡者送去粥食，这些流亡者，显然已好多天没有吃到这么好的食物了，他们接到东西，个个狼吞虎咽，连一句感谢的话也来不及说。

只有一个年轻人例外，当约翰镇长把食物送到他面前时，这个骨瘦如柴、饥肠辘辘的年轻人问："先生，吃您这么多东西，你有什么活儿需要我干吗？"约翰镇长想，给一个流亡者一顿果腹的饭食，每一个善良的人都会这么做。于是，他说："不，我没有什么活儿需要您来做。"

这个年轻人听了约翰镇长的话之后显得很失望，他说："先生，那我便不能随便吃您的东西，我不能没有经过劳动，便平白得到这些东西。"约翰镇长想了想又说："我想起来了，我家确实有一些活儿需要你帮忙。不过，等你吃过饭后，我就给你派活儿。"

"不，我现在就做活儿，等做完您的活儿，我再吃这些东西。"那个青年站起来。约翰镇长十分赞赏地望着这个年轻人，但他知道这个年轻人已经两天没有吃东西了，又走了这么远的路，可是不给他做些活儿，他是不会吃下这些东西的。约翰镇长思忖片刻说："小伙子，你愿意为我捶背吗？"那个年轻人便十分认真地给他捶背。捶了几分钟后，约翰镇长便站起来说："好了，小伙子，你捶得棒极了！"说完就将食物递给年轻人，他这才狼吞虎咽地吃起来。约翰镇长微笑地注视着那个青年说："小伙子，我的庄园太需要人手了，如果你愿意留下来的话，那我就太高兴了。"

那个年轻人留了下来，并很快成为约翰镇长庄园的一把好手。两年后，约翰镇长把自己的女儿詹妮许配给了他，并且对女儿说："别看他现在一无所有，可他将来百分之百是个富翁，因为他有尊严！"

果然不出所料，20多年后，那个年轻人真的成为亿万富翁了，他就是赫赫有名的美国石油大王哈默。哈默穷困潦倒之际仍然有自尊、自立的精神，赢得了别人的尊敬和欣赏，也为自己带来了好运。

一个人只有自立才能为自己赢得尊严。一个在穷困中仍然能够保持自立精神，不依靠别人的施舍生活的人，最终必将获得人生的成功。

杰克7岁那年，他的父亲去世了，他还有一个两岁大的妹妹，母亲为了这个家整日操劳，但是赚的钱仍难以让这个家的每个人都填饱肚子。

第十二章 不依赖的男孩能够独立自主

做个有自信
抗挫能力强的男孩

看着母亲日渐憔悴的样子，杰克决定帮妈妈赚钱养家，因为他已经长大了，应该为这个家贡献一份自己的力量了。

一天，他帮助一位先生找到了丢失的笔记本，那位先生为了答谢他，给了他1美元。

杰克用这1美元买了3把鞋刷和1盒鞋油，还自己动手做了个木头箱子。带着这些工具，他来到了街上，每当他看见路人的皮鞋上全是灰尘的时候，就对他们说："先生，我想您的鞋需要擦油了，让我来为您效劳吧!"

他对所有的人都是那样有礼貌，语气是那么真诚，以至于每一个听他说话的人都愿意让这样一个懂礼貌的孩子为自己的鞋擦油。他们实在不愿意让一个可怜的孩子感到失望，他们知道这个孩子肯定是一个懂事的孩子，面对这么懂事的孩子，怎么忍心拒绝他呢!

就这样，第一天他就带回家50美分，他用这些钱买了一些食品。他知道，从此以后每个人都不需要再挨饿了，母亲也不用像以前那样操劳了，这是他能办到的。

当母亲看到他背着擦鞋箱，带回来食品的时候，流下了高兴的泪水，"你真的长大了，杰克。我不能赚足够的钱让你们过得更好，但是我现在相信我们将来可以过得更好。"妈妈说。

就这样，杰克白天工作，晚上去学校上课。他赚的钱不仅为自己交了学费，还足够维持母亲和小妹妹的生活。他知道，"工作不分贵贱，只要是靠自己的劳动赚来钱就是光荣的"。

靠别人的施舍或者资助而生活的人，无法赢得别人的尊重，而他本人也体会不到劳动的价值和快乐。一个人只有自食其力才能够为自己赢得尊严，因此，青少年要摆脱依赖他人的想法，尝试着用自己的双手来养活自己。

男孩要自己拿主意

男孩要培养独立自主的人格，就要学会遇事自己拿主意，而不是处处依赖父母，让他们替自己出主意、做主张。

"老师让我去报名参加那个拼写竞赛。"10岁的王燕一回到家就告诉父母。

"太好了，你已经去报名了吗？"

"还没有呢。"

"为什么？宝贝。"父母关心地问。

"我有点害怕，台下可能会有许多人看着。"王燕很激动，她在家一向是个听父母话的孩子，在学校平时也不爱多说话，但是学习成绩很好。

"我想你还是先报个名吧，你可以很好地锻炼自己。不过这事儿你还是得自己决定。"

父母离开了王燕的屋子。过了两天之后，学校老师打来电话，让王燕的父母说服王燕去报名参加拼写竞赛。

王燕回到家后，父母又跟她谈了话，父母对她说："首先，我们并不是强迫你一定报名，这件事还是你来做决定，但是我们可以谈谈关于参加竞赛的利弊。参加竞赛可以锻炼自己的意志，锻炼自己的智力，还能增强自己的信心。比赛赢了更好，没有得名次，也是无关紧要的。因为你在我们心目中是很有能力的孩子，这点并不需要用竞赛的名次来证明。"

父母又对她说："老师打电话来说，他也很相信你的能力。我们对你的比赛结果都并不太关心，关心的只是你是不是想用这一机会去锻炼自己。"

有这样开明的父母鼓励和支持，最后王燕还是去报名了。

王燕的父母知道王燕很聪明，只是她太胆小了。她不敢想象如果自己站在台上面对那么多的观众拼写单词会是一种什么样的感觉。她的父母很想让王燕见一见世面，让她走向自己的生活，而这就是一个很好的

做个有自信抗挫能力强的男孩

机会。还有，父母想让王燕通过这一机会来证明她自己的能力，也好好地锻炼自己的胆量，发现自己的一些潜力，明白自己只是有些胆怯，需要自己的父母加油，同时，又能够消除掉非要得一个名次的压力。

王燕的父母对王燕充满了信心，但是他们并不催促王燕，而是让她自己来做这一决定。

通过这件事，王燕增强了自己的独立性和勇气，而父母则很满意自己鼓励了王燕，使她没有失去一个很好的锻炼自己的机会。

独立就意味着要青少年遇事能够学会自己拿主意，要敢于坚持自己的想法，而不是总让别人替自己出主意或者是受别人言论的影响。明朝人吕坤特别反对这种做事没主心骨，也就是没主见，只是"依违观望，看人言为行止"的做人毛病。他说，如果做事先怕人议论，做到中间一有人提出反对意见，就不敢再做下去了，这不仅说明这个人没有"定力"，也说明其没有"定见"。没有定见和定力，就不是一个独立自主的人。吕坤说，做人做事，首先要能独立思考，辨明是非，选择正确的立场观点。吕坤进一步说，每个人的想法都不会完全一致，我们不能要求人人的看法都与自己相同。因此我们做事要看我们想达到的目标效果，而不要过于顾虑事前一些人的议论等你事情做好了，那些议论自然也止息了。即使事情没做成，但只要是正确的，也就是应当做的，论不得成败。

意大利著名女影星索菲亚·罗兰就是一个能够坚持自己的想法的人。她16岁时来到罗马，要圆她的演员梦。但她从一开始就听到了许多不利的意见。用她自己的话说，就是她个子太高，臀部太宽，鼻子太长，嘴太大，下巴太小，根本不像一般的电影演员，更不像一个意大利式的演员。制片商卡洛看中了她，带她去试了许多次镜头，但摄影师们都抱怨无法把她拍得美艳动人，因为她的鼻子太长、臀部太"发达"。卡洛于是对索菲说，如果你真想干这一行，就得把鼻子和臀部"动一动"。索菲可不是个没主见的人，她断然拒绝了卡洛的要求。她说："我为什么非要长得和别人一样呢？我知道，鼻子是脸庞的中心，它赋予脸庞以性格，我就喜欢我的鼻子和脸保持它的原状。至于我的臀部，那是我的一部分，我只想保持我现在的样子。"她觉得不是靠外貌而是应该靠自己内在的气质和精湛的演技来取胜。她没有因为别人的议论而停下自己奋斗的脚步。

她成功了，那些有关她"鼻子长，嘴巴大，臀部宽"等议论都消失了，这些特征反倒成了美女的标准。索菲在20世纪即将结束时，被评为这个世纪的"最美丽的女性"之一。

索菲·罗兰在她的自传《爱情与生活》中这样写道："自我开始从影起，我就出于自然的本能，知道什么样的化妆、发型、衣服和保健最适合我。我谁也不模仿。我从不去奴隶似的跟着时尚走。我只要求看上去就像我自己，非我莫属……衣服的原理亦然，我不认为你选这个式样，只是因为伊夫·圣罗朗或第奥尔告诉你，该选这个式样。如果它合身，那很好。但如果还有疑问，那还是尊重你自己的鉴别力，拒绝它为好……衣服方面的高级趣味反映了一个人的健全的自我洞察力，以及从新式样选出最符合个人特点的式样的能力……你唯一能依靠的真正实在的……就是伤评口你周围环境之间的关系，你对自己的估计，以及你愿意成为哪一类人的估计。"

索菲·罗兰谈的是化妆和穿衣一类的事，但她却深刻地触到了做人的一个原则，就是凡事要有自己的主见，要学会自己拿主意，而"不去奴隶似的"盲从别人。

心理学家认为，一个具有健康人格的人是自由的人，而自由主要体现在这个人能够自主地、有选择地支配自己的行为。这种自主感不是凭空产生的，其中很大一部分来自少年期对自由支配时间的体验。创造自己的自主空间，可以从下面几方面做起。

（1）遇事先自己拿主意。遇事先想该怎么办，自己做主，然后再听取父母的意见，从中学到解决问题的经验和技巧，这样才能使智力有所增长，培养自主的能力。

（2）尝试着培养独立思考的能力。允许自己独自在一定的限度内犯错误，甚至允许做错。但要学会从小独立思考和自我服务。

（3）当你充满信心去实践自己的主张时，不要太依赖外部的帮助。当你遇到困难时，不要轻易向父母求援或接受他们的帮助，随着你的长大和成熟，既要培养自己的责任心，又要有越来越多的独立性，你可以逐渐减少对父母的依赖和对他们的约束和服从，有更多的自由去管理自己的事情。

做个有自信
抗挫能力强的男孩

（4）学会从小自己做决定。一旦做出决定，就必须意识到要对选择后果负责任。比如，一个青少年如果在他得到一星期的零花钱的第一天就把它花光了，那么他就必须尝尝那个星期其余几天没有钱的滋味。

自主能力往往是在几次成功与失败的过程中树立起来的，不要太在意失败。

自己亲自动手才快乐

琼斯是一个勤劳的孩子，他从不爱买别人做的玩具，他更愿意自己动手，因为他在自己动手的过程中更能够体会到劳动的快乐。

而他的一个玩伴，贾克则认为，除非是花很多钱买来的，否则那样的玩具一文不值。他也从未尝试过做任何玩具。

"快过来看我的木马，"有一天贾克说，"为它我花了1美元，快来看，多漂亮啊！"

自己的好朋友贾克能买到如此漂亮的木马，琼斯非常羡慕。他仔细地观察着木马，看它是怎样做成的。当晚，他便开始动手为自己也做一匹木马。

他从自家的马棚里取出两块木料，一块用来做马头，另一块做马身。只用了两三天的时间，它们便变成了琼斯满意的形状。

父亲送给他一块红色的皮革来做马缰绳，还拿了一些铜片来做马蹄。母亲找出一些旧毛线来做马鬃和马尾。

拿什么来做轮子呢？这下他可难住了。最后他想，或许可以到木工厂看一下，说不定那里有一些能用来做轮子的圆木头。

他在地板上找到了许多中意的木头。木匠问他拿这些木头干什么，他便对木匠说出了自己的想法。

"哦,"那人说,"要是这样,我很乐意为你做几个轮子,但你一定要记得做好后给我看一看。"琼斯答应了,然后把轮子放进口袋,跑回了家。第二天晚上,他带着做好的木马去了木匠那里,木匠夸他是个小天才。

这样的赞美使他备感骄傲,他跑到贾克那里高喊道:"你瞧,这是我的木马!""哦,它真漂亮,你在哪儿买的?"贾克问。"这不是买的,是我动手做的!"琼斯回答道。"自己做的?的确很漂亮,不过还是不能与我的相比,我的木马值1美元,你的却分文不值。"

"可我在做这匹木马的时候很开心呀!"说完,琼斯带着自己的木马走了。

想知道琼斯后来怎么样了吗?告诉你吧,他学习非常刻苦,还拿到了学校里的最高奖学金。

琼斯的故事带给我们一个重要的启示,动手可以带给一个人快乐,同时也可以帮助一个人走向自立和成功。因此,青少年要早日自立,就要养成自己动手的好习惯,尽可能地多尝试去做一些事情,不断地从每一件小事中取得一点点"小成绩",长期坚持,这些"小成绩"就会逐渐扩大。

(1) 在家庭中尽可能多分担一些家务。

从洗碗开始,帮助父母做力所能及的家务劳动,培养自己动手的习惯。

自己的事情自己做,不用父母多操心。上学放学不用父母接送,日常生活自理得当,衣服自己洗,房间和物品自己整理。

孝敬父母、长辈,记住父母的生日,每年父母过生日的那天,向他们展现一个你自立的成果,帮他们收拾一下房间,买菜等。

学会做饭。饮食是生存自立最基本的要求,掌握烹调的技艺也是自立能力必不可少的环节。

爱惜家具物品,空调、家用电器等不用的时候要关闭,学会处理简单的故障,如修理自行车、门窗等,但是,在处理电、煤气等易发生危险的作业时,需要父母在旁边指导。

勤俭节约,不乱花钱,你的零用钱都是父母挣来的,你还没有创造财富的能力,但是必须养成节约的习惯。

(2) 在学校积极进取,不逃避自己的责任。

主动完成课业,不用老师监督。也许一次主动完成并不难,但每次

做个有自信
抗挫能力强的男孩

都这样做就需要毅力了，也正是因为这样，才能锻炼你的意志品格，从而塑造你完善的人格。

遇到问题先自己独立思考，不能看一眼不会就寻求老师或同学的帮助，如果你认为自己已经绞尽脑汁了，问题还是没有解决，再向老师请教。

值日认真，不逃避劳动，不回避脏活、累活，下课主动帮助老师擦黑板，看见纸屑、果皮等杂物随时清理。

学习上进，实在搞不懂的问题及时向老师请教，今天的疑问不能留到明天解决，养成有问必究的好习惯，这是你锻炼自强心理的基础。

不骄傲、不自卑，成绩好的时候，不向同学炫耀；成绩下降的时候，不失去自信，认真分析原因，逐步动手解决。过于自信和过于自卑都是自立自强的大敌，一定要随时校正自己的心态，中正平和，谦虚但不虚伪，自信但不狂妄。

培养集体责任感，在集体活动中突出和发挥自己的长处，争取机会锻炼自己的领导、组织能力，明确集体利益，自动维护集体利益。

(3) 积极融入社会，打下自立的基础。

要积极参加公益劳动，并在劳动中积累经验和技巧，磨炼吃苦耐劳的品质。

掌握一项可以谋生手艺，为将来的独立生活打下基础。

利用假期打工，打工并不是要求你赚钱，而是要你体验工作的心态，从而知道在社会中生存是很不容易的，这样也能让你知道自己离真正的独立还差多远。

养成主动帮助别人的习惯。独立并不是要你自己处理任何事情，而是要求你融入社会的有机群体中。帮助和请求帮助是必不可少的，在帮助别人的过程中，可以让你的独立意识得到拓展，以自己的独立能力有效地协助他人。

男孩宝典

要培养社会公德。一个人如果从小自私自利，只顾自己，不顾社会，不顾他人，这个人就不能在社会上立足。

扔掉依赖这根拐杖

比尔·盖茨说:"依赖的习惯,是阻止人们走向成功的一个个绊脚石,要想成大事你必须把它们一个个踢开。只有靠自己取得的成功,才是真正的成功。"

香港巨富李嘉诚的两个儿子李泽钜和李泽楷在美国斯坦福大学毕业后,想在父亲的公司里干一番事业,但被李嘉诚果断地拒绝了:"我的公司不需要你们!还是你们自己去打江山,让实践证明你们是否适合到我公司来任职。"

兄弟俩去了加拿大,一个搞地产开发,一个投资银行。他们克服了难以想象的困难,把公司和银行办得有声有色,成了商界出类拔萃的人物。李嘉诚的"冷酷无情",把孩子逼上自立、自强之路,陶冶了他们勇敢坚毅、不屈不挠的人格和品性。

很多有识之士认为,把孩子放在可以依靠父亲或是可以指望帮助的地方是非常危险的做法。在一个可以触到底的浅水处是无法学会游泳的。而在一个很深的水域里,孩子会学得更快更好。当他无后路可退时,他就会安全地抵达河岸。

坐在健身房里让别人替我们练习,是永远无法增强自己的肌肉力量的;越俎代庖地给孩子们创造一个优越的环境,好让他们不必艰苦奋斗,这样永远无法让他们独立自主,成为一个真正的成功者。

爱默生说:"坐在舒适软垫上的人容易睡去。"

依靠他人,觉得总是会有人为我们做任何事所以不必努力,这种想法对发挥自助自立和艰苦奋斗精神是致命的障碍!

我们身边有不少人在观望等待,其中很多人不知道等的是什么,他们隐约觉得,会有什么东西降临,会有些好运气,或是会有什么机会发生,或是会有某个人帮他们,这样他们就可以在没受过教育,没有充足

做个有自信
抗挫能力强的男孩

的准备和资金的情况下为自己获得一个开端,或是继续前进。

有些人是在等着从父亲、富有的叔叔或是某个远亲那里弄到钱。有些人是在等那个被称为"运气""发迹"的神秘东西来帮他们一把。

从来没有某个等候帮助、等着别人拉扯一把、等着别人的钱财,或是等着运气降临的人能够真正成就大事。只有自强、自立、自尊的人才能打开成功之门。

林肯总统有一个异姓兄弟名叫詹斯顿,他曾经是一个游手好闲、好吃懒做的人,经常写信向林肯借钱,林肯想了很多办法来教育他,下面是林肯写给詹斯顿的一封信:

亲爱的詹斯顿:

我想我现在不能答应你借钱的要求。每次我给你一点帮助,你就对我说:"我们现在可以相处得很好了。"但过不多久我发现你又没钱用了。你之所以这样,是因为你的行为上有缺点。这个缺点是什么,我想你是知道的。你不懒,但你毕竟是一个游手好闲的人。我怀疑自从上次见到你后,你是不是好好地劳动过一整天。你并不完全讨厌劳动,但你不肯多做。这仅仅是因为你觉得从劳动中得不到什么东西。

这种无所事事浪费时间的习惯正是整个困难之所在。这对你是有害的,对你的孩子们也是不利的。你必须改掉这个习惯。以后他们还有更长的生活道路,养成良好习惯对他们更重要。他们从一开始就保持勤劳,这要比他们从懒惰习惯中改正过来容易。

现在,你的生活需要用钱,我的建议是,你应该去劳动,全力以赴地劳动而赚取报酬。

让父亲和孩子们照管你家里的事——备种、耕作。你去做事,尽可能地多挣些钱,或者还清你欠的债。为了保证你劳动有一个合理的优厚报酬,我答应从今天起到明年 5 月 1 日,你用自己的劳动每挣 1 美元前或抵消美 1 元钱的债务,我愿意另外给你 1 美元。

这样,如果你每月做工挣 10 美元,就可以从我这儿再得到 10 美元,那么你做工一月就净挣 20 美元了。你可以明白,我并不是要你到圣·路易斯、加利福尼亚的铅矿、金矿去,我是要你就在家斯镇附近做你能找到有最优厚待遇的工作。

如果你愿意这样做，不久你就会还清债务，而且你会养成一个不再负债的好习惯，这岂不更好？反之，如果我现在帮你还清了债，你明年又会照旧背上一大笔债。你说你几乎可以为七八十美元放弃你在天堂里的位置，那么你把你天堂里位置的价值看得太不值钱了，因为我相信如果你接受我的建议，工作四五个星期就能得到七八十美元。你说如果我把钱借给你，你就把地抵押给我，如果你还不了钱，就把土地的所有权交给我——简直是胡说！如果你现在有土地还活不下去，你没有土地又怎么过活呢？你一直对我很好，我也并不想对你刻薄。相反，如果你接受我的忠告，你会发现它对你比 10 个 80 美元还有价值。

你的哥哥林肯

1848 年 12 月 24 日

　　一个人应当学会在社会中自立，不能太依赖别人的帮助。依靠别人的帮助维持生活只能满足你的一时之需，但真正要在社会中生存下去，还是要靠你自己的力量。

　　只会蜷伏在母亲翅膀下的雏鹰，充其量不过是只柔弱的"鸡"，而绝不会成为搏击万里云天、俯视苍茫大地的雄鹰。

　　青年人要勇于自强自立，不要仰仗父母的保护伞。要相信自己的能力，自己探出一条成才之路来。过多依附、仰赖，只能造就平庸孱弱、无所作为的凡夫俗子；过分温存、溺爱，只能消磨意志，磨平锐气，养育娇嫩的花朵。

　　在中国，几千年来，青年人依赖父辈的传统很顽固，自主意识淡薄。但是，历史上也不乏鼓励子女自强自立的有识之士。清代画家郑板桥老年得子，却并不溺爱，而是力促他自立，要求他：淌自己的汗，吃自己的饭，自己的事自己干。靠天靠人靠祖宗，不算是好汉。

　　在传统的意识中，人们崇尚出身门第，欣羡继承权，而自我创业的意识淡薄。在当今的社会里，应提供给后代以"工具箱"，而不是万贯家产。对于青年人，确立不依赖父母长辈，一切靠自己独立创业的自立意识，则是明智的。若是一切都仰仗父母，做蜷伏在先辈羽翼下的小鸡，是最没出息的。

　　摆脱一份依赖，你就多了一份自主，也就向自由的生活前进了一些，

做个有自信
抗挫能力强的男孩

向成功的目标迈进了一步。

一位教育家曾为青少年摆脱依赖心理提出了以下几点建议。

（1）依赖自己，而不是依赖别人、依赖组织、依赖亲人。一切都靠自己去奋斗，去争取。只有一切依靠自己，才能获得真正的成功。

（2）消除身上的惰性。依赖心理产生的源泉，在于人的惰性。要消除依赖心理，先要消除身上的惰性。要消除惰性，就得锻炼自己的意志。处理事情的时候，要果敢上前，说做就做，该出手时就出手；还得有灵活的头脑，要善于思考，勤于思考。

（3）要有独立意识，要自己替自己做主。要自己替自己做主，就是要时时想到，只有自己的劳动所得的成果，才是真正属于自己的；只有享受自己的成果，才会有真正的快乐。

（4）要从小事做起，每天认真反思自己的思想，一步一个脚印地去做。任何事情都是这样，不可能一下子就能做成，需要慢慢地起步，一步步地积累，最后才能做成。这就像是跳高，总需要先慢慢跑几步，然后再快速跑，最后才起跳。

男孩宝典

控制了依赖心理之后，一个人才会找到自己的生活目标，找到生活的方向，靠自己获得事业的成功。而只有靠自己取得的成功，才是真正的成功。

第十三章
宽以待人让男孩走得更远

「只有偏执狂才能成功。」说得正是专注精神。当你找到自己的兴趣和热爱之后,就需要专注。不管是打工,还是做职业经理人,亦或是自己创业,最终成功的人都具备一种特质,那就是专注。

做个有自信
抗挫能力强的男孩

宽厚容人不苛求

古语有云："海纳百川，有容乃大。"做人应当宽厚容人，不过于苛求他人，要善于容人之过，这样你的周围才会充满知心的朋友和良师。

美国著名的人际关系学家卡耐基，和许多人都是朋友，其中包括若干被认为是孤僻、不好接近的人。有人很奇怪地问卡耐基，说："我真搞不懂，你怎么能忍受那些老怪物呢？他们的生活与我们一点都不一样。"卡耐基回答道："他们的本性和我们是一样的，只是生活细节上难以一致罢了。"

但是，我们为什么要戴着放大镜去看这些细枝末节呢？难道一个不喜欢笑的人，他的过错就比一个受人欢迎的夸夸其谈者更大吗？只要他们是好人，我们不必如此苛求小处。"

卡耐基不愧是人际关系学大师。其实，每个人一半是天使，一半是魔鬼，优点与缺点共存，美丽与丑陋俱在。与人相交，要看好的方面，至于一些小节，诸如生活习惯之类，尽可以睁一只眼闭一只眼。

服装界有名的商人史瓦兹是一个善于容人的经营者，他的成功就和自己善于包容不同个性人才的品格有很大关系。

史瓦兹刚入服装行业的时候，有一次他拿着样衣经过一家小店，却无缘无故地被店主讥嘲笑了一通，说他的衣服只能堆在仓库里，再过10年也卖不出去。史瓦兹并未反唇相讥，而是诚恳地请教，这小店主说得头头是道。史瓦兹大惊之下，愿意高薪聘用这位怪人。没想到这人不仅不接受，还讽刺了史瓦兹一顿。史瓦兹没有放弃，运用各种方法打听，方才知道这小店主居然是一位成就极其突出的服装设计师，只是因为他自诩天才、性情怪僻而与多位上司闹翻，一气之下发誓不再设计，改行做了小商人。

史瓦兹弄清原委后，三番五次登门拜访，并且诚心请教。这位设计师仍然是火冒三丈,劈头盖脸地骂他,坚决不肯答应。史瓦兹毫不气馁,常去看望他,经常和他聊天并给予热情帮助。到最后,这位怪人自己也很不好意思,终于答应史瓦兹,但是条件非常苛刻,其中包括他一旦不满意可以随意更改设计图案,允许设计师自由自在地上班。果然,这位设计师虽然常顶撞史瓦兹,让他下不了台,但其创造的效益实在巨大,帮助史瓦兹建立了一个庞大的服装帝国。

这位设计师的脾气不可谓不怪异,甚至有点恃才傲物,但是史瓦兹慧眼识金,懂得他的价值所在。史瓦兹对他的缺点和不足一一宽容,使他帮助自己走上了事业的另一个台阶。

善于容人不仅要容忍他人个性上的缺点,还应当容忍他人行为上的过失。

唐高宗时期有个吏部尚书叫裴行俭,家里有一匹皇帝赐的好马和很珍贵的马鞍。他有个部下私自将这匹马骑出去玩,结果马摔了一跤,摔坏了马鞍,这个部下非常害怕,连夜逃走了。裴行俭叫人把他招回来,并没有因此事而责怪他。

又有一次,裴行俭带兵去平都支援李遮匐,结果获得了许多有价值的珍宝,于是就宴请大家,并把这些有价值的珍宝拿出来给客人看。其中有一个部下在抱着一个直径约 0.7 米的很漂亮的玛瑙盘出来给大家看的时候不小心摔了一跤,把盘子摔碎了,顿时害怕得不得了,伏在地上拼命叩头,裴行俭笑着说:"你不是故意的。"脸上并无可惜的样子。

裴行俭这种善于容人之失的胸襟不仅化解了风波,而且还赢得了部下的敬重和忠诚。关于容人之过,历史上最有名的是楚庄王的故事。

被称为春秋五霸之一的楚庄王,有一次宴请群臣,要大家不分君臣,尽兴饮酒作乐。正当大家玩得高兴时,一阵风吹来,灯火熄灭,全场一片漆黑。这时,有人乘机调戏楚庄王的爱姬,爱姬十分机智,扯下了这人的冠缨,并告诉楚庄王:"请大王把灯火点燃,只要看清谁的冠缨断了,就可以查证出谁是调戏我的人。"群臣乱成一片,以为定会有人丧命。可是楚庄王却宣布:"请大家在点燃灯火之前都扯下自己的冠缨,谁不扯断冠缨,谁就要受罚。"

当灯火再燃起来的时候,群臣都已经拔去了冠缨,那个调戏爱姬的

做个有自信
抗挫能力强的男孩

人自然无法查出。大家都舒了一口气,又高兴地娱乐起来。

两年以后,晋军进攻楚国。这时,一名将军勇往直前,杀敌无数,立了大功。楚庄王召见他,赞扬他说:"这次打仗,多亏了你奋勇杀敌,才能打败晋军。"这个将领泪流满面地说:"臣就是两年前在酒宴中调戏大王爱姬的人,当时大王能够重视臣的名誉,宽容臣的过错,不处罚臣,还给臣解围,臣感激不尽。从那以后,臣就决心效忠大王,等待机会为大王效命。"

概括起来,大度容人主要可以分为以下几方面。

(1) 容人之长。

人各有所长,取人之长补己之短,才能相互促进,才能事业发展。相反,有的人却十分嫉妒别人的长处,生怕同事和部属超过自己而想方设法。

(2) 容人之短。

"金无足赤,人无完人。"人的短处是客观存在的,容不得别人的短处势必难以共事。

(3) 容人个性。

由于人们的社会出身、经历、文化程度和思想修养各不相同,所以人的性格各异。因此容人从根本上来说就是要接纳各种不同性格的人,这不仅是一种道德修养,也是一种为人的艺术。从历史上看,许多领袖人物,都是善于团结各种不同性格的人共同工作的典范。

(4) 容人之过。

"人非圣贤,孰能无过。"历史上凡是有作为的伟人,多数都能容人之过。

(5) 容人之功。

别人有功劳,本应该感到高兴,但有的人心胸狭窄,生怕别人功劳大会对自己构成威胁。只有那些以国家、民族利益为重,胸怀开阔的人才能做到容人之功。

古语云:"大度集群朋。"一个人若能有宽宏的度量,

他的身边便会集一大群知心朋友。大度，表现为对人、对友能"求同存异"，不以自己的特殊个性或癖好律人。除此之外，大度还要能容忍朋友的过失，尤其是当朋友对自己犯有过失时，能不计前嫌，一如既往。

善于用和平方式处理问题

生活中，冲突和争执在所难免。青少年要学会用和平的方式处理生活中的冲突与争执。冲突只能为双方带来伤害，而宽容忍让则能够为我们带来美好的结果。

古时候有个叫陈嚣的人，与一个叫纪伯的人做邻居。有一天夜里，纪伯偷偷地把陈嚣家的篱笆拔起来，往后挪了挪。这事被陈嚣发现后，心想，你不就是想扩大点地盘吗？我满足你。他等纪伯走后，又把篱笆往后挪了3米多。天亮后，纪伯发现自家的地盘又宽出了许多，知道是陈嚣在让他，他心中很惭愧，主动找上陈家，把多侵占的地统统还给了陈家。

《寓圃杂记》中记述了杨翥的两件小事。杨的邻人丢失了一只鸡，指骂被姓杨的偷去了。家人告知杨翥，杨说："又不只我一家姓杨，随他骂去。"又一邻居，每遇下雨天，便将自家院中的积水排放进杨翥家中，使杨家深受脏污潮湿之苦。家人告诉杨翥，他却劝解家人："总是晴天干燥的时日多，下雨的日子少。"

久而久之，邻居们被杨翥的忍让所感动。有一年，一伙贼人密谋欲抢杨家的财宝，邻人们得知后，主动组织起来帮杨家守夜防贼，使杨家免去了这场灾祸。

冲突和争执会破坏团结和友谊，如果以一种宽容的方式去化解冲突和矛盾，就会避免因冲突而为双方带来的伤害，进而重新赢得团结。

战国时期，楚、梁两国交界，两国在边境上各设界亭，亭卒们在各

做个有自信
抗挫能力强的男孩

自的地里种了西瓜。梁亭的亭卒勤劳，锄草浇水，瓜秧长势极好；而楚亭的亭卒懒惰，不事瓜事，瓜秧又瘦又弱，与梁亭瓜田的长势简直不能相比。楚亭的人心生嫉妒，于是，在一天晚上乘着夜色偷跑过去把梁亭的瓜秧全给扯断了。

第二天，梁亭的人发现自己瓜地里的瓜秧全被人扯断了，他们气愤难平，报告边县的县令宋就，说我们也过去把他们的瓜秧扭断好了。宋就说："这样做当然能解气，可是，我们明明不愿他们扯断我们的瓜秧，为什么要反过去扯断别人的瓜秧？别人不对，我们再跟着学，那就太狭隘了。你们听我的话，从今天起，每天晚上去给他们的瓜秧浇水，让他们的瓜秧长得好。而且，你们这样做，一定不能让他们知道。"梁亭的人听了宋就的话后觉得很有道理，于是就照办了。

渐渐地，楚亭的人发现自己的瓜秧长势一天好过一天，仔细观察后发现每天早上地都被人浇过了，而且是梁亭的人在黑夜里悄悄为他们浇的。楚国的边县县令听到亭卒们的报告后，感到十分惭愧和敬佩，于是把这件事报告给了楚王。

楚王听说这件事后，感于梁国人修睦边邻的诚心，特备重礼送给梁王，以示自责，也用来表示酬谢。结果这一对敌国成了友好的邻邦。

生活中有很多事当忍则忍，能让则让。忍让和宽容不是懦弱和怕事，而是关怀和体谅。以己度人，推己及人，我们就能与别人和睦相处，甚至能够化敌为友。

琼斯是一名经营建筑材料的商人，由于另一位对手的竞争而陷入困境之中。对方在他的经销区域内定期走访建筑师与承包商，并告诉他们：琼斯的公司不可靠，他的产品质量不好，生意也面临即将歇业的境地。

琼斯说他并不认为对手会严重伤害到他的生意，但是这件麻烦事使他心中生出无名之火，真想"用一块砖来敲碎那人肥胖的脑袋作为发泄"。

"有一个星期天早晨，"琼斯说，"牧师讲道时的主题是：要施恩给那些故意跟你为难的人。我把每一个字都吸收下来。就在上个星期五，我的竞争者使我失去了一份 25 万块砖的订单。但是，牧师却教我们要以德报怨，化敌为友，而且他举了很多例子来证明他的理论。当天下午，我在安排下周日程表时，发现住在弗吉尼亚州的一位我的顾客，因为盖一间办公大楼需要一批砖,而所指定的砖型号却不是我们公司制造供应的,却与我竞争对手出售的产品很类似。同时,我也确定那位满嘴胡言的竞争者完全不知道有这笔生意机会。"

这使琼斯感到为难,是要遵从牧师的忠告,告诉给对手这项生意的机会,还是按自己的意思去做,让对方永远也得不到这笔生意?

到底该怎样做呢?

琼斯的内心挣扎了一段时间,牧师的忠告一直盘踞在他心间。最后,也许是因为很想证实牧师是错的,他拿起电话拨到竞争对手家里。

接电话的人正是那个对手本人,当时他拿着电话,难堪得一句话也说不出来。琼斯还是礼貌地直接告诉他有关弗吉尼亚州的那笔生意。结果,那个对手很是感激琼斯。

琼斯说:"我得出了惊人的结果,他不但停止散布有关我的谎言,甚至还把他无法处理的一些生意转给我做。"

琼斯感到心情比以前好多了,他与对手之间的阴霾也散去了。

以德报怨,化敌为友。用和平的方式去处理生活中的冲突与愤怒,这就是迎战那些终日想要给你使绊儿的人所能采用的最上策。

切莫在小事上斤斤计较

一个心胸开阔的人不会把时间花在一些小事情上。小事情会使人偏离自己本来的主要目标和重要事项。如果一个人对一件无足轻重的小事情做出反应——小题大做的反应——种种偏离就产生了。

以下这些小事情的荒谬反应值得参考:大约 900 年前,一场蹂躏了

做个有自信

抗挫能力强的男孩

整个欧洲的战争竟然是由于桶的争吵而爆发的。1654年的瑞典与波兰之战仅仅是因为在一份官方文书中,瑞典国王的附加头衔比波兰国王少了一个。一个小男孩向格鲁伊斯公爵扔鹅卵石,于是导致瓦西大屠杀和30年战争。有人不小心把一个玻璃杯里的水溅在托莱侯爵的头上,于是导致了英法大战。

作为普通人,我们不可能因为一件小事就引发一场战争,但我们可能会因小事而使周围的人不愉快。俗话说:"宰相肚里能撑船。"如果我们每个人都能够常存宽容之心,不争无谓的小事情,那么我们的生活就会避免许多争执,我们周围的世界也会变得和谐、可爱。

卡耐基在第二次世界大战结束后不久参加了一个宴会。在宴会上,有一位坐在卡耐基旁边的先生讲了一个幽默故事,然后在结尾的时候引用了一句话,意思是:谋事在人,成事在天。那位先生还特意指出这是《圣经》上说的。

卡耐基一听就知道他错了。他看过这句话,然而不是在《圣经》上,而是在莎士比亚的书中,他前几天还翻阅过,他敢肯定这位先生一定搞错了。于是他纠正那位先生说,这句话是出自莎士比亚的书。

"什么?出自莎士比亚的书?不可能!绝对不可能!先生你一定弄错了,我前几天才特意翻了《圣经》的那一段,我敢打赌,我说的是正确的,一定是出自《圣经》!如果你不相信,我可以把那一段背出来让你听听,怎么样?"那位先生听了卡耐基的反驳,马上说了一大堆话。

卡耐基正想继续反驳,忽然想到自己的朋友里诺就坐在自己的身边,里诺是研究莎士比亚的专家,他一定会证明自己的话是对的。

于是卡耐基便对里诺说:"里诺,你说说,是不是莎士比亚说的这句话?"

里诺盯着卡耐基说:"戴尔,是你搞错了,这位先生是正确的,《圣经》上确实有这句话。"随即卡耐基感到里诺在桌下踢了自己一脚。他大惑不解,出于礼貌,他向那位先生道了歉。

回家的路上,满腹疑问的卡耐基埋怨里诺:"你明白那本来就是莎士比亚说的,你还帮着他说话,真不够朋友。还让我不得不向他道歉,真是颠倒黑白了。"里诺一听,笑了:"《李尔王》第二幕第一场上,有这句话。但是我可爱的戴尔,我们只是参加宴会的客人,而你知道吗?那个人也是一位有名的学者,为什么要我去证明他是错的?你以为证明了你是对的,那些人和那位先生会喜欢你,认为你学识渊博吗?不,绝不会。为什么不保留一下他的颜面呢?为什么要让他下不了台呢?他并不需要你的意见,为什么要和他抬杠?"

宽容要求我们不要因为小事和别人争执,能不苛责的时候就不要苛责,多给人台阶下,多放人过关。这应该成为我们待人处事的原则。

我们不要抓住他人的错误或缺点不放,要学会给别人台阶下,得饶人处且饶人,这样不仅会减少矛盾,也会提升自己的善良品质,进而会形成一种良好的社会风气。这种与人为善、悲悯众生的品德,正是人类生存所需要的美德。谁没有需要别人帮助的时候呢?从根本上说,谁又有资格装出主人的样子来审判和惩罚他人呢?谁没有偶尔疏忽或急中出错,需要别人宽恕的时候呢?如果你拘泥于这种低层次的偏执,则不仅会使他人尴尬难堪,悲从中生,也会让自己无端生仇,从天上降下个大灾难。从某种意义上来说,向善大于任何对错是非和人间法律。记住,不为难人,得饶人处且饶人,这种态度不仅应对一般人,也包括那些与我们结有仇怨,甚至是怀有深仇大恨的人。

别人可能恨你,但别人恨你不管用,除非你也恨他们,否则没有谁能毁灭你。这个世界需要包容,当然有时需要包容的对象是仇深似海的仇家,包容这种人当然有很大的难度,但是只要你勇敢地战胜自我,还是可以实现的。包容他人,也是善待自己的一种方式。

做个有自信
抗挫能力强的男孩

宽容的伟大力量

在第二次世界大战期间,一支英军与德军在森林中相遇,激战一夜后,有两名英国士兵与部队失去了联系,这两名士兵来自于同一个小镇。

两名英国士兵在森林中艰难跋涉,他们互相鼓励、相互安慰。十多天过去了,仍未与部队联系上。这一天,他们打死了一只鹿,依靠鹿肉又艰难度过了几天。可是整个森林除了一只鹿之外,他们再也没看到过其他任何动物。他们仅剩下的一点鹿肉,背在年轻战士的身上。

这一天,他们在森林中又一次与敌人相遇,经过再一次激战,他们巧妙地避开了敌人。就在自以为已经安全时,只听一声枪响,走在前面的年轻战士中了一枪。幸亏伤在肩膀上!后面的士兵惶恐地跑了过来,他害怕得语无伦次,抱着战友的身体泪流不止,并赶快把自己的衬衣撕下包扎战友的伤口。

晚上,未受伤的士兵一直念叨着母亲的名字,两眼直勾勾的。他们都以为他们熬不过这一关了,尽管饥饿难忍,可他们谁也没有动身边的鹿肉。天知道他们是怎么过的那一夜。第二天,部队救了他们。

事隔多年,那位受伤的战士杰克说:"我知道谁开的那一枪,他就是我的战友。当时在他抱住我时,我碰到他发热的枪管。我怎么也不明白,他为什么对我开枪?但当晚我就宽恕了他。我知道他想独吞我身上的鹿肉,我也知道他想为了他母亲而活下来。接下来这么多年,我装作根本不知道此事,也从不提及。战争太残酷了,他母亲还是没有等到他回来。

"我和他一起祭奠了老人家。那一天,他跪下来,请求我原谅他,我没让他说下去。我们又做了几十年的朋友,我宽容了他。"

一位哲人曾经说过:"以恨对恨,恨永远存在;以爱对恨,恨自然就会消失。"面对别人的伤害,我们要以德报怨,时刻提醒自己,让伤害到自己这里为止。

小男孩哈根有一条非常可爱的狗,不幸的是,有一天下午他的狗被邻居家的狗咬死了。小男孩简直气疯了,发誓要打死凶手,为他的宝贝狗报仇。

哈根的父亲很理解儿子的情绪,他知道凭语言无法说服儿子,于是他把哈根领到了邻居家的院子后面。

"那条狗在这儿,"父亲对哈根说道,"如果你还想干掉它,这是最容易的办法。"父亲递给哈根一把短筒猎枪。哈根疑虑地瞥了父亲一眼。他点了点头。

父亲拿起猎枪,举上肩,黑色枪筒向下瞄准。邻居家的大黑狗用一双棕色眼睛看着他,高兴地喘着粗气,张开长着獠牙的嘴,吐出粉红的舌头。就在哈根要扣动扳机的一刹那,千头万绪闪过脑海。父亲静静地站在一旁,可他的心情却无法平静。涌上心头的是平时父亲对他的教诲——我们对无助的生命的责任,做人要光明磊落,是非分明。他想起他打碎妈妈最心爱的花瓶后,她还是一如既往地爱他;他还听到别的声音——教区的牧师领着他们做祷告时,祈求上帝宽恕他们,如同他们宽恕别人那样。

于是,猎枪变得沉甸甸的,眼前的目标模糊起来。哈根放下手中的枪,抬头无助地看着爸爸。爸爸脸上绽出一丝笑容,然后抓住他的肩膀,缓缓地说道:"我理解你,儿子。"这时他才明白,父亲从未想过他会扣扳机。他要用一种明智、深刻的方式让他自己做出决定。

哈根放下枪,感到无比轻松。他跟爸爸跪在地上,帮忙解开大黑狗,大黑狗欣喜地蹭着他俩,短尾巴使劲地晃动,仿佛在庆幸自己免遭枪杀。

宽容是消除报复的良方。对心底宽容的人来说,没有什么不可以饶恕的。在你宽恕别人的同时,也会将自己内心的仇恨一并消除。

有一次,一位作家与两位朋友阿尔和马修一同出外旅行。

三人行经一处山崖时,马修失足滑落,眼看就要丧命,机灵的阿尔拼命拉住了他的衣襟,将他救起。

为了永远记住这一恩德,动情的马修在附近的大石头上,用力镌刻下这样一行字:"某年某月某日,阿尔救了马修一命。"

三人继续前进,几日后来到一处河边。可能因为长途旅行的疲劳的缘故,阿尔与马修为了一件小事吵起来了,阿尔一气之下打了马修一耳光。

马修被打得眼前直冒金星,然而他没有还手,却一口气跑到了沙滩上,在沙滩上写下一行字:"某年某月某日,阿尔打了马修一记耳光。"旅行很快结束了。回到家乡,作家怀着好奇心问马修:"你为什么要把阿尔救你的事刻在石头上,而把他打你耳光的事写在沙滩上?"

马修平静地回答:"我将永远感激并永远记住阿尔救过我的命,至于他打我的事,我想让它随着沙滩上字迹的消失而被忘得一干二净。"

宽容就是记着别人对自己的恩典,忘掉别人对自己的伤害。用爱和感激来代替仇恨,化解积怨。

宽容别人就是宽容自己

有人给宽恕做了一个十分美妙的比喻,他说:"一只脚踩扁了紫罗兰,它却把香味留在那脚跟上,这就是宽恕。"

我们常常在自己的脑子里预设一些规定,以为别人应该有什么样的行为,如果对方违反规定就会引起我们的怨恨。其实,因为别人对我们的规定置之不理,就感到怨恨,是一件十分可笑的事。大多数人一直以为,只要我们不原谅对方,就可以让对方得到一些教训。也就是说,只要我不原谅你,你就没有好日子过。而实际上,不原谅别人,表面上是那人不好,真正倒霉的人却是我们自己。一肚子窝囊气不说,甚至连觉都睡不好,时间长了就会积出病来。

原谅别人,是对待自己最好的方式。因为释放了自己,才能有幸福自由的心态。

正如耶稣基督受人迫害时说的:"原谅他们(迫害者)吧,他们在做些什么,自己也不知道啊!"许多的人,他们疯狂地做错事的时候,是和动物一样不自知、不自愧、也不知道理的。如果你比他们更有思考力、更知对错,就应可怜他们的不觉醒,就应帮助他们达到像你一样的觉悟。深怀这样的悲悯之心,还有什么过错不能应该解呢?别人还有什么过错会使你耿耿于怀、烦恼痛苦呢?

南非总统曼德拉因致力于南非种族斗争而遭逮捕,在荒凉的大西洋罗宾岛度过了将近27年的监禁生活。当时曼德拉年事已高,但牢房看守依然像对待年轻犯人一样对他进行残酷的虐待。

罗宾岛上岩石密布,到处是海豹、蛇和其他动物。曼德拉被关在总集中营一个"锌皮房"里,白天打石头,将采石场的大石块碎成石料。他有时要到冰冷的海水里捞海带,有时干采石灰的活儿——每天早晨排队到采石场,然后被解开脚镣,在一个很大的石灰石场里,用尖镐和铁锹挖石灰石。因为曼德拉是要犯,看管他的看守就有5人。他们对他并不友好,总是寻找各种理由虐待他。

然而,曼德拉出狱当选南非总统以后,并没有计较这些,他在就职典礼上的一个举动震惊了世界,被人们尊称为"神迹"。

总统就职仪式开始后,曼德拉起身致辞,欢迎来宾。他依次介绍了来自世界各国的政要,然后他说,能接待这么多尊贵的客人,他深感荣幸,但他最高兴的是,当初在罗宾岛监狱看守他的5名狱警也能到场。随即他邀请他们起身,并把他们介绍给大家。

曼德拉的博大胸襟和宽容精神,令那些残酷虐待了他27年的人汗颜,也让所有到场的人肃然起敬。看着年迈的曼德拉缓缓站起,恭敬地向5个曾虐待他的看守致敬,在场的所有来宾以至于整个世界,都静下来了。

后来,曼德拉向朋友们解释说,自己年轻时性子很急,脾气暴躁,正是狱中生活使他学会了控制情绪,因此才活了下来。牢狱岁月给了他时间与激励,也使他学会了如何处理自己遭遇的痛苦。他说,感恩与宽容常常源自痛苦与磨难,必须通过极强的毅力来训练。

获释当天,他的心情平静:"当我迈过通往自由的监狱大门时,我

做个有自信
抗挫能力强的男孩

已经清楚,自己若不能把悲痛与怨恨留在身后,那么我其实仍在狱中。"

只有谅解和接受曾经伤害过你的人,才能获得心灵上的自由。如果内心一味地充斥着对别人的仇恨,不肯原谅曾经伤害过你的人,不但会使别人生活在痛苦之中,自己的心灵也无法得到解脱。

一位画家在集市上卖画,不远处,前呼后拥地走来一位大臣的孩子,这位大臣在年轻时曾经欺诈画家的父亲,直到他心碎地死去。

这孩子在画家的作品前面流连忘返,他天真的眼睛被画家的一幅画所吸引,久久不肯离去。那孩子的父亲最终出面,愿以天价买下这幅画,画家却匆匆地用一块布把它遮盖住,并声称这幅画属于非卖品。画家宁愿把这幅画挂在他画室的墙上,也不愿意出售。

从此以后,这孩子因为再也无法见到这幅画而变得憔悴。而画家总是阴沉着脸坐在画前,自言自语地说:"这就是我的报复。"

每天早晨,画家都要画一幅他信奉的神像,这是他表现信仰的唯一方式。可是现在,他觉得这些神像与他以前的神像日渐相异。然而有一天,他惊恐地丢下手中的画笔,他跑了起来:刚画好的神像的眼睛,竟然是大臣的眼睛,而嘴唇也是那般地酷似。

他把画撕碎,并且高喊:"我的报复已经回到我的头上来了!"

一位哲人说过,宽恕不但给别人一条生路,也给自己一条生路;不但释放别人,也是释放自己。让我们的心从不能自拔的痛楚中挣脱出来,使自己好过一些吧。毕竟伤害已经造成,久久不能释怀的愤怒,只会造成二度伤害,得不偿失。

与其一直注视着那件使你愤恨的事,倒不如转移方向,去看看其他的事情,用爱从事各项关怀行动。我们的心如同一个容器,当爱越来越多时,仇恨就会被挤出去。我们不需要一味地、刻意地去消除仇恨,而是要不断用爱来充满内心、用关怀来滋润胸襟,仇恨自然没有容身之处。

切莫让嫉妒在内心滋长

具有嫉妒型性格的人喜欢怀疑，心理压抑；对人嫉妒、疑神疑鬼、以自我为中心，不易相处，固执己见，不易接受别人的意见；处事刚愎自用，容易急躁。

他们经常感到自己某一方面不如对方，或自己在某一方面受到了侵害——但多数情况是无根据的怀疑。更可怕的是，嫉妒的人常常会采取错误、偏激的行动。

在我国古代，有很多妒贤嫉能的例子，隋炀帝就是其中的典型。他妒忌元勋杨素的功绩而将他逼死；又杀死了有名的将领商炯；他曾经作过一篇《燕歌行》，命令朝廷中的文士唱和，结果王胄的诗词超过了他的，于是大怒之下他杀死了王胄，并且在行刑前拿王胄诗中的句子来讽刺他，说："庭草无人随意绿，你现在还能做吗？"

嫉妒的人只会扼杀英才而很难成才。想想历史上的小人，谁不是妒贤嫉能的？隋炀帝就不用说了，虽然他做了皇帝，但那是靠世袭靠继承父亲的皇位而得来的，实在是个很差劲的领导者。可以说隋朝是嫉妒亡国——杀死了所有的忠义之士，又有谁来投靠朝廷，为朝廷卖命？

嫉妒是一种缺陷心理。看到别人比自己强，或在某些方面超过了自己，心里就酸溜溜的不是滋味，于是就产生了一种包含着愤怒与怨恨、猜嫌与失望、屈辱与虚荣以及伤心与悲痛的复杂情感，这种情感就是嫉妒。

嫉妒者不能容忍别人超过自己，害怕别人得到他所无法得到的名誉、地位，或其他一切他认为是很好的东西。在他看来，自己办不到的事最好别人也不要办成，自己得不到的东西别人也不要得到。显然这是极其阴暗龌龊的心理。

法国大思想家卢梭曾说："人除了希望自己幸福之外，还喜欢看到别人不幸。"

做个有自信抗挫能力强的男孩

这句话不仅道出人类容易嫉妒的心理，说明社会中有嫉妒心理之人的存在。

有人把嫉妒看成女人天生的性格，其实不然，并不只是女人容易嫉妒。培根写过一篇《论嫉妒》的文章，对嫉妒做过精彩的分析。他说：喜欢嫉妒别人的是这样的一些人：无才无德之人，他们不能从自身的优点中取得养料，必定找别人的缺点来做养料，用败坏别人幸福的办法来安慰自己，其自身缺乏某种美德，以贬低别人的这种美德来实现两者平衡；好打听闲话之人，他们以发舞现别人的痛苦，来使自己得到一种赏心悦目的愉快，有某种难以克服的缺陷的人，他们因自己的缺陷无法补偿，需损伤别人来求得补偿；经历过巨大灾祸和磨难的人，这些人乐于把别人的失败看作对自己过去所经历痛苦的抵偿；好嫉妒的人也是虚荣心甚强的人，他们不能看到别人在一件事业中总是强于他，他们不能容忍同事或他非常熟悉的人被提升。

容易遭嫉妒的是这样一些人：出身微贱一旦飞腾的人；后起之秀，他们最易受元老们的嫉妒；出于往上爬的野心四处揽人情的人；骄傲自大的人，这些人时时处处去显示自己的优越，力图压倒一切竞争者；坐享其成的富家公子；享有某种优越地位而又狡诈地掩饰的人，他们使人觉得他们没有价值因而不配享有那种幸福；好抛头露面者以及那些代替大人物出了风头的傻瓜。

嫉妒有三个发展阶段：第一个阶段，嫉妒心理往往深藏于人不易觉察的潜意识中，如自己与某人相处很好，对于他的名誉、地位等并不想施以攻击，不过每念及此，心中总会感到有一种淡淡的酸涩味。进入第二个阶段，不再完全压抑，而是自觉或不自觉地显露出来，如对被嫉妒者进行间接或直接的挑剔、造谣、诬陷等。到了第三阶段，嫉妒者已完全丧失理智，开始向对方做正面的直接攻击，欲置别人死地而后快，这容易导致伤人、杀人等极端行为。

嫉妒的害处很大，对嫉妒者本身来说，它是本质上的疵点，一个朝气蓬勃的青少年，一旦受到嫉妒情绪的侵袭，往往会头脑糊涂，停滞不前，甚至丧失理智，处处以损害别人来求得对自己的补偿，以致干出种种蠢事来。

好嫉妒者由于经常处于所愿不遂的嫉妒情绪煎熬之中，其心理上的压抑和矛盾冲突所导致的劣性刺激，可使神经系统功能受到严重影响。

嫉妒不仅危害嫉妒者本人，对一个集体来说，它还是团结的腐蚀剂。嫉妒具有极大的分化力量，它会使集体四分五裂，成为一盘散沙。一个班级如果有几个好嫉妒的同学，就会矛盾层出，摩擦不断。可以毫不夸张地说，嫉妒就像一条暗藏在心灵深处的毒蛇，它不仅分泌毒汁毒化着自己的心灵，而且还不时地钻出来伤害别人。因此，嫉妒一向受到人们的唾弃与斥责。

第十四章
男孩，你可以经受得住挫折

挫折是人生的一种必然的经历，这是谁都无法逃避的。父母一定要注重对孩子进行挫折教育，让他学会在摔倒了之后，能够靠自己的力量勇敢地站起来，这才是正确的教育方式。

挫折是男孩的必修课

我们深信，挫折是大自然的计划，大自然就是通过这种方法，来考验人类，促使他们在磨难中不断成长的。大自然偏爱那些努力奋斗的孩子，把高尚的品格、瞩目的成就和优越的地位作为他们战胜挫折的回报。

困境是人生的另一所大学。我们常常羡慕那些含着金汤匙出生的人，他们的老爸不是某某某，就是认识某某某。他们有钱有势，连上学都坐宝马车。

这些当然值得人们称羡，其实你自己也有令人羡慕的地方，如果你能把生活中的困境和挫折当成一个磨炼自身意志和成长自我的机会的话。

从前有一对夫妻，结婚多年一直没有孩子。或许是他们的诚心感动了老天，婚后的第十年，太太竟意外怀孕，生了个儿子。

夫妻俩整日开心得合不拢嘴，把孩子取名叫阿龙，希望他将来功成名就，成为人中之龙。

小阿龙长得白白胖胖，一副讨人喜欢的模样，他是父母眼中的宝贝，父母把他无微不至地捧在手心里，舍不得让他遭受到任何一点碰撞。

"孩子，走路时记得要看着脚下，当心别跌倒了。尤其是在瓷砖地板上走路，那上面又湿又滑，特别容易滑倒。还有，走山路时也要看脚下，一不小心踩滑了，说不定你会从山顶上摔下去的。"父母预想了各种状况，总是对阿龙谆谆教诲，不希望孩子发生意外。

这对慈祥的父母在阿龙25岁那年先后去世了。言犹在耳，阿龙没有忘记父母亲千交代、万叮咛的嘱咐，时时刻刻都遵循着父母的指示：当他在街上走路，在山上踏青，在春天的草原里漫游，在神秘的森林里踟蹰时，他都小心翼翼地注意不让自己被任何东西绊倒。

从小到大，他几乎从来没有跌倒过，也从来没有扭伤过，更没有碰伤过头，就连踏到水坑的机会也没有。

做个有自信
抗挫能力强的男孩

只是，这样的步步小心并没有使他步步高升，他一直专注于自己的脚下，无论是蓝色的天空、明亮的彩霞，或是闪烁的星星、城市的灯火、人们的笑容，对他而言都只是惊鸿一瞥的影像，他从来不曾凝神留心地细看过。

终其一生，阿龙并没有功成名就，成为人中之龙。他最大的成就，充其量只是从未摔倒而已。

大自然让人们在奋斗的过程中不断成长、壮大与进步。未经磨难，一个人是不可能成功的。

一个人从生到死，就是经历一连串的成长与考验的过程，并从每一次面对挑战的经验中累积智慧。

爱默生说过："放手去做，你就会有力量。"

迎接磨难并予以克服，你就会拥有所需的足够力量与智慧。如果一个人总是生活在一帆风顺的环境中，没有经历过挫折的磨炼和洗礼，就好像温室里的花朵，一旦脱离了优越的成长环境，就会面临自下而上的困境。

森林中最强壮的树木，并未受到严密的保护，它们必须和环境搏斗，和周围的树木争夺养分才得以生存。

汤姆的祖父以制作马车为生。每回整地播种时，他总会留下几棵橡树，任凭它们在空旷的田地里承受风吹雨打。他这样告诫汤姆："那些大自然里努力求生存的橡树，比森林里受到保护的同伴更坚实，更具韧性。祖父用那些饱经风霜的橡木制作车轮，弯成弧形的零件，不必担心会断裂。因为它们受过磨难，有足够的力量承受最沉重的负担。"

磨难同样可以强化人们的意志。大多数的人希望一生平坦顺利，然而，未经磨难与考验，往往会庸庸碌碌地过一生。

我们勇于面对逆境，努力奋斗，才会有更多的机会。

磨难迫使我们前进，否则我们将停滞不前它引导我们通过考验，获得成功。未经磨难，无法得到任何有价值的东西，简单的事情每个人都可以做到。每一个成功的人，在生活中都经过一番奋斗。"人生是不断奋斗的过程，勇于面对困难，克服困难，继续迎接下一个挑战的人，就是最后的赢家。"

汤姆祖父的话指出了挫折在我们人生成长过程中的意义。苦难是人生的大学，挫败是成长的阶梯。伟大人物无一不是由苦难而造就的，一个人如果好逸恶劳，就无法战胜困难，也绝不会有什么前途。一个成功人士说："生前没有经历困难的人，他的生命是不完整的。"

困境好像运动器械，可以锻炼人，使人体格强健，所以，困境是我们成就事业最有利的基础。安德鲁·卡内基说："一个年轻人最大的财富莫过于出生于贫穷之家。"困境本是困厄人生的东西，但经过奋斗而脱离困境，便会无比快乐。

勇敢地站在困难面前

青少年在成长过程中难免会遇到挫折和困难，在困难面前跌倒是很正常的。关键是你能够重新从挫折中站起来，不被困难所击垮。能够承受一次次困难和挫折的人才能够坚持到底，取得胜利。

在一则报道中有这么一个故事：有一群登山爱好者准备征服一座海拔6000米的高山。于是，他们组成一个小分队扎营在海拔2000米的山脚等待天气好转。他们当中有些是专业性的登山运动员，体魄健壮，经验丰富。

天终于晴朗了，微风轻吹，队员们开始行动起来，由经验丰富的队员带领出发了。

在攀登者脚下，高山有种驯服般的宁静，只有峰顶的冰川在阳光下闪着迷人的光辉。每个登山者都沉浸在攀登的乐趣中。他们用手提电台与基地保持着联系，不时地向遥远的家中通话，向亲人叙述他们在高山

做个有自信
抗挫能力强的男孩

上所见的美景。

正当他们慢慢接近主峰的时候，灾难悄悄降临了。突然间，乌云翻滚，狂风肆虐，气温骤降。几个经验丰富的登山运动员知道情况不妙，要求大家全力返回。可是，由于在路上逗留时间过长，夜已慢慢逼近，按经验他们已无法下山，只能等营救人员前来。狂风如开堤之水，怒吼而来，许多队员的衣服被风撕破，手套也脱落了……

祸不单行的是，有位队员的腿部被飞石击中，出了大量的血，伤员痛苦地呻吟着。

风越吹越大。严寒也随之降临。伤员极其痛苦地喊："我冷，我冷……"血流出后又很快结成冰。有一个登山者说："现在天色尚未全黑，让我来试着下山，或许他会有救。"

"你这是去找死，营救人员马上会来的。"众人劝他。可是，他还是背起伤员努力向山下走去。

夜幕降临了，山上起了暴风雪，营救人员根本无法上山。第二天，营救人员发现在原处等待救援的人们紧紧挤在一起，已经僵硬了。救援人员在海拔 4000 米的地方发现伤员和背着他的人，竟然还活着。

营救人员说在这种天气下能存活下来简直是奇迹。他们分析原因后断定，他们之所以能活着，是因为他们一个晚上都没有停止过高强度的运动。

在困难面前摔倒是难免的，最关键的是你能够重新站起来，并且承受一次又一次的摔倒。即使挫折、失败或迷惘，只要坚持到底，就能取得胜利。

作为电影制片人，鲍勃可谓是一帆风顺。

鲍勃若是满足于做制片人，也许他真会一帆风顺。然而，他认为，做制片人还不能充分发挥他的才能和创造性。在好莱坞，真正的荣耀属于导演。

他执导了一部片子，评论界众说纷纭，票房很低。导演鲍勃可不像制片人鲍勃那样受人欢迎了，失败接二连三地向他袭来。

一年之内，电影砸锅，朋友抛弃他，婚姻破裂。他从加利福尼亚逃到纽约，过起了隐姓埋名的生活。他疯狂地寻找新的根基，倾家荡产买下了一个套房。"我完全垮了。"他说。

他坐在纽约的套房里，陷入了冥思苦想。面对生活与事业的双重打击，他决定偃旗息鼓，他获得了安宁。

对于鲍勃和那些有成就的人，关键是要控制局面。但是，失败使他完全失控了。也许他没有必要控制，也许他可以改变，也许改变了会更幸福。

最后，鲍勃重新回到了洛杉矶，回到他失败的地方。他怀揣着从未有过的谦卑感回去了。一切都得重新开始，一种完全不同的自我意识支持着他。

他放下面子，从低级的活开始干。"我得倒退3步，才能前进4步。倒退虽然痛苦，却必不可少。"

鲍勃最终还是重登好莱坞的顶峰，这一次，他既非制片人，亦非导演，而是电影公司的董事。

鲍勃知道自己是幸存者。

鲍勃现在是轻装上阵。他的价值观非常明确。也许，他会遇到更多的挫折，但他绝不低头。在他看来，成功并不在于重新当上电影公司的总裁，而在于审视自己的生活这一过程。他将这一精神旅程视为最大的成就。

看着鲍勃的精神之旅，你会明白"我完全垮了"对鲍勃来说是错误的，而对你来说，也是——错误的。

"失败了再爬起来"，看起来是一句鼓舞克服危机者最好的话，但是要真正实现起来，需要的是自我鼓励的品质和勇气。有无这种品质和勇气，直接决定了谁是一个危机者，谁是一个优势者。更为重要的是能在挫败之时看到站起来的希望！

梅西14岁的时候来到美国，因为他从7岁起就跟着裁缝师学缝纫，所以到了美国之后，很顺利地就在一家裁缝店中找到了工作。

到了18岁时，梅西决定要成立一家属于自己的店。

于是，他和弟弟及其他合伙人共同买下了一间SLN店，他信心十足地把所有的积蓄都投资在这里。但是，接下来发生的许多事情，却不断地考验着梅西开店的决心。

做个有自信
抗挫能力强的男孩

先是在即将开业的前一天晚上，小偷偷走了将近 8 万美元的存货；接下来他再度进的货，又在一场意外的大火中付之一炬。

后来，他才发现保险经纪人欺骗了他，根本没有把他支付的保险费支票交给保险公司，所以这场火灾等于没有保险。

更惨的是，可以证明公司存货内容和价值的一位重要证人，却正好在这个时候去世了。

接二连三的打击实在让梅西受够了，他决定到别的裁缝店工作。但是，过了没多久，他渴望拥有自己事业的欲望又开始蠢蠢欲动起来。

于是，他再度鼓起勇气，开了一家裁缝兼 SLN 出租店。这一次，他决定多采纳别人的意见，但在大方向上他依然坚持自己做决定。因为他始终相信：如果因此跌倒了，是他让自己跌倒的；如果他站了起来，那也是靠自己站起来的。

因为梅西坚持着这个信念，所以不久之后，他的"法兰克 SLN 出租店"终于成为底特律的知名店铺。

梅西的经历告诉我们，当人生出现挫折和阻难时，只要我们坚定成功的信念，不被失败击垮，那么最后等待我们的必将是成功。

昭和四年，日本经济遭遇前所未有的大恐慌。工厂接二连三裁员倒闭，劳资纠纷不断发生。

松下电器自然也受到经济衰退的波及。原本因为国际牌电灯的快速畅销，不断扩展事务所的情形下员工人数激增，已超过 300 人，但在不景气的狂风吹袭下，销售量急速下降，库存已到了满山满谷的地步。这时松下又因病住院，公司交由义弟井植看管。井植等决策阶层在董事会议中都认为，要想渡过这个难关，除了大量裁员之外别无他策，既然销售量减少到以往的 1/2，那么只有裁去现有员工的 1/2 才可以维持公司生存。

但是松下对此提议大加反对，在不服输的精神感召下，他毅然决定采取缩短工时数的策略。"如果每位员工的工作时数减半，则生产量自然剩下以往生产额的 1/2，但是每个人都还可以保有工作。希望每一位员工把剩下的半天时间用在推广产品销售的工作中，以解决存货的过度积压。"由于每个人都可以继续放心工作，并且收入还受到保证，因此全体员工都团结一致,奋发向上,开始为了公司的前景而努力。结果在极短的时间内,库存商品销售一空,大家又重回岗位上致力生产,终使松下企业转危为安。之后还向合成树脂业进军,并开发生产收音机,奠定了后来松下企业发展的基础。

不管遭遇什么危险,切勿心生怯意,意图逃脱。鼓起勇气面对现实,就会有扭转乾坤、转危为安的情形出现。

向困难发起挑战

在拿破仑的传记作品里,曾经记载过这样一个故事:

那是在马林果战役前夕,拿破仑坐在营帐里,凝视着面前摊开的一张意大利地图。他把4枚钉子按在地图上,一边挪动钉子,一边思考着。过了一会儿,他自言自语地说:"现在一切部署好了,我要在这里抓住他!"

"抓住谁?"身旁的一个军官问道。

"摩拉奇,奥地利的老狐狸,他要从热那亚回来,路过都灵,进攻亚历山大里亚。我要渡过波河,在塞尔维亚平原迎着他,就在这儿打败他。"拿破仑的手指向马林果。

但是,马林果战役打响后,法军受到敌军强有力的抵抗,只剩招架之力,拿破仑精心筹措的胜利眼看要化为泡影。

正在法军败退之际,拿破仑手下的将领德萨带着大队骑兵驰过田野,停在拿破仑站着的山坡附近。队伍中有一个小鼓手,他是德撒在巴黎街头收留的流浪儿,在埃及和奥同战役中一直跟随法军作战。

当军队站住时,拿破仑朝小鼓手喊道:"击退兵鼓。"这个孩子却没

做个有自信
抗挫能力强的男孩

有动。

"小流浪汉,击退兵鼓!"

"小流浪汉,击退兵鼓!"

孩子拿着鼓槌向前走了几步,朗声说道:"啊,大人,我不知道怎么击退兵鼓,德撒从来没有教过我。但是我会击进军鼓,是的,我可以敲进军鼓,敲得让死人都排起队来。我在金字塔敲过它,在泰泊河敲过它,在罗地桥又敲过它。啊,大人,在这里我也敲进军鼓吗?"

拿破仑无可奈何地转向德撒:"我们吃败仗了,现在可怎么办呢?"

"怎么办?打败他们!要赢得胜利还来得及。来,小鼓手,敲进军鼓,像在泰泊河和罗地桥一样敲吧!"

不一会儿,队伍随着德撒的剑光,跟着小鼓手猛烈的鼓声,向奥地利军队横扫而去,他们不惜流血牺牲,把敌人打得一退再退。德撒在敌人的第一排子弹中就倒下了,但是队伍并没有动摇。当炮火消散时,人们看到那小流浪儿走在队伍最前面,笔直地前进,仍旧敲着激昂的进军鼓。他越过死人和伤员,越过营垒和战壕,他的脚步从容不迫,鼓声激昂有力,他以自己勇敢无畏的精神开辟了胜利的道路。

这个故事告诉我们,不管失败的打击有多大,你都不应该畏缩不前,而是应该摆出高傲的姿态,以一种胜利者的态度去迎战,然后,做棒球史上最伟大的投手弗兰克在他经受臂伤时所做的事——反击。

"我是 1974 年为洛杉矶道奇队打一场夜间比赛时受伤的,那个赛季我拥有一个棒球选手所能梦想的最佳状况——我是那年全国联赛的头号投手,即将赢得参赛以来的第 20 场胜利,球队也将打进世界系列赛。男孩子所有的梦想,都将在我身上实现。突然间,我站上投手板,'砰'的一声什么都完了。

"我韧带断了,所有投手最怕肘部受伤,因为手术常常意味着投手生涯的终结。我需要进行的手术,是任何主要大联盟的投手都没有做过的。但我知道要想继续打球,就别无选择。

"1974 年 9 月 25 日,布兰克·乔布医生给我做了手术,复原的过程极为缓慢。我问医生:'我有没有机会再投球?'他们回答说:'有 1%的机会。'但他们对我太太玛丽更坦白,说:'你的工作就是要鼓励弗兰

克，超想他将来要做什么，因为他的体育生涯恐怕已经结束了。'

"一个星期天，我手裹着石膏，带着在我手术后两天才出生的漂亮度儿，坐在教堂里听牧师布道。牧师讲道的内容是有关亚伯拉罕和他的妻子莎拉的，莎拉在七十几岁时才受上帝祝福，怀了第一胎。

"牧师读着《圣经》的故事，抬起头说：'你知道，与上帝同在，没有不可能的事。'他说话的时候就看着我，我抬头看他，他微笑着，我在《圣经》的这句话上做了记号，这正是我需要听的。

"**16** 个星期之后，我拆掉石膏，手指萎缩得很厉害，我太太说看起来很像鸡爪。手臂瘦弱无力，好像 **90** 岁的老人。要抓东西，还得把手指头扳过去。连切切肉、开开门都办不到。玛丽用婴儿油帮我擦肌肤时，我的皮肤会一块块剥落在她手上。

"在康复阶段，我把大量的时间花在体育场里。在球场上，教练为我实施一系列严格的训练，帮助我强健肌肉。

"复原进展极为缓慢。有一天，我记得从球场回家，把手放在背后，告诉玛丽，要给她一个惊喜。她以为我在开玩笑，想可能是死蜥蜴之类的东西，但当我慢慢把左手从背后伸出来弯着小指去碰拇指时，我们互相拥抱，跳来跳去，高声欢叫。这是我第一次能移动手指，感觉就好像得到 **10** 万美元奖金似的，因为这表明那些肌肉终于康复了。

"当我不和教练一起练习的时候，就和球队一起出去，坐在本垒板后面比画投球动作，尽量为球队做我可以做的事。我告诉道奇队的老板彼得·欧麦里说：'我在康复，不能投球，但我愿帮忙做任何事情。'

"其他球队的球员、教练、领队都问我：'你真的以为你可以让那只手臂复原，让它再度看起来像是投球的手吗？'我回答他们：'我坚信。'

"复原情形是一段漫长、艰辛的过程，在一年半的时间里，除了周日，我每天都坚持练习。然而我真的恢复了，手术后主投的球赛，比以前还要多，并且代表扬基队在世界锦标赛中出场。

"许多人看到我，会摇头感叹我是那么坚定果敢，尽最大的努力。这或许是我家乡威尔斯的传统，或许是其他什么因素，但我喜欢证明别人的谬误。"

弗兰克的成功说明了这样一个道理：行动是扭转不利局面的唯一途径。

做个有自信
抗挫能力强的男孩

人生就好比是一个大的赛场,你像弗兰克一样也会面临很多意想不到的挫折和困难,但是如果你能像弗兰克那样用坚忍的毅力和不懈的行动去反击失败,改善困境,那么就会和弗兰克一样,克服困难,获得最后的胜利。

用倔强的微笑迎接挫折

困难和挫折是人生中不可避免的。有的人成功了,是因为他们能够坚强地面对,而有的人失败了,是因为他们面对困难一蹶不振,失去了继续拼搏的勇气。伟大的发明家爱迪生说过,厄运对乐观的人无可奈何,面对厄运和打击,乐观的人总会选择笑脸迎接挫折。

琼妮小姐是新西兰一位建筑商的女儿,移居美国后,曾在休斯敦一家电视台工作,1990年起任CNN摄影记者。1992年6月,她被派往萨拉热窝进行战地采访。在那里,曾有多名记者丧生。

琼妮在萨拉热窝逗留6个星期后,已经习惯周围的流弹,一天清早,一颗子弹击穿车玻璃,正好击中她的脸部,几乎掀掉了她的半边脸,她的颧骨被打得粉碎,牙齿没有了,舌头被打断。送到诊所时,大夫们直摇头,认为她不行了。但经过20多次手术后,她又奇迹般地回到了工作岗位。这时的她,下颌仍无感觉,脸部还留着弹片,体重减轻了8千克。令大家吃惊的是,她要求重返萨拉热窝。

她幽默地说:"说不定我还能在那里找回我的牙齿。"她甚至想认识一下当初袭击她的枪手。

有人问她,见到那个枪手后怎么办。她说:"我会请他喝一杯,问他几个问题,比方说当时距离有多远。"

琼妮面对厄运的乐观态度证明她是一个具有坚韧毅力的女孩，正是这种乐观的性格，使她能够迅速摆脱挫折的阴影，积极地投入新的工作中去。

和琼妮一样，杰克也是一个具有超强乐观精神的人。他的心情总是特别好，而且对任何事情总是有正面的看法。当有人问他近况如何时，他总是回答"我快乐无比"。每当有不愉快的事情发生时，杰克都会对自己说："杰克，你可以选择成为一个受害者，也可以选择从中学些东西。"每一次他都会选择从中学习。

有一天，杰克出事了。他清晨出去锻炼时，忘记了关门。他回来时发现有3个人正在他家偷窃，其中一个歹徒因为紧张而对他开了枪。幸运的是，歹徒匆忙离开了，好心的邻居迅速把杰克送进了急救室。经过18小时的抢救和几个星期的精心照料，杰克出院了。

事情发生后6个月，一个朋友去看杰克，问他近况如何，他答道："我快乐无比。想不想看看我的伤疤？"朋友弯下腰看了看他的伤疤，问道："当歹徒来时，你想些什么？"

"第一件在我脑海中浮现的事是，我应该关好门。"杰克答道，"当我躺在地上时，我对自己说：有两个选择，一是死，一是活。我选择了活。"

"你不害怕吗？你有没有失去知觉？"朋友又问道。

杰克回答说："医护人员都很好。他们不断告诉我，我会好的。但当他们把我推进急诊室后，我看到他们脸上的表情，从他们的眼中，我读到了'他是个死人'。我知道我需要采取一些行动了。"

"你采取了什么行动？"朋友紧追不舍地问。

"有个很可爱的护士大声问我问题，她问我有没有对什么东西过敏。我马上答：'有的。'这时，所有的医生、护士都停下来等着我说下去。我深深地吸了一口气，然后大声说道：'子弹！我对子弹过敏！'在一片大笑声中，我又说道：'我选择活下去，请把我当活人来医治，而不是死人。'"

杰克活了下来，一方面要感谢医术高明的医生，另一方面得感谢他那惊人的乐观态度。

我们也许不会遇到像杰克和琼妮那样的厄运，但是我们在成长和生

做个有自信
抗挫能力强的男孩

活过程中也会遇到各种障碍、困难，遭遇很多失败、痛苦。在挫折面前，有的人会出现暴怒、恐慌、悲哀、沮丧、退缩等情绪，影响了学习和工作，损害了身心健康。而有的人却能够像杰克、琼妮那些乐观的人一样笑对挫折，对环境的变化做出灵敏的反应，善于把不利条件化为有利条件，摆脱失败，走向成功。

安德鲁是石油界的一位知名人物，不仅仅是由于他成功地开采了石油，还由于他对事业的执着追求，以及面对工作中的逆境时的坚强乐观。

安德鲁是一个年过60岁的老人，他自认为他是一个遭受失败最多的人。他是一个热衷于石油的开采者，他说他一生中每打4口井，就有5口是枯井。可是他依然从逆境中走了出来，成了一个身价超过2亿美元的富翁。安德鲁回忆说："当年我被学校开除后，就跑到得克萨斯的油田找了一份工作。随着经验的逐渐丰富，我便想自己当一名独立的石油勘探者。那时候，每当我手里有钱了，我就自己租赁设备，做石油勘探。在连续的两年里，我一共开采了将近30口井，但全部都是枯井。当时，我真的失望极了。"安德鲁的确陷入了困境，都要接近40岁了，他依然一无所获。但是，他不但没有被逆境难倒，反而更加勤奋努力。他开始研读各种与石油开采有关的书籍，吸取了丰富的理论知识。等理论知识掌握得非常充分的时候，他又开始卷土重来，租好设备，找好地皮，又一次进行石油开采。但是，这一次没有遇到枯井，而是汩汩直冒的石油。

安德鲁正是由于积极乐观地面对逆境，没有对现实失去信心，才取得了成功。由此可见，在逆境面前，充满希望才能有机会取得成功。

乐观的人在遭受挫折打击时，仍坚信情况将会好转，前途是光明的。其实，谁都有面临困难与逆境的时候，关键是看我们怎样处理。有些人在逆境中永远消极，成为一个永远的失败者；而有些人却能够积极地面对逆境，突出重围，走向成功。

卡耐基认为，逆境是人生中不可避免的事件。既然逆境是不能避免的，那就让我们从逆境中找到动力吧，让逆境成为推动我们走向成功的动力。我们应该将逆境视为成功的预兆。卡耐基说过："困难与挫折其实是上天故意安排来考验我们的，它就是成功的化身。成功与失败把握在我们自己手中。"

因此，面对苦难和挫折，你要抬起头来，笑对它，相信"这一切都会过去，今后会好起来的"。希望是不幸者的第二灵魂。向往美好的未来，是困难时最好的自我安慰。在多难而漫长的人生路上，我们需要一颗健康的心，需要绚烂的笑容。苦难是一所没人愿意上的大学，但从那里毕业的，都是强者。

在挫折面前多坚持走一步路，多坚持一分钟，也许你就会发现自己已经站在了成功的大门前。

用耐力赢取成功

耐心可以创造奇迹。荀子曾在《劝学》中写道："锲而舍之，朽木不折；锲而不舍，金石可镂。"这句话告诉我们无论困难多么大，只要我们有坚忍不拔、锲而不舍的精神，就能够战胜困难，创造奇迹。

多年以前，美国曾有一家报纸刊登了一则园艺所重金征求纯白金盏花的启事，在当地一时引起轰动。高额的奖金让许多人趋之若鹜，但在千姿百态的自然界中，金盏花除了金色的就是棕色的，能培植出白色的，不是一件易事。所以许多人一阵热血沸腾之后，就把那则启事抛到九霄云外去了。

一晃就是20年，一天，那家园艺所意外地收到了一封热情的应征信和一粒纯白色金盏花的种子。当天，这件事就不胫而走，引起轩然大波。寄种子的原来是一个年逾古稀的老人。老人是一个地地道道的爱花人，当她20年前偶然看到那则启事后，便怦然心动。她不顾8个儿女的一致反对，义无反顾地干了下去。她撒下了一些最普通的种子，精心侍弄。

做个有自信
抗挫能力强的男孩

一年之后，金盏花开了，她从那些金色的、棕色的花中挑选了一朵颜色最淡的，任其自然枯萎，以取得最好的种子。次年，她又把它种下去。然后，再从这些花中挑选出颜色更淡的花的种子栽种……年复一年。终于，20年后的一天，她在那片花园中看到一朵金盏花，它不是近乎白色，也并非类似白色，而是如银如雪的白。一个连专家都解决不了的问题，在一个不懂遗传学的老人手中迎刃而解，这不是一个只有靠耐心才能创造的奇迹吗？

17世纪，在荷兰和德尔夫特镇，有一个只有初中文化程度的青年农民。他找到的差使就是为镇政府守大门，而且在这个门卫岗位上一干就是60多年，一生中足不出小镇，也没有换其他的工作。

这位青年业余时间一不下棋打牌，二不去泡酒馆聊天，而是选择了打磨镜片。虽然又费时又费工，可他却乐此不疲。就这样不停地磨呀磨呀，一直磨了60年。其中的艰辛、枯燥和乏味是可想而知的，如果没有决心和毅力，坚持下去谈何容易。

由于他的专注细致和锲而不舍，磨出的复合镜片的放大倍数超过了当地的专业技师。凭借自己研磨的镜片，他研制出了显微镜，终于揭开了当时科技尚未知晓的微生物世界的"面纱"。结果声名大振，英国皇家学会聘他为会员。英国女王访问荷兰时，还专程到小镇拜访过他。

创造这个奇迹的人小人物是谁呢？他就是后来成为著名荷兰科学家的万·列文虎克。

著名的数学家华罗庚先生说过："科学上没有平坦的大道，真理的长河中有无数礁石险滩。只有不畏攀登的采药者，只有不怕巨浪的弄潮儿，才能登上高峰采得仙草，深入水底觅得骊珠。"一个人要取得成功，除了要有勇气有胆魄之外，还需要锲而不舍的耐心和毅力。

维勒是一位著名的推销大师，一生曾创造了无数个销售上的奇迹。因为年龄大了，即将告别自己的职业生涯，应人们的邀请，他将做一场演说。

演说在市中心的一个体育场内进行。这天，会场上座无虚席，人们在热切地、焦急地等待着。大幕徐徐拉开，舞台的正中央吊着一个巨大的铁球。为了这个铁球，台上搭起了高大的铁架。维勒在热烈的掌声中走了出来，站在铁架的一边。他穿着一件红色的运动服，脚下是一双白色胶鞋。

这时，两位工作人员抬着一个大铁锤，放在维勒的面前。主持人邀请两位身体强壮的听众到台上来，维勒请他们用大铁锤去敲打那个吊着的铁球，直到把它荡起来。

年轻人抡起大锤奋力向那吊着的铁球砸去，一声震耳的响声后，吊球动也没动。他用大铁锤接二连三地砸向吊球，很快他就气喘吁吁，还是未能将铁球打动。

会场寂静无声，这时，维勒从上衣口袋里掏出一个小锤，然后开始认真地面对着那个巨大的铁球敲打。他用小锤对着铁球"咚"地敲了一下，然后停顿一下，再用小锤敲一下。人们奇怪地看着，维勒"咚"地敲一下，然后停顿一下，就这样持续地敲着。

10分钟过去了，20分钟过去了，50分钟过去了，会场早已开始骚动。维勒仍然一锤一停地敲着，仿佛根本没有看见人们的反应。许多人愤然离去，会场上到处是空着的座位。

40分钟后，坐在前排的人突然叫道："球动了！"

霎时间，会场又变得鸦雀无声，人们聚精会神地看着那个大铁球。那个球以很小的幅度摆动了起来，不仔细看很难察觉。维勒仍旧一小锤一小锤地敲着，人们默默地听着那小锤敲打大铁球的声响。

铁球在大师一锤一锤的敲打中越荡越高，它拉动着那个铁架子"哐哐"作响，它的巨大威力强烈地震撼着在场的每一个人。年轻人用大锤也没有打动的铁球，在维勒小锤的敲打中却剧烈地摆荡起来，终于，场上爆发出一阵阵热烈的掌声。

这个故事是一个有关耐心的奇迹。它告诉我们，无论目标和梦想有多么遥远，只要我们不懈怠，不放弃，充满耐心地走下去，困难总会被我们征服，我们的梦想也总会有实现的那一天。

有一个孩子想不明白自己的同桌为什么每次都能考第一，而自己每次却只能排在他的后面。

回家后他问道："妈妈，我是不是比别人笨？我觉得我和他一样听老师的话，一样认真地做作业，可是，为什么我总落后于他？"妈妈听到

做个有自信
抗挫能力强的男孩

儿子的话，感觉到儿子开始有自尊心了，而这种自尊心正在被学校的排名伤害着。她望着儿子，没有回答，因为她不知该怎样回答。

又一次考试后，孩子考了第二十名，而他的同桌还是第一名。回家后，儿子又问了同样的问题。她真想说，人的智力确实有高低之分，考第一的人，脑子就是比一般人的灵。然而这样的回答，难道是孩子真想知道的答案吗？她庆幸自己没说出口。

应该怎样回答儿子的问题呢？有几次，她真想重复那几句被上万个父母重复了上万次的话——你太贪玩了；你在学习上还不够勤奋；和别人比起来还不够努力……以此来搪塞儿子。然而，像她儿子这样脑袋不够聪明、在班上成绩不甚突出的孩子，平时活得还不够辛苦吗？所以她没有那么做，她想为儿子的问题找到一个完美的答案。

儿子小学毕业了，虽然他比过去更加刻苦，但依然没赶上他的同桌，不过与过去相比，他的成绩一直在提高。为了对儿子的进步表示赞赏，她带他去看了一次大海。就是在这次旅行中，这位母亲回答了儿子的问题。

母亲和儿子坐在沙滩上，她指着海面对儿子说："你看那些在海边争食的鸟儿，当海浪打来的时候，小灰雀总能迅速地起飞，它们拍打两三下翅膀就升入了天空；而海鸥总显得非常笨拙，它们从沙滩飞向天空总要很长时间，然而，真正能飞越大海横过大洋的还是它们。"

人的成长是一个漫长的较量，能否取得最后的胜利，不在于一时的快慢。如果你能够在自己成长的道路上静下心来，遇到困难不气馁，不灰心，矢志不移地前进，那么最终你必将获得最后的胜利。

成功既非一蹴而就，也非遥不可及。我们要实现自己的人生理想，就需要把自己的理想分成一个个可以实现的短期目标，一个个地去实现。俗语说得好：罗马不是一天建成的。既然一天建不成辉煌的罗马，我们就应当专注于建造罗马的每一天。这样，把每一天连起来，终将会建成一个美丽辉煌的罗马。

布雷德是一名战地记者，正是耐心和毅力救了他的生命，下面是他的亲身经历：

"第二次世界大战期间，我跟几个人不得不从一架破损的运输机上跳伞逃生，结果迫降在缅印交界处的树林里。当时我们唯一能做的就是拖着沉重的步伐往印度走，全程长达约 225 千米，必须在 8 月的酷热中和季风所带来的暴雨侵袭下，翻山越岭，长途跋涉。

　　才走了 1 个小时，我一只长筒靴的鞋钉就扎了脚。傍晚时双脚都起泡出血，像硬币那般大小。我能一瘸一拐地走完 225 千米吗？别人的情况也差不多，甚至更糟糕。他们能不能走呢？我们以为完蛋了，但是又不能不走。为了节省体力，我们每次只走 1 英里，休息 10 分钟，再继续下 1 英里的路程。我们就这样走着，有一天，我们竟然惊奇地发现我们已走出了这一段魔鬼旅程……"

　　大海是由一滴一滴水汇集而成的；房屋是由一砖一瓦砌成的；大力神杯是靠赢得一场又一场的比赛才获得的。